国家出版基金项目
NATIONAL PUBLICATION FOUNDATION

"十二五"国家重点图书出版规划项目
新闻出版改革发展项目库入库项目
上海市新闻出版专项资金资助项目

吴启迪 主编

中国工程师史

同济大学 出版社
TONGJI UNIVERSITY PRESS

工程师：造福人类，创造未来
（代序）

工程是人类为了改善生存、生活条件，并根据当时对自然规律的认识，而进行的一项物化劳动的过程。它早于科学，并成为科学诞生的一个源头。

工程实践与人类生存息息相关。从狩猎捕鱼、刀耕火种时的木制、石制工具到搭巢挖穴、造屋筑楼而居；从兴建市镇到修路搭桥，乘坐马车、帆船。工程在推动古代社会生产发展的过程中，能工巧匠的睿智和经验发挥了核心作用。工程实践在古代社会主要依靠的是能工巧匠的"手工"方式，而在近现代社会主要依靠的是"大工业"方式和机械化、电气化、智能化的手段。从铁路横贯大陆，大桥飞架山脊、江河，更有巨舰越洋、飞机穿梭；从各种机械、自动化生产线到各种电视电话、计算机互联网的信息化，现代社会的工程师（包括设计工程师、研发工程师、管理工程师、生产工程师等）凭借其卓越的才华和超凡的技术能力，塑造出一项项伟大的工程奇迹。可以说，古往今来人类所拥有的丰富多彩的世界，以及所享受的物质文明和精神文明，都少不了他们的伟大创造。工程师是一个崇高而伟大的群体，他们所从事的职业理应受到人们的赞美和敬佩。

工程师是现代社会新生产力的重要创造者，也是新兴产业的积极开拓者。国家主席习近平在"2014年国际工程科技大会"上指出，"回顾人类文明历史，人类生存与社会生产力发展水平密切相关，而社会生产力发展的一个重要源头就是工程科技。"近代以来，工程科技更直接地把科学发现同产业发展联系在一起，成为经济社会发展的主要驱动力。是蒸汽机引发了第一次产业革命（由手工劳动向机器化大生产转变），电机和化工引发了第二次产业革命（人类进入了电气化、原子能、航空航天时代），信息技术引发了第三次产业革命（从工业化向自动化、智能化转变）。工程科技的每一次重大突破，都会催发社会生产力的深刻变革，从而推动人类文明迈向新的更高的台阶。在创新驱动发展的历史进程中，人是最活跃的因素，现代社会中生产力的发展日新月异，工程师是新生产力的重要创造者。

中国工程师的历史源远流长，古代能工巧匠和现代工程大师的丰功伟业值得敬重和颂扬。中华民族的勤劳智慧，创造过辉煌灿烂的古代文明，建造了像万里长城、都江堰、赵州桥、京杭大运河等伟大工程。幅员辽阔的中华大地涌现出众多的能工巧匠。伴随着近代工程和工业事业的发展，清朝末期设立制造局、船政局，以及开发煤矿、建造铁路、创办工厂、铺设公路、架构桥梁等，成长了一大批现代意义上的中国工程师。这些历史上的工程泰斗、工程大师都应该被历史铭记、颂扬，都应当为后人所崇敬和学习。当然，自新中国成立特别是改革开放30多年来，中国经济社会快速发展，当代工程巨匠和工程大师功不可没，也都得到了党和国家领导人的充分肯定和高度赞扬。

"'两弹一星'、载人航天、探月工程等一大批重大工程科技成就，大幅度提升了中国的综合国力和国际地位。三峡工程、西气东输、西电东送、南水北调、青藏铁路、高速铁路等一大批重大工程的建设成功，大幅度提升了中国的基础工业、制造业、新兴产业等领域的创新能力和水平，加快了中国现代化进程。"他们是国家工业化、现代化建设的功臣，他们的光辉业绩及其工程创新能力、卓越奉献精神，赢得了全国人民的尊重。

中国工程师正肩负着推动中国从制造大国转向制造强国和实现创新驱动发展的历史使命。人类的工程实践，特别是制造工程，是国民经济的主体，是立国之本、兴国之器、国之脊梁。当前，新一轮科技革命和产业革命正在孕育兴起，全球制造业面临重新洗牌，国际竞争格局由此将发生重大调整。德国推出"工业4.0"，美国实施"工业互联网"战略，法国出台"新工业法国"计划，日本公布《2015年版制造白皮书》，谋求在技术、产业方面继续保持领先优势，占据高端制造全球价值链的有利地位。可喜的是，中国版的"工业4.0"规划——《中国制造2025》已于2015年5月8日公布，开启了未来30年中国从制造大国迈向制造强国的征程，同时也为中国工程师提供了大显身手、大展宏图的极好机遇。另一方面，要充分认识到不恰当的工程活动，常常会带来巨大的生态、社会风险。工程师不能只注重技术，而忽视生态环境和文化传统。中国的工程师要有哲学思维、人文知识和企业家精神，才能更好地解决工程科技难题，促进工程与环境、人文、社会、生态之间的和谐，为构建和谐社会和实现人与自然的可持续发展作出应有的贡献。

经济结构调整升级、建设创新型国家，呼唤数以百万、千万计的卓越工程师和各类工程技术人员。没有强大的工程能力，没有优秀的工程人才，就没有国家和民族的强盛。工程科学技术对国家经济社会发展和国家安全有着最直接的重大影响，是将科学知识转化为现实生产力和社会财富的关键性生产要素，工程科技的自主创新是建设创新型国家的核心。改革开放30多年来，我国从大规模引进国外先进技术和装备逐步走向自主创新，在一些领域已经接近或达到世界先进水平，大大提高了产业竞争力，促进了经济社会的快速发展。但不可否认，我国自主创新特别是原创力还不强，关键领域核心技术受制于人的格局没有从根本上改变。我们要大力实施创新驱动发展战略。在2030年前，中国正处于建设制造强国的关键战略时期，需要一大批具有国际视野、创新能力和多学科交叉融合的创新型、复合型、应用型、技能型工程科技人才。面对新形势新任务，能否为建设制造强国培养出各类高素质的工程科技后备人才，能否用全球视野和战略眼光引领并带动新一轮中国制造业在全球竞争中脱颖而出，是中国工程教育不可回避的时代命题。

培养和造就千千万万优秀的年轻工程科技人才，已成为事关国家兴旺发达、刻不容缓的重大战略任务。

吴启迪教授组织编写这部《中国工程师史》正当其时，用短短几十万字尝试记录中国工程与工程师的发展历程及工程教育发展若干重要片段，展示中国工程师的智慧和创造力，体现他们的爱国情怀和自强不息精神，诉说其对中国梦的执著追求，实属难能可贵。《中国工程师史》不仅是一部应时之作，其宗旨是充分发挥在"存史""导学""咨政"等方面的价值，以使广大读者"以史为鉴"，全面了解重大工程及工程发展背后工程师的睿智才能和奉献精神，认识到工程师的工程实践是推动人类文明进步的重要力量。希望莘莘学子及相关领域工作者能够以此为"通识教材"，通古知今、把握未来，深刻理解工程技术是创新的源泉，立志为建设创新型国家和中华民族的振兴添砖加瓦。各级政府和教育行政部门也可以此为"咨询材料"，为加强工程教育和工程科技制定出更有针对性、适应性的政策措施。

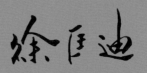

2016 年 4 月 1 日

前言

习近平总书记在"2014 年国际工程科技大会"上明确指出，"回顾人类文明历史，人类生存与社会生产力发展水平密切相关，而社会生产力发展的一个重要源头就是工程科技。工程造福人类，科技创造未来。工程科技是改变世界的重要力量，它源于生活需要，又归于生活之中。历史证明，工程科技创新驱动着历史车轮飞速旋转，为人类文明进步提供了不竭动力源泉，推动人类从蒙昧走向文明，从游牧文明走向农业文明、工业文明，走向信息化时代"。[1]

温故而知新。古往今来，人类创造了无数的工程奇迹，每一项工程都倾注了许许多多能工巧匠和工程大师的睿智才华和辛劳汗水。不仅国外有古埃及金字塔、古希腊帕提农神庙、古罗马斗兽场、印第安人太阳神庙、柬埔寨吴哥窟、印度泰姬陵等古代建筑奇迹，中国也有冶金、造纸、建筑、舟桥等方面的重大技术创造，并构筑了万里长城、都江堰、京杭大运河等重大工程，这些已载入人类文明发展的史册。然而，这一项项工程的缔造者多数并不为人所知，他们的聪明才智、卓著功勋和艰苦卓绝的奉献精神也常常被人忽视。世界强国的兴衰史和中华民族的奋斗史一再表明，没有强大的工程能力，没有优秀的工程人才，就没有国家和民族的强盛。

---

1 习近平出席 2014 年国际工程科技大会并发表主旨演讲 [N]. 人民日报，2014-06-04（1）.

在中国,现代意义上的工程师,是洋务运动时期开始出现的。我国在清朝末期,设立制造局、船政局,以及织造、火柴、造纸等工厂,并且开发煤矿、建造铁路,近代工程事业和近代工业开始有了雏形,一批批工程师也随之成长起来。如自筑铁路的先驱詹天佑、江南制造局开创者容闳、一代工程巨子凌鸿勋、机械工业奠基人支秉渊、桥梁大师茅以升、化学工程师侯德榜、滇缅公路英雄工程师段纬和陈体诚等。

中国工程师,作为一个为社会发展与人民福祉作出巨大贡献的职业群体,随着近现代产业革命和经济发展的进程而逐步形成、发展并壮大。新中国成立特别是改革开放 30 多年来,中国的工程实践和创新再创辉煌。在一些基础工程(如土木、桥梁和道路)方面,中国的工程师已经具备世界一流的设计制造水平,青藏铁路、三峡工程等都是中国工程师自行设计建造的,达到了世界顶级工程水平。我国在航空航天和其他高科技领域更是喜讯频传,载人航天成功,嫦娥奔月顺利,先进战机翱翔蓝天,新型舰艇遨游海洋。高速铁路等一大批重大工程建设成功,大幅提升了中国基础工业、制造业、新兴产业等领域的创新能力和水平,加快了中国现代化进程。同时,载人航天、载人深潜、大型飞机、北斗卫星导航、超级计算机、高铁装备、百万千瓦级发电装备、万米深海石油钻探设备、跨海大桥等一批重大工程和技术装备取得突破,也形成了若干具有国际竞争力的优势产业和骨干企业。持续的技术创新，大大提升了我国制造业的综合竞争力，这一批批重大工程科技成就，也大幅提升了我国的综合国力和国际地位。我国已具备了建设工业强国的基础和条件。

经过几十年的快速发展，无论从经济总量、工业增加值还是主要工业品产量份额来看，中国都名副其实地成为世界经济和制造业大国。但我们应该看到，我国仍处于工业化进程之中，工程能力与先进国家相比还有一定差距；我们清醒地知道，我国仍存在制造业大而不强、自主创新能力弱、关键核心技术与高端装备对外依存度高、以企业为主体的制造业创新体系不完善、资源能源利用效率低、环境污染问题较为突出、产业结构不合理、高端装备制造业和生产性服务业发展滞后等诸多问题，这些都需要提高基础科研和工程能力，加强卓越工程师的培养，大力推进制造强国建设，以及实施创新驱动战略。

没有工程就没有现代文明，不掌握自主知识产权就会丧失发展主动权。李克强总理多次强调，"创新是引领发展的第一动力，必须摆在国家发展全局的核心位置，深入实施创新驱动发展战略"。[1] 工程技术是创新的源泉，是改变生活的最大动力，

---

1 李克强对"创新争先行动"作出重要批示：创新是引领发展的第一动力 [N]. 人民日报，2016-06-01（1）.

13

工程科技应成为建设创新型国家的原动力，进一步增强自主创新能力。当前，世界新一轮科技革命和产业变革与我国加快转变经济发展方式形成历史性交汇，国际产业分工格局正在重塑。我们必须紧紧抓住这一重大历史机遇，实施制造强国战略，加强统筹规划和前瞻部署，推动信息技术与制造技术的深度融合，提升工程化产业化水平。在积极培育发展战略性新兴产业的同时，加快传统产业的优化升级，推动实施"互联网＋""中国制造2025"等战略，为供给侧结构性改革注入新动力，加快实现新旧动能转换。

制约中国成为世界制造业强国的因素有很多，其中最关键的一个是我国工程科技人才队伍的整体质量和水平与发达国家相比尚有明显差距。建设一支具有国际水平和影响力的工程师队伍，是提升我国综合国力、保障国家安全、建设世界强国的必由之路，是实现中华民族伟大复兴的坚实基础。培养数以千万计的各类工程科技专业优秀后备人才，全面提高和根本改善我国工程科技人才队伍整体素质的重任，历史性地落在中国工程教育身上。

然而，"工程师"职业对广大青少年的吸引力下降的现实令人忧虑。谈到工程师，许多人首先想到的是科学家或企业家。社会在对待企业家、科学家和工程师的问题上出现了明显的"不平衡"。在政策导向和社会舆论多方面，工程师的重大社会作用被严重忽视了，工程师的社会声望被严重低估。究其原因，除了受"学而优则仕""重道轻器""重文轻技"的传统思想和文化积淀的影响外，也与教育和宣传的缺失不无关系。作为生产实践的工程活动及从事工程实践活动的工程师，难免会因此受到某些轻视甚至贬低。

近年来，我国工程教育有了快速发展，在规模上跃居世界第一，成为名副其实的世界工程教育大国。卓越工程师的培养计划和创新人才培养等，也在逐步推动中国工程及中国工程师地位的提升。目前，我国培养的工程师总量是最多的，为之提供的岗位也是最多的，但是社会各界对工程师的重要作用并没有充分的认识。当孩子们被问到长大后想做什么时，很少有人会说想当工程师，甚至学校中出现"逃离工科"的现象。这不能不引起政府、学校和社会各界的担忧和深思。

我们组织编写《中国工程师史》的初衷，就是为了让大众对中国重大工程、工程发展以及工程师的历史地位和作用有更深的认识，对那些逝去的做出卓越贡献的工程师祭慰和敬仰，为那些仍在岗位上默默为国家奉献的工程师讴歌和颂扬。同时，呼吁政府高度重视并充分发挥工程师的作用，努力提高工程师的能力和水平，采取有力措施提高工程师的社会声望和待遇；

进一步加大社会宣传力度，使工程师的价值得到社会和市场越来越多的认同，让工程师这一职业受到人们尊重，并为那些正在选择人生方向的、优秀的年轻群体所向往。也希冀给有志于从事工程事业的青年学子以鼓励和鞭策，因为他们是中国工程事业的未来，是实现中国一代代工程师强国梦的希望。

本书的编写过程是艰难的。我们试图按时序以人物为主线，对我国各个时期的重大工程实践和工程科技创新背后的工程师进行系统梳理，凸显他们的卓越贡献、领导才能和奉献精神。但是，由于时间久远，有些资料的搜集十分困难；有些巨大工程实践和重大工程科技创新是集体智慧和劳动的结晶，梳理和介绍工程师也不容易，所以内容难免不够全面、准确，还请读者不吝指正。但我们相信，本书的出版一定会给读者带来启迪和思考。我们以此抛砖引玉，期待未来有更多相关领域的研究者加入编写队伍，书写更完整的"中国工程师史"。

衷心感谢徐匡迪院士为本书写序，并在编写过程中给予诸多指导和帮助。感谢顾问委员会的各位院士、专家的全力支持，在百忙之中投入大量时间、精力，为本书提出许多宝贵意见。从设想的提出到书稿的成型，同济大学团队付出了极大的心血和努力。在此，特别感谢同济大学常务副校长伍江、副校长江波所做的大量组织统筹工作，感谢相关学院领导的倾力支持，感谢各院系学科带头人及学科组全力协作，做了许多细致的资料收集、整理工作，为全书的编写奠定了重要基础。感谢王昆老师的辛苦组织与统筹，感谢王滨、周克荣、陆金山承担文稿统稿和撰写工作。

感谢同济大学出版社的通力合作，特别是社领导的高度重视和大力支持，组织专业出版团队为本书付出大量心血，感谢责任编辑赵泽毓的不辞辛劳、兢兢业业。同时，也要感谢负责本书装帧设计的袁银昌工作室，投入大量时间，几易其稿，精心设计，才有了本书现在的样貌。最后，感谢所有关心、支持、参与本书编写的各方人士、机构，是大家的同心协力、无私奉献，让本书最终得以呈现。

本书被列入"十二五"国家重点图书出版规划项目，并获得国家出版基金和上海市新闻出版专项基金的资助，在此对有关方面的大力支持一并表示感谢。

本书编委会
2017 年 3 月

目录

中国工程师史

第一章

从"工匠"到"工程师"
—— 中国工程师的由来与职业化

一、"工程师"一词的由来及定义

若要说工程活动以及工程师的历史，我们首先要追溯到古代。古埃及金字塔、古罗马斗兽场和中国京杭大运河等都是古代社会留存下来的工程奇迹。可以说这些工程的设计、营造和组织者就是人类第一批"工程师"，只是那时从职业或身份的角度看，担任工程实施任务的组织者和劳动者只能被定性为临时工，他们还不是现代意义上的职业工程师或职业工人。因为在古代，大型工程建设活动只是当时社会的"暂时状态"，而工匠各自从事个体劳动才是社会的"常态"。但从另一方面看，古代的工程活动也必须有人进行设计、管理和组织实施，我们有理由将在古代工程活动中从事设计和技术指导与管理工作的人员"追认"为"工程师"——正如"科学家"这个名词迟至 1833 年才出现，但我们仍然可以承认古代也有"科学家"一样。

"工程师"一词最早出现在西方。具体源于何时，西方历史学家也难以判断，只能大致地认为这个概念第一次出现在中世纪中期。同时西方学者长期以来对这个职业群体的界定也是很模糊的。在当代西方，如德国，"工程师"常被用于指工业大学或者应用技术大学的毕业生，也就是说首先是从学历层面来定义工程师的。但从职业标准去定义，工程师应该是指"那些在各个历史时期，从事复杂高难度工程项目的实施和组织管理的人"。按照这个定义，我们可回溯到公元前几千年在世界各地形成的高度发达的古代早期城市文明，因此工程师是一种已经延续了六千年的职业。[1]

1. 从军事开始——工程师的由来

从"工程"这个词语本身来看，在西方，工程（engineering）

1　瓦尔特·凯泽，沃尔夫冈·科尼希，《工程师史：一种延续六千年的职业》，高等教育出版社，2008 年版，第 1 页。

一词起源于军事领域，那时军事活动的设施主要是弩炮、云梯、浮桥、碉楼、器械等，这些设施的设计和建造者自然就是"从事工程的人"，即"工程师"（engineer）。可见，最早的工程师是指建造和操作攻城拔寨等战争机械的人（士兵），或者指挥军队和炮兵的人（军官），当然也指设计进攻或防御工事的人（工兵）。所以早期的工程师都是军人，"工程"一词即专指"军事工程"。

从词源上，英文"engineer"（工程师）源于中世纪英语 engyneour、古法语 engineur 和中世纪拉丁语 ingeniarus。这些单词的含义均是"能制造使用机械设备，尤其是军械的人"。在中世纪，该词主要被用来称呼破城槌（battering rams）、抛石机（catapults）和其他军事机械的制造者或操作者。或者指擅长机械（machinery）方面的专家，通常是与水利相关的机械，或者是与战争相关的工艺，用于抵抗或进攻的装置。

在中国古代，尽管没有"工程师"这样一个群体性概念，但那些解决实际工程问题的技术实践者或技术专家也有具体的职业名称记载，比如营造师、河道监理等，或者用一个泛指的概念"智者"来指称。这些人的工作主要集中在建筑、采矿、基础设施、测量、军事、造船、运输和水利等领域。在这些领域里，设计、生产、规划、管理和研制等具体工作又造就了不同的职业群体，规定了各自不同的职业职责，催生了各种职业名称，这些名称与我们今天所说的"工程师"和"技术人员"大致相符。但遗憾的是，这些人的名字和生平事迹很少有文献记载下来。

2. 走向民用——工程师的定义及演化

1755 年英国出版的《塞缪尔·约翰逊英语词典》，将"工程师"定义为"指挥炮兵或军队的人"。1779 年的《大不列颠百科全书》将工程师定义为"一个在军事艺术上，运用数学知识在纸上或地上描绘各种各样的事实以及进攻与防守工作的专家"。1828 年美国出版的《韦伯斯特美国英语词典》，将"工程师"定义为"有数学和机械技能的人，他们形成进攻或防御的工事计划和划出防御阵地"。世界上第一本"工程手册"诞生于 18 世纪，是有关炮兵的手册，第一个可授予正式工程学位的学校于 1747 年在法国成立，也是属于军事的。1802 年成立的美国西点军校（Military Academy at West Point）是美国第一所工程学校。[1]

18 世纪中叶，在欧洲一些城市出现了民用的灯塔、道路、供水和卫生系统等建造物，这些显然已经超出了军事工程的范畴。这些民用的非军事工程虽然隶属于市政部门，但从工程设计到工程实施，基本上还是由军事工程师来承担和完成，军事工程的影子依然存在。这个时候还没有民用工程或者土木工程的概念。此外，18 世纪后期有了动力机械后，人们开始用"工程师"一词来称呼蒸汽机的操作者，如在美国，engineer 一词用于指操作机械引擎（engine）的人。比如铁路 engineer 是指火车司机，轮船 engineer 是指轮机员。

到了 18 世纪晚期，工程师与军人之间的联系开始弱化。英国人约翰·斯米顿（John Smeaton）是第一个称自己为"民用工程师（civil engineer）"的人。1742 年，他到伦敦学习法律，后来加入了英国皇家学会研究科学，18 世纪 50 年代后期，他开始从事建筑，主持重建了世界上第一个建在孤立海礁上的灯塔——艾底斯顿灯塔。1768 年，他开始称自己为 civil engineer，以便从职业来源和工作性质上与传统的"军事工程师"相区分。civil engineer 可直译为民用工程师，现在则被译为土木工程师。civil 在词典里的解释为：公民的，市民的；民用的，民间的。该词与"工程"组合在一起之所以被称为"土木工程"，就是因为斯米顿时代的民用工程主要是与大兴土木有关的建筑和城市道路建设，几乎就等同于土木工程。

19 世纪初期，英国伦敦民用工程师学会（The Institute of Civil Engineers of London）将"civil engineering"定义为"驾驭天然力源、供给人类应用与便利之术"。说明当时的工程师重事实，理论尚属幼稚，故工程还只是"术"。第一次工业革命之后，机械工程、采

1　蔡乾和，《哲学视野下的工程演化研究》，东北大学出版社，2013 年版，第 28 页。

矿工程等工程分支相继出现。而随着后续的发展，几乎每当有重大科技突破，都会产生一种或几种相应的工程分支及相应的从事该工程的工程师。

在此也需要先厘清"工程"的概念。在现代社会中，"工程"一词有广义和狭义之分。狭义上，工程是指人类有组织、有计划地利用各种资源和相关要素构建和制造人工实在的活动。广义上，工程是指一群人为达到某种目的，在一个较长时间周期内进行协作活动的过程。也可以说，工程是将自然科学和技术的理论应用到各种具体的工农业生产部门中的过程总和，包括水利工程、化学工程、土木建筑工程、遗传工程、系统工程、生物工程、海洋工程、环境微生物工程等。它更多地反映用较多的人力、物力来进行的较大而复杂的工作，需要较长时间周期来完成。既包括如京九铁路工程这样的具体建筑工程，也包括如城市改建工程、"扶贫工程"、"菜篮子工程"等各类社会工程实践。本书所涉及的"工程"更多的是指狭义的工程。

二、中国工程师群体的演变与职业化

1. 工匠——中国古代早期的工程师

从广义上讲，中国古代早期的工匠就是中国第一批工程师。

早在新石器时期，先民们就会用间接打击的方法制作各种不同形状的石质器具。到距今 4 000 年以前的仰韶文化和龙山文化时期，产生了制陶工艺。仰韶文化晚期，古人发明了慢轮制陶法；到了龙山文化时期，发展为快轮制陶法。用这种方法制出的陶器，形制规整，厚薄均匀。陶坯初型制出以后，要用骨刀、锥子、拍子进行修削、压磨、压印等精细加工，有时还要用陶土调成泥浆，施于陶器表面，烧成后器表会形成一层红、棕、白等颜色的陶衣。制陶这样细致又繁复的劳动，显然不是所有社会成员都能参与的。手工业生产已开始成为少数有技术专长的人所从事的主要劳动。这些拥有技术专长，且富有创造性的劳动者就是早期的工匠。当时的手工业生产还处于原始形态，人们从事手工业劳动并不受任何统治与剥削，工匠的出现只是因为氏族社会内部的分工。

到原始社会晚期，有了部落联盟，氏族之间也产生了手工业生产的分工。据《礼记·曲礼》记载："天子之六工，曰土工、金工、石工、木工、兽工、草工，典制六材。"就是说，当时的六种工匠是：土工、金工、石工、木工、兽工、草工，分别负责制做陶器、铁器、石器、木器、皮具和草编等六种材质的器物。至周代，手工业分工更细，有"百工"之称。春秋战国时的经济是以手工业和商业为基础的，各种工匠中尤以手工业工匠为多。《考工记》中将手工业工匠分为木工、金工、皮革工、设色工、刮磨工、陶工等六大类30个工种。《墨子·节用》中提到："凡天下群工，轮车、鞼匏、陶冶、梓匠。"这里的"梓匠"即木工。当时的木工已使用规矩准绳，用来进行取圆、定平、校直等操作。百工从事工程也有了自己的规范和方法，《墨子·法仪》引墨子之言："百工为方以矩，为圆以规，直以绳，正以县，平以水。无巧工、不巧工，皆以此五者为法。巧者能中之，不巧者虽不能中，放依以从事，犹愈已。故百工从事，皆有法所度。"[1]

随着私有制和国家的出现，工匠成为被统治的劳动者。奴隶制时代工匠的地位是近于奴隶的手工业劳动者，其后的封建社会，"重本轻末"政策则使工匠的社会地位更为低下。

---

[1] 刘成纪，《百工、工官及中国社会早期的匠作制度》，《郑州大学学报（哲学社会科学版）》，2015年第3期。

在诸侯混战中一些小国被吞并，国内原有的工匠相当一部分流落各地后，转化为独立经营的民间工匠，他们有的定居于市旁，出售自己生产的产品，有的则靠手艺游食于四方。战国时期各国都愿意招留外来的工匠。当时民间工匠已经活跃起来并受到社会的重视，具有自由民的身份。

2. 官匠与民匠——古代工匠的两种类型

随着统治者的权力越来越大，工匠也逐渐分化为两种类型：官匠与民匠。服役于官府时称为官方工匠，在家为自己劳动时称为民间工匠。

官匠劳动的产品一般不上市流通，其目的是满足统治者及官僚机构的需要，做工不计成本，不求利润。民匠所从事的主要是商品性质的生产劳动，其产品主要供商品交换使用。

中国古代官匠传统可以追溯到 3 000 多年前的商代。在殷墟遗址中，考古学者发现有官府作坊。先秦文献中也有"处工就官府"和"工商食官"的记载。秦代建立了庞大的官工业生产体系，众多的民间工匠被征召到官营作坊和官办工程中劳动，如仅参加秦始皇陵兵马俑制作的陶工，就有近千名之多，这可能囊括了当时秦始皇权力所及的范围内大部分制陶名匠。先秦时期文献中所记载的"百工"在"工师"率领下所从事的劳动就是官匠的劳动。[1]

明代以后，官府开始大兴土木建设，各地工匠有了大显身手和加官进爵的机会，很多"官匠"就演变为"工官"。不过由于封建社会历来对劳动者轻视，虽然当时出现了不少建筑杰作，但完成这些工程的建筑师们却很难青史留名，他们的技艺和业绩也就此消失在历史的迷雾中。只有少数身带官衔的工程技术人员，才略有轻描淡写的记载。

工官与工匠在身份认同和手工艺操作水平上均存在差异。工官

1　陈明富，张鹏丽，《古代涉"工匠"义词语历时考察》，《天中学刊》，2012 年第 1 期。

偏重对大工程建设的宏观把握以及工程的施工管理；工匠因为熟悉建造技艺，能更合理地安排人员、流程和工序，有效地提升实施效率，一定程度上促进了营造工艺的发展。他们都可被视为现代工程师的雏形。

民间工匠的劳作是中国古代"男耕女织"的自然经济结构之中，最为典型的一种劳作类型。他们都是有专业技能的手工劳动者，靠手艺从事劳动，维持生活，即所谓"技艺之士，资在于手"，"百技所成，所以养一人也"。民间工匠的另一种劳动经营方式是在市镇设立店铺。在官府的管理下，他们按工种类别沿街排列，集劳作、居住和经营点为一体。《论语·子张》中说："百工居肆，以成其事。"这里的"百工居肆"就是指工肆制度。工肆制度是将通行业的店铺聚居于一定地点，或一街或一巷，以便于生产和交易。这种方式后来形成惯例沿续下来，至今仍有遗迹可寻。

3. 中国职业工程师的兴起

在中国，现代意义的工程师是洋务运动时期出现的。伴随着制造局、船政局及纺织、造纸等工厂的建立运行，煤矿的开采、铁路的建造等活动的开展，中国开始有了近代工业的雏形，随之也成长起一批从事工程活动的专业人才。作为一种特殊的工作和职业群体的工程师，就这样随着近现代中国产业和经济发展而逐步分化、形成、成长并发展壮大。

1881年1月，李鸿章等在奏章中称，赴法国学造船回国的郑清濂等已取得"总监工"官凭，这里的"总监工"与"engineer（工程师）"是相对应的。1886年1月，杨昌浚上奏中称："陈兆翱等在英法德比四国专学轮机制法，可派在工程处总司制机。"在清朝官方文件中，"工程师"字样出现于1883年7月李鸿章奏折片中，他写道："北洋武备学堂铁路总教习德国工程师包尔。"

我国著名近代工程师詹天佑最早在1888年由伍廷芳任命为津榆铁路"工程司"，在负责修建京张铁路工程时，他被任命为"总工程司"。这里的"工程司"是相应于某项"工程"的"职司",既负有技术责任,也有管理的职责。1905 年,詹天佑等主持修建了由中国工程人员自己建造的京张铁路工程,同时也培养了一批工程技术人员,逐步形成了中国初期的工程师群体。他们开始自称"工程师"。

发展至今,"工程师群体"已经成为我国主要的社会群体之一。

三、中国工程教育的发展历程

1. 中国古代的"工匠传统"

中华民族曾经创造出辉煌灿烂的古代文明,涌现了一批杰出的工程巨匠,建造了长城、大运河、都江堰、赵州桥、兵马俑等伟大的工程。

中国传统文化的主流是儒家思想,在儒家看来,技术都是奇技淫巧,搞工程也只是雕虫小技,因此形成了"士农工商"的职业地位排序,古代工匠社会地位较低。做官是中国古代读书人的最终梦想,科举考试的科目根本不涉及技术或工程领域。从事工程的人多来自学徒制,或者是一些从事其他行业的匠人。进行工程教育的方式是口口相传,或将经验以文字的方式记载下来,传给他人。在这种工匠传统的教育方式背景下,我国工程技术人才完成了一项项伟大的工程。

江南制造局大门

2. 近代中国工程教育的起步与发展

徐寿

中国近代的洋务运动，可以看作是近代中国直接面对西方国家开放的起步，是以购买洋枪洋炮、兵船战舰，学习西方的技术来兴建工厂、开发矿山、修筑铁路、办学堂为主线。洋务派的首领李鸿章曾上书清政府请求，为了培养工艺技术人才，除八股文考试之外，专设一科来选拔人才，并倡导师夷长技以制夷。洋务派也建立了一些人才培养机构，设立了一批翻译馆，翻译西方的专业书籍。

1860 年曾国藩在安庆创办内军械所，该所于 1864 年迁往南京，成为南京金陵机器制造局；1866 年底，李鸿章、曾国藩在上海兴建江南机器制造局，内设翻译馆；同年左宗棠在福建马尾建立了船政学堂。

这一时期有一位非常重要的人物——徐寿，他积极推动西学，招聘了一批西方学者。其中值得一提的是傅兰雅。他们一起翻译了一批工程技术方面的专业书籍。

1874 年，徐寿和傅兰雅等人在上海创建了格致学院，翻译了

福州船政学堂

大量的西文教材。这段时间，由于向西方开放的需要，几大城市陆续建立起一批翻译馆，包括北京的京师同文馆，上海的广方言馆，广州的同文馆，新疆的俄文馆，等等。同时随着军事上的需要，特别是海军发展的需要，除了福建马尾船政学堂之外，洋务派又建立了天津水师学堂、武备学堂，江南陆师学堂，湖北武备学堂，等等。与此同时也建立了一批实业学堂，涉及电报、铁路、矿务等领域，培养了近代中国最早的一些工程技术人才。

傅兰雅

　　这些学堂或者同文馆的毕业生有的升迁，也有的做官，比如说"随使出洋"，或者为升迁出馆，少数人进入了一些学堂再继续担任教习。尽管当时培养出的人才并不完全符合近代工程师、工程设计者的角色定位，但这是中国工程教育学术和技术的发端，在我国历史上意义重大。中国的第一批近代工程师，主要产生于晚清的留美幼童当中。

3. 中国现代大学制度的建立

盛宣怀

北洋大学的建立是中国现代大学制度建立的起点。1895年，时任津海关道的盛宣怀，经过直隶总督王文韶上书光绪皇帝，申请设立天津中西学堂，主要培养工程技术人才。当年10月"天津中西学堂"（亦称北洋西学学堂、北洋大学堂）招生开学，该学堂设立头等学堂（相当于大学本科）和二等学堂（相当于大学预科），其中头等学堂设立了法科和土木工程、采矿冶金、机械工程三个工程类学科，成为中国近代史上第一所高等学校。

次年盛宣怀在上海又创办了南洋公学。盛宣怀创立北洋、南洋两校的意图很明显，为了分工布局的考虑。北洋大学堂着重培养工程技术专家，而南洋公学则应该成为培养政治家的摇篮。但是后来南洋公学办学发生了变化，一是受到实业救国的影响，二是上海当时地处富庶的江浙地区中心，是中国对外贸易的主要口岸，接触西方频繁，需要工程人才，所以南洋公学开设了商科、航海、轮机、电机四科，逐渐转变为以工科为主的大学，后改为交通大学。南洋公学建立之后，同年在唐山建立了路矿学堂，在山海关建立了北洋铁路官学堂，这也都是以工程为主的学堂，后来这两个学堂合并为唐山交通大学。

这是中国现代大学的开端。

之后，当时的清朝政府又建立了一些大学堂，包括1893年在武汉建立的自强学堂，1898年在北京建立的京师大学堂，以及1901年在山西建立的山西大学堂，1902年在陕西建立的陕西大学堂。同时，有另外一种大学也开始出现，比如1907年由德国医生宝隆创办的同济德文医学堂。1909年开始庚款留学，为了更好地选拔和培训留学生，游美学务处于1911年创办了清华学堂。1912

北洋大学堂旧址

年与创办不久的同济德文工学堂合并，更名为同济德文医工学堂。1916 年建立的东南大学，一开始就设立工科。上述大学有些以文科为主，也有一些理科，但是已有相当大的部分设立了工科，所以我国的工程教育在这个阶段实际上已经进入了现代大学的发展阶段，在这些学校里面工科的骨干师资力量大多是从欧美、日本等国归国的留学生。他们回国以后，就担任这些学校的教师，培养了我国最早的一批工程技术人才。

从清朝末年一直到民国时期，中国培养了一批工程技术人才，在抗日战争时期发挥了重要的作用。1938 年，当时的国民政府以抗战与建国为号召，着力对高校体系进行了再调整与改革，尤其对直接服务于抗战的工程师教育实施了显著的倾斜政策，加大了对工程师教育的支持力度。因此在抗战时期，工程师教育的规模取得了比较大的发展。尤其在兵工、机械、探矿、路桥等领域贡献更大，为全国全面抗战的胜利做出突出贡献。在这一时期，作为高等工程教育的分支，教会学校也培养了一些工程技术人才。

在老解放区最早创建的高等理工学校是延安自然科学院，它于1940 年 9 月成立，主要是适应抗战和边区建设需要，设机械、化工、农学系，教学要求基础理论与实践相结合。延安自然科学院 1948年与北方大学工学院合并增设电机系，后发展为北京工学院。新中国成立前夕，东北解放区最先着手高等教育整顿和建设工作，当时的哈尔滨工业大学、大连工业大学、沈阳工学院等都作了调整扩充，继而推动各地高等教育的发展。

南洋公学（上海交通大学前身）校门

同济德文医工学堂

清华学堂旧影

延安自然科学院

京师大学堂译学馆中外教师
合影

4. 新中国成立后的工程教育

（1）新中国成立后十七年工程教育的发展

1949 年到 1952 年，新中国的高等教育实现了由半殖民地半封建的旧教育向民主的、科学的、大众的新民主主义教育的根本性转变。新中国成立后，人民政府首先接管的是原国民政府留下的公立学校，这些公立学校加上老解放区原有的学校和迁进城市的学校，成为人民政府最早接管的一批骨干学校。我国政府对私立高等学校的接办开始于教会大学。如果说之前的工程教育模式，在很大程度上沿袭了英美的教育体系，那么在新中国成立以后确定的工程教育的方针当中，则是以推崇、实行苏联五年制教育制度的新型多科性工业大学作为目标。

1951 年 11 月，教育部召开全国工学院院长会议，提出工学院调整方案，开始了全国范围内有计划、有重点的院系调整工作。调整的方针是以培养工业建设人才和师资为重点，发展专门学院，整顿和加强文理综合大学。1952 年下半年，分别以东北、华北、华东、中南地区为重点，开始高等学校的院系全面调整。从 1949 年底开始到 1955 年，我国的高等学校在院校类型、专业设置和地区布局上发生了重大变化，尤其是高等工程教育的变化十分明显。

院系调整期间的宣传条幅

院系调整通过成立或改组多科性的高等工业学校和高等工业专门学校，扩大了工科学校的数量和比例，加强了高等工程教育的发展。1953 年在全国 181 所高等学校中，高等工业院校达到了 38 所，约占总数的 21%。原有高校经过调整以后，一些学校保持原有校名，但学校性质和结构发生了变化。比如北京大学工学院和燕京大学工科各系并入清华大学，而清华大学的文理法

清华大学

三学院，及燕京大学的文理法各系并入北京大学，这样清华大学就
成为了多科性工科大学，而北京大学成为文理科综合大学。

北京大学

到1953年初，全国高校共设置
专业215种，其中工科107种，在
整个高等教育的专业中的数量和比
例大大增加，占据了主导地位。院
系调整以后，工科院校毕业的学生，
迅速投入到我国的社会主义现代化
建设中，成为各行各业的骨干，用
实际行动证明了工程教育的巨大作
用，为我国的经济发展作出了重大
贡献。同时，在更深层次上改变了
我国高校重文轻工的状态，改变了
中国几千年历史上，人们重伦理道
德，轻实用技术的观念。对我国高
等工程教育和国民经济的发展发挥

1959年的同济大学

了重大作用。在此阶段，中国的工程教育也还是以从欧美、日本等国学成归国的留学生，及其早期的一批学生作为主要的师资力量。另外，一定数量的苏联专家和一批留学苏联、东欧的归国科技人才也成为当时我国工程教育的师资。

1958年以后，工程教育教学师资队伍发生了比较重大的变化，形成了以解放以后毕业的中青年教师为主的高等工程教育师资队伍。特别在1962年以后，中苏关系恶化，苏联专家退出了中国，我国的工程教育更进一步依靠我国自己培养的工程技术人才。之后，我国不断地进行教学改革，提高教学质量，通过自己的力量培养出一批又一批工程技术人才，在新中国建设的各个时期都发挥了重要的作用。

（2）"文化大革命"期间的工程教育

1966年5月始，中国经历了十年的文化大革命。在这个期间，虽然高等学校正常招生停止了，但是工程教育并没有停止。

我国也对工程教育进行了一些教学改革，培养了若干届工农兵大学生，取得了前所未有的经验。例如，1967年，同济大学改为教学、设计和施工三结合的"五·七公社"，突破了封闭单纯的学校教学形式，使学校与设计施工单位的联系更加紧密，缩短了学制、精简了课程。1968年，上海机床厂创办了培养工程技术人才的"七二一工人大学"。学员文化程度从小学到相当于高中不等，学制两年左右。结合本厂的产品或科研课题组织教学，教材由工人参与编写，教师主要也由工人担任，按生产顺序分阶段进行教学。

"七二一工人大学"

　　文革十年，高等教育受到破坏性的影响，总体上应该否定，但某些具体的做法，也是可以借鉴的。比如厂校关系比较密切，教学与生产劳动、实践联系比较紧密，学生与工农群众的结合较好等。

　　十年间，我国也培养了一批优秀工程人才，他们当中有不少人时至今日仍在发挥着重要的作用。

（3）十一届三中全会后的工程教育

　　十一届三中全会以后，我国的工程教育又进行了新的改革，在这段时间高等教育的管理体制发生了根本性的变化。

　　1990年代的"院系调整"以合为主，恢复和加强综合性大学，标志着工程教育的结构体系发生了新变化。1952年调整之后形成的多科性工科大学，诸如清华大学、上海交通大学、浙江大学、同济大学等通过调整整合，开始向综合性大学迈进。

　　在工程教育实践环节教学改革方面，各校纷纷学习国外先进经验，特别是美国、德国等国的实践教学经验，形成了富有特色的创新实践教学模式，主要有：以清华为代表的"寓学于研，强化创新实践"的模式；以浙大、上海交大和华南理工为代表的以"推进本科生科研、提高工程实践创新能力"为主要目标的实践教学改革；以东南大学为代表的"开放式自主试验教学改革"等。我国整体的高等工程教育水平得到逐步提高。

　　1994年成立的中国工程院为推动中国工程师教育的改革和发展做出了重要贡献。中国工程院开展了多项咨询研究，如"关于推进我国注册工程师制度的研究"、"创新型工程科技人才培养研究"等，引起相关部门的重视，并被逐步采纳和落实。同时，中国充分关注国际工程教育认证机构的工作。虽然我国早年也曾拥有过工程

同济大学

教育认证和注册工程师的经验，但是真正自主开展工程教育认证还是在改革开放以后。

2010 年以后，我国开展了卓越工程师的教育培养计划。教育部在全国开设工科专业的 1 003 所本科高校中，批准了清华大学、浙江大学、同济大学、华中科技大学、北京航空航天大学等 61 所高校为第一批"卓越工程师教育培训计划"实施学校。以面向工业界、面向世界、面向未来，培养一大批创新能力强、适应经济社会发展需要的各类高质量工程技术人才、卓越工程师为主要目标，培养了一大批优秀的工程技术人才，目前正活跃在工程的各行各业和各条工业产业战线上。

同时，我国也大幅度扩大了职业教育规模。当前我国高等职业教育占据了高等教育的半壁江山。职业教育是以工程技术专业，特别是制造业作为主要领域的教育，是以培养数以亿计的技能型人才作为目标的，因此也是工程教育的重要组成部分。

中国工程院成立大会现场

总之，自新中国成立后经过三十年的发展和三十年的改革，在六十多年的发展过程当中，中国的工程教育达到了一个新的高度，为培养更高层次的工程师、科学家和工程科学家创造了良好的条件。2016年中国加入《华盛顿协议》，说明我国的工程教育在世界上已占据了重要的一席之地。

四、中国工程教育认证的历史沿革

工程教育专业认证（Engineering Educational Specialized / Professional Programmatic Accreditation）是工程技术相关行业协会结合工程教育工作者，对工程技术领域相关专业的高等工程教育质量和规范的认证，保证工程技术行业的从业人员达到相应教育要求的过程。

工程教育专业认证，是工程教育质量保障体系的重要组成部分，是连接工程教育界和工业界的桥梁，是注册工程师制度建立的基础环节。在经济全球化的背景下，高等工程教育专业认证制度也是促进我国工程技术人才参与国际交流的重要保证。

1. "高等工程教育专业国际认证"的决策背景

（1）我国急需提高工程教育人才培养的质量

认证（Accreditation）是高等教育为了保障和改进教育质量而详细考察高等院校或专业的外部质量评估过程。改革开放以来，我国迅速扩大了高等教育的规模，更有加强质量评估的需要。认证是基本质量保证的认定，尤为必要。随着我国经济结构的转型，工程教育人才质量的提升成为我国工程教育界的重要议题。工程教育认证正是为职业准备提供质量保证，一方面可以促进我国工程教育的改革，进一步提高工程教育的质量；另一方面可以吸引工业界的广泛参与，进一步密切工程教育与工业界的联系，从而提高工程教育人才培养对工程技术各领域和工业产业的适应性。

（2）我国高等工程教育急需与国际工程教育界接轨

在经济全球化背景下，工程技术水平及创新能力的竞争已成为综合国力竞争的重要指标。培养既有专业素养，又有全球视野的工程技术人才成为了全球工程技术教育领域关心的话题，而加强世界各国在工程技术领域的交流与合作无疑会对全球工程技术教育的发展产生巨大的推动作用。正是在这一背景下，为了推动工程技术专业学生和工程师的流动，西方主要工程技术强国的工程教育界发起成立了"国际工程联盟（International Engineering Alliance，IEA）"，IEA 由三个关于高等工程教育学位（学历）互认的协议（《华盛顿协议》《悉尼协议》《都柏林协议》）和三个工程师专业资格互认的协议（《工程师流动论坛协议》《亚太工程师计划》《工程技术员流动论坛协议》）组成。IEA 的六个协议组织有着各自的签约成员，代表着不同的国家和地区，每个协议签约成员之间互相认可彼此的工程教育学位（学历）或者专业资格，从而促进了工程师的跨国执业。

而在 IEA 的六个协议中，《华盛顿协议》（Washington Accord，WA）是六个协议中签署时间最早，体系较为完整的协议。WA 约定，在该协议签署成员之间，缔约方所认证的工程专业（主要针对四年制工科本科专业）具有实质等效性，并认为经任何缔约方认证通过的工程专业的本科毕业生都达到了从事工程师职业的教育要求和基本素质标准。

加入 WA，进行高等工程教育本科的国际认证，是推动我国取得工程教育专业认证国际互认的重要举措。

（3）加强高等工程教育的第三方评估

20 世纪 80 年代以来，我国一直在探索以评估的方式来加强国家对高等学校教育教学工作的宏观管理与指导，促进各级教育主管部门重视和支持高等学校的教学工作，全面提高教学质量。如1985 年 11 月国家教育委员会发出《关于开展高等工程教育评估研究和试点工作的通知》（〔85〕教高二字 020 号文件），提出"评估专业、学科的办学水平是评估高等工业学校办学水平的中心环节和基础，应当作为高等工程教育评估工作（包括试点工作）的重点"。

特别是随着我国加入 WTO 后，经济全球化的进程进一步加快，建设创新型国家，实现新型工业化都对我国工程技术人才的质量提出了更高的要求，教育主管部门也更迫切地需要通过第三方评估的机制保证人才培养的质量。而开展国际工程教育认证成为解决这一问题的有效路径之一。

2."高等工程教育国际认证"的发展历程

（1）筹备阶段

1985 年 6 月，原国家教委召开了高等工程教育评估问题专题讨论会，这是我国第一个全国性的高等教育评估研讨会，这次会议明确了高等教育评估的目的，探讨了高等工程教育评估制度的确立，为我国高等工程教育专业认证的开局奠定了重要基础。

1986 年国家教委高教二司组成中国高等工程教育评估考察团赴美国、加拿大，归国后编辑出版了"美国、加拿大高等教育评估"丛书，其中第三册《高等学校工科类专业的评估》是系统介绍国外高等工程教育专业认证制度及其实施状况的书籍，在我国工程教育专业认证研究领域具有里程碑意义。

实践领域高等工程教育专业认证开始初探。1985 年 11 月到 1986 年 11 月，原国家教委选择机械制造工艺及设备专业、计算机应用专业和供热通风与空调工程专业进行评估试点准备。

（2）探索阶段

1992 年开始试点认证工作，先由建设部在清华大学、同济大学、天津大学和东南大学 4 所学校的 6 个专业（建筑学、建筑工程管理、建筑环境与设备工程、城市规划、土木工程、给排水工程）进行试点。1993 年成立第一届全国高等学校建筑工程专业教育评估委员会，1995 年正式开展专业评估。经过 1995 年和 1997 年两届评估，共有 18 所学校的土木工程专业点通过了评估。截至 1997 年，由建

左："第三届国际工程教育
　大会"在北京召开

右："第三届国际工程教育
　大会"部分参会专家合影

设部业务主管的 6 个专业中有 4 个建立了专业认证制度。土木工程
专业评估成为"按照国际通行的专门职业性专业鉴定制度进行合格
评估的首例"，为以后的全国工程专业认证工作奠定了基础。

（3）发展阶段

2001 年加入 WTO 以后，中国工程院工程教育工作委员会开始
了对工程教育认证相关情况的调研，并在重庆召开的中日韩三国工
程教育认证学术报告会上，提出我国加入《华盛顿协议》的构想。

截至 2003 年，由建设部业务领导的建筑学、土木工程、城市
规划、工程管理、建筑环境与设备工程、给排水工程 6 个专业的专
业认证全部启动。

接下来，建设部先对建筑学、土木工程专业进行了认证，然后
在不断总结专业认证试点工作成功经验的基础上，进而启动了建筑
环境与设备、工程管理、城市规划、给水排水工程专业的认证，进
行了工程教育专业认证的新探索。

2004 年 9 月 由 美 国 工 程 教 育 协 会（American Society for
Engineering Education ， ASEE）、中国工程院（CAE）和中国国家
自然科学基金委（NSFC）共同举办，清华大学承办，中国高等工
程教育专业委员会协办的"第三届国际工程教育大会"在清华大学
举行。这次会议是 ASEE 第一次在发展中国家举办的国际工程教育
大会。大会围绕了工程教育改革，工程教育质量的国际资格认证等
主题进行研讨。会议上，教育部对中国的工程教育进行了介绍，指
出中国的工业现代化要求中国的工程教育率先实现现代化，也指出
了中国已经成为了高等工程教育的大国，但是还不是高等工程教育

2015年4月，中国工程教育
专业认证协会成立

的强国，所以要积极地推动我国工程教育和工程师资格的认证，以适应国际工程技术人才市场的需要。

2005年5月，在教育部的积极推动下，国务院批准成立了由18个行业管理部门和行业组织组成的全国工程师制度改革协调小组，经过广泛论证，协调小组认为，工程教育认证是职业工程师制度的重要组成部分，决定参照《华盛顿协议》的要求，启动申请加入《华盛顿协议》，与未来的职业工程师制度相衔接，建立中国工程教育认证体系。

2006年，国务院工程师制度改革协调小组委托教育部成立全国工程教育认证专家委员会，正式启动全国工程教育专业认证试点工作，并于当年3月试点认证了4个专业领域（机械工程与自动化、电气工程及自动化、化学工程与工艺、计算机科学与技术），完成了8所学校的工程教育专业认证。

2012年，教育部和中国科协开始筹建中国工程教育认证协会，以符合《华盛顿协议》对成员的要求。认证协会为中国科协的团体会员，秘书处设在教育部评估中心。2012年12月，中国正式提出加入《华盛顿协议》的申请。2013年6月，中国成为《华盛顿协议》的观察员。

截至2013年，我国已在机械、化工制药、环境、电气信息、材料、地质、土木等15个专业领域，共有137所高校的443个专业通过了专业认证。

2016年4月11日，由中国科协与中国工程教育专业认证协会联合主办的工程教育认证国际研讨会在北京召开。中国科协、教育部、中国工程教育专业认证协会、世界工程组织联合会、澳大利亚

2015 年 11 月，会见联合国教科文组织（UNESCO）官员

工程师协会等代表出席研讨会。澳大利亚工程师协会、英国工程理事会等 13 个《华盛顿协议》正式成员组织的主席、副主席、认证部门负责人，中国教育界、产业界、学术领域的专家、学者等近 70 人参加研讨会。研讨会围绕"成果导向教育与工程教育认证""工程教育认证最佳实践""工程教育及认证体系的创新与多样性发展"3 个主题进行专题研讨。此次研讨会为我国加入《华盛顿协议》奠定了良好的基础。

2016 年 6 月，我国成为《华盛顿协议》的正式会员，这也意味着我国的工程教育质量保障体系已获得国际认可。

（4）国际交流

我国工程教育专业认证在国际交流互认方面已取得一定成绩。早在 1998 年 5 月，建设部人事教育劳动司与英国土木工程师学会共同签订了土木工程学士学位专业评估互认协议书。与此同时，中国注册结构工程师管理委员会与英国结构工程师学会也共同签署了名称和内容相仿的协议书。这两份协议的签订标志着我国大陆地区土木工程专业评估初步实现了双边的国际接轨，为我国工程人才以正式专业资格走向世界迈出了重要一步。

中国科协代表中国作为申请《华盛顿协议》的组织者，先后邀请了澳大利亚工程师学会、英国工程委员会（2008）、美国机械工程师协会（2011）、香港工程师学会（2011）等国际组织的专家访问观摩中国的认证考察活动，提出建议和意见，为我国加入《华盛顿协议》打下良好基础。

2011 年，中英土木工程专业
教育评估互认协议签约仪式
在同济大学举行

经过筹备、探索、发展时期，到加入《华盛顿协议》，我国的
工程教育认证协会的工作运转、规章制度等已经相对完善和成熟，
形成了与国际实质等效的工程教育（本科）专业认证体系，基本和
国际工程人才培养要求接轨。

（5）工程教育认证的研究

高等教育专业认证的研究是 20 世纪 80 年代中期伴随着我国高
等教育评估研究的开展逐步发展起来的。最初，主要是了解和介绍
国外开展高等教育评估的经验。同济大学毕家驹教授作为工程教育
专业认证和发展工程师注册制度的积极倡导者，自 1995 年开始发
表了一系列文章介绍和分析国外工程教育专业认证的情况，提出我
国开展工程教育专业认证制度的基本设想。如，《美国工程学位教
育的质量保证》《中国工程学位与工程师资格通行世界的必由之路》
《关于土木工程专业评估的评述和建议》《关于华盛顿协议新进展的
评述》《中国工程专业评估的过去、现状和使命——以土木工程专
业为例》等。

2000 年之后，有关工程教育专业认证的研究开始增多，主要
聚焦国外当前工程教育认证的做法，发达国家工程教育专业认证在
制度沿革、认证标准等方面的情况，并在此基础上提出对我国工程
教育专业认证制度的建议和展望。其中代表性的学术论文有《中国
工程教育的现状和展望》《论高等工程教育发展的方向》《工程教育
评估与认证及其思考》《工程教育与现代工程师培养》《论高等工程
教育发展方向》《新世纪中国工程教育的改革与发展》等。

（6）中国硕士阶段工程教育认证的未来探索

我国工程硕士教育专业认证始于 2003 年，全国工程硕士专业学位教育指导委员会率先在项目管理和物流管理两个领域开展了国际化认证工作。2004 至 2008 年，全国工程硕士专业学位教育指导委员会先后与英国皇家物流与运输学会、中国交通运输协会、中国（双法）项目管理研究委员会（PMRC）、国际项目管理资质认证（IPMP）中国认证委员会、美国项目管理协会（PMI）就职业资格相互认证事宜签署了框架协议。

2010 年全国工程硕士专业学位教育指导委员会与中国设备监理协会签订了《工程硕士（设备监理）专业学位与高级设备监理师资格对接合作框架协议》，这是工程硕士教育专业认证首次与国内职业资格认证进行衔接。

欧洲涉及硕士层面工程教育认证的组织主要有欧洲工程教育认证网络（ENAEE）、英国工程委员会（EngC）、德国工程、信息科学、自然科学和数学专业认证机构（ASIIN）、法国工程师职衔委员会（CTI）、俄罗斯工程教育学会（AEER）等。欧洲工程教育认证网络（ENAEE）负责实施欧洲工程教育认证体系（EUR-ACE 体系），EUR-ACE 体系从 2007 年开始实行，ENAEE 授权各认证和质量保障机构，使它们有权授予经过认证的第一阶段和第二阶段工程项目 EUR-ACE 标签，其中第二阶段工程项目相当于硕士层面的工程学位项目。经 ENAEE 授权可授予 EUR-ACE 标签的认证机构包括德、法、英、葡、俄、意、爱尔兰、土耳其、罗马尼亚、波兰等国的工程教育认证组织。

ENAEE 正在快速发展，其包含硕士层面工程教育认证的 EUR-ACE 体系对欧洲工程教育强国的影响在不断扩大。构建中国硕士层面工程教育认证的标准系统，需要考虑与 EUR-ACE 体系的对照和实质等效问题。

2016 年底由清华大学主办相关论坛和工作，专门研究和探讨硕士阶段的工程教育认证。

五、中国工程师的社会组织

1. 从个体手工业到民间作坊

随着古代社会商品经济的发展，工匠队伍日趋扩大，工作规模也逐渐从手工业者个体演变到民间作坊。

作坊，也称"作场"、"坊"、"房"、"作"，特指古代工匠集中在一起劳动的场所。作坊的规模有大有小，而以小作坊占多数。所谓小作坊，是指它的组织形式简单，由一个主匠——师傅，雇用一两个徒弟或帮工组成，备有简陋的车间、简单的生产工具和为数不多的资金，形成小的生产单位。直到近现代，中国仍有大量这样的木匠铺、铁匠铺、铜器铺、锡器铺、轧鞋铺等小作坊。

民间的大作坊，更多的出现在金属矿冶业和纺织业。这些作坊中，劳动有较细的分工，由数十或数百人共同协作批量生产，有场房和较多的资金，主人是较富有的私人工商业主，工人所从事的主要是雇工劳动。

古代作坊的工匠都重视维护自己的信誉，尽力发挥自己的独特技术，生产品牌产品，于是"某家某物"就成为最好的招牌。北宋时期，京城汴梁已是"万姓交易"，盛况空前，那时人们买东西就"多趋有名之家"。孟家的道冠、赵文秀的笔、潘谷家的墨，都很出名。南宋首都临安的盛况更远胜旧都汴梁，文献中有记载的名家小商品不下数百家，如彭家的油靴、宣家的台衣、顾家的笛子、盛家的珠子铺等。[1]

笔、墨、纸、砚被誉为"文房四宝"。唐宋时期的笔墨精品文献上已多有记载。端州出产的端石是制作端砚最好的材料；宣城是宣纸、宣笔的产地；徽墨，即徽州墨，以安徽省徽州的绩溪、休宁、

---

1 李宏伟，别应龙，《工匠精神的历史传承与当代培育》，《自然辩证法研究》，2015年第4期。

歙县三地为制造中心。清代徽墨四大家，绩溪有其二——绩溪人汪近圣、胡开文，尤以胡开文名冠海内外，久传不衰。歙县李家制墨，有独特的用胶法，可达到"遇湿不败"的质量。

名家产品都有其绝技，而这些绝技又是靠家传得以延续的。手工业劳动技术靠直接接触才能掌握，靠长期教育和训练才能提高。工匠的训练途径和方法大都采取"父兄之教"和"弟子之学"的家传教育方式。他们长期在一起，旦夕相处，耳提面命，终至"不肃而成"，"不劳而能"，一代代把技术传下来。

在市场狭小的古代社会，工匠保存本家的一技之长，就是保证自己的生存；而一旦把生产技术的秘密泄露于人，就是在为自己制造竞争者，这无异于自断生路。因此，古代工匠在传授技艺上特别慎重，一般只传本姓、本家，不传外人；本家中也有只传男不传女，怕女儿出嫁后，把技术带给夫家。如果某项技术在当地只有两家掌握，那么为保守技术秘密，两家世代为婚。有工匠为保守家传的技术，陷入有女终生不嫁的悲惨境地，如唐代元稹《织女词》中所形容的那样："东家白头双女儿，为解挑纹嫁不得。"[1]

工匠们严守自己的技术秘密、不轻易外传的传统，也产生了另一种作用，就是迫使各行各业的工匠自专其业，穷终身之力，并调动世代相传的力量，来提高自己家传的技艺，以至于达到炉火纯青的水平。这种精神被称为"匠人精神"，即使在科技高度发达的今天，也是值得弘扬的。

2. 匠帮、行帮及其组织

（1）匠帮

明清时期，工匠的一种组织形式——匠帮开始出现。匠帮是在地域性的同业或同行组织基础上发展起来的。如清代苏州织绸业中

1 徐少锦，《中国传统工匠伦理初探》，《审计与经济研究》，2001年第4期。

的雇工分京（南京）、苏两帮；广州丝织业雇工按籍贯分为 11 帮；四川富荣盐场烧盐工和整灶工分江津和南川两帮；上海的铁匠、铜锡匠、木匠有上海帮、无锡帮、宁波帮与绍兴帮之分。匠帮成员多是同乡的同行匠人。匠帮组织关系的核心先是师徒关系，其次是乡邻和亲友关系——在中国乡土社会，这两种关系一般纠缠在一起。[1]

从明代开始出现了作头（匠帮的领头人）从东家处承包来工程，然后雇佣工匠完成的模式。工匠是雇工；作头是老板，他们可以是作坊老板，也可以是技术高超的匠师。丰富的制作风格和构造做法往往体现了不同匠帮派系的技术特征。以建筑为例，徽州的民居和苏州的民居，在风格和做法就大不相同。这是因为中国传统社会在地理上多有封闭性，形成了各地独有的生活方式、营造习俗和审美价值等；再加上从事体力劳动的工匠地位较低，多半不识字，难以对已有的技术经验进行理论提升，多是经验性的总结，具体的营造技术一般采用歌谣、口诀和符号的方式来进行传承，逐渐形成了一定地域下固定的营造范式。

如由来自苏州香山地区的匠人结成的苏州香山帮，是一个集木匠、泥水匠、堆灰匠（泥塑）、雕花匠（木雕、砖雕、石雕）、叠山匠以及彩绘匠等古典建筑中应有的全部工种于一体的建筑工匠群体，在江南地区颇有代表性，以擅长复杂精细的中国传统建筑技术而远近闻名。香山帮匠人所建造的建筑，被后人称为"苏派建筑"。[2]

（2）行帮与行会

工匠群体以某个行业为基础也会出现自己的组织。明代以后，匠籍制度解体，恢复自由身的民间工匠和手工业者大量涌入城镇成为雇工，就业竞争日益激烈。在岗的工匠为了减少外来的和内部的竞争，维护自己的生存条件，都开始纷纷成立行帮组织。这个利益团体范围较窄，与匠帮类似，开始也多是按照乡土地缘和血缘关系

---

1 松青，《我国历史悠久的行会组织》，《中国工商》，1989 年第 1 期。
2 董菁菁，《香山帮传统建筑营造技艺研究》，《青岛理工大学》，2014 年第 3 期。

组织起来的，有所不同的是，行帮既有地域概念也有同行概念。例如，上文提到的香山帮，既指从香山地区出来的从事木工这个行业的工匠群体，也泛指从事各种工种的建筑工匠群体。行帮按规模也划分为大行和小行。

为了维护小行的利益，行帮设有一套较为严格的制度。第一，为排斥他帮和帮外散工，把持就业，入帮有一定限制或者门槛，不入帮不得在本行业受雇。入帮除限定乡籍外，还有拜师、祭神、交费等手续。第二，限制收徒，并垄断行业技术，这也是行帮组织十分严格的规定。第三，把持业务，即所谓各帮之间各归主顾，互相不准掺夺。由行帮组织统一安排固定下来，规定某业主只准雇用某帮的工匠，这种做法到了近代就演变成包工头制度。

大行的行规主要是类似于行会同业内的一些经营规范，防止内部的恶性竞争。如规定原料和产品价格，说明本行用的是优质材料，价格合理，以建立社会信誉，取信于消费者；根据行业特点规定劳动时间和工资待遇；收带徒弟的规定，以限制从业者人数的增加，明晰师徒关系，保证劳动正常进行。还制定了罚规，同行间争议由其行会仲裁，当事人须服从决定，否则受同行共同排斥。

行帮发展壮大后，就逐渐出现了行会。行会是中国古代民间工商业者相对固定的社会组织，早期称为"行"，后期称为会馆或公所。行会组织产生于隋唐，在宋元明清得到发展。行会是为了排斥竞争、保护同行利益，按行业建立起来的一种组织形式，行会的成员偏重商品的分配和交易，资本较大。

明清时期的行会组织常称为会馆或者公所。会馆主要是以地区命名的同乡组织，原是士大夫间的"联谊"组织。公所则多数是以行业命名的同业组织，只是由于在中国传统的社会经济中同乡多与同行紧密联系在一起，所以很多情况下同乡会馆也就变成了同行聚会的地方。有些会馆兼有行业协调的作用，甚至就变成了行业性的会馆，商人可在会馆中居住、存货，以至评定市价。

1916 年的《中华工程师学会
会报》

3. 中国工程师学会——近代工程师的社会组织

　　随着近代工程事业的出现与发展，1912 年 1 月，主持粤汉铁路工程建设的詹天佑在广州发起成立"中华工程学会"。接着，颜德庆、吴健等人在上海发起成立"中华工学会"，徐文炯、徐士远等人在上海成立铁路"路工同人共济会"。这三会名称虽有不同，但宗旨类似，且都推选詹天佑为会长或名誉会长。不久三会合并，改名为"中华工程师会"，詹天佑为首任会长，学会设在汉口，有会员 148 人。1915 年改名为"中华工程师学会"，次年迁址北京。

　　1917 年，二十余位留美学者和工程技术人员在美国康奈尔大学成立了"中国工程学会"，以后又迁往纽约，直至数年后迁回国内，在上海建会。1931 年 8 月，"中华工程师学会"与"中国工程学会"合并，成立"中国工程师学会"，并确定 1912 年 1 月 1 日为其创始日，会址设在南京。

　　中国工程师学会首任会长是韦以黻，此后，颜德庆、萨福均、徐佩璜、曾养甫、翁文灏、茅以升等人都曾历任会长。学会最初有会员 2 169 人，在五十余个地区设立分会。该会宗旨为：联络工程界同志，协力发展中国工程事业，并研究促进各项工程学术研究。学会出版会刊《工程》。

民国时期，中国工程师学会是中国最具有号召力的工程师职业社团和工程学术团体，该学会于 1933 年提出的《中国工程师信守规条》，成为最早的中国工程师职业伦理守则。其内容体现了特定历史时期中国工程师职业团体的伦理意识，包含以下 6 条准则：（1）不得放弃或不忠于职务；（2）不得收受非分之报酬；（3）不得有倾轧排挤同行之行为；（4）不得直接或间接损害同行之名誉或者业务；（5）不得以卑劣之手段，竞争业务或者位置；（6）不得有虚伪宣传或者其他有损职业尊严之举动。

这 6 条准则以禁止不当行为的方式，提出了工程师对于客户或雇主、同行以及职业所负有的责任。世界上公认最早的两个职业工程师伦理守则——AIEE 和 ASCE 伦理守则，是 20 世纪 20 年代由美国以及其他国家职业工程师社团制定的，而中国工程师学会1933 年初次制定的伦理守则，正是以上述两个守则为参考范本。

4. 中国工程院——中国工程师的殿堂

新中国成立后，没有统一设立工程职业组织，但在中国科协下设有几十个专业工科学会，如中国机械工程学会、中国电机工程学会、中国计算机学会等。

改革开放后，科学家、工程技术专家和有关人士，曾多次提出倡议建立中国工程院。1980 年，在全国政协五届三次会议上，张光斗和俞宝传两位工程界的泰斗，率先提出了成立中国工程科学院的提案。1986 年，罗沛霖倡议并起草了《关于加强对第一线工程技术界的重视的意见》，联合茅以升、钱三强、徐驰、侯祥麟等八十余人，向全国政协提出了提案。1989 年 3 月，第七届全国政协委员陶亨咸、侯祥麟、张健、钱保功、罗沛霖、王大珩、陆元九、陈永龄等 8 位科学家联名提案，再一次建议建立与中国科学院并立的、纯粹荣誉性与咨询性质的、国家级的中国工程技术院。

1992 年 3 月，在政协七届五次会议上，又有三件提案建议成立中国工程院。提案针对 1991 年增选的中科院技术科学部 60 名学部委员中只有 2 名工程师的状况提出了意见，建议指出："建国 42 年来由于客观需要，党和国家十分重视经济建设，我国能源交通、轻重工业以及军工、航天航空都建成了完整而有效的工业体系。各行各业的工程技术人员在实践中成长。无论生产、建设、工业科研开发、设计，都有大批有贡献、有实践经验、有水平的工程师。由于结合实际，这些工程师的成长速度和水平不亚于中科院和各大学的研究员和教授。和建国初期的情况已经完全不同了，而新增补的技术科学学部 60 位学部委员中，只有 2 名工程师，说明改变中科院理论优先的任务和观点是不可能也是不必要的——他们有自己的任务。"[1]

1993 年 11 月 12 日，国务院批准了《关于成立中国工程院的请示》，明确了机构名称是"中国工程院"，成员的称谓是"院士"，中国科学院的学部委员也改称"院士"。这一年，中国工程院首批院士的遴选工作正式启动。第一批 96 名工程院院士，其中 30 人为中科院院士。这 30 位身兼科学院院士和工程院院士的专家，在中国的科学界和学术界都是大名鼎鼎且贡献卓著的。其中包括：吴良镛、张光斗、宋健、路甬祥、师昌绪、朱光亚、王选、王大珩、严东生、李国豪等。

中国工程院共有 9 个学部：机械与运载工程学部，信息与电子工程学部，化工、冶金与材料工程学部，能源与矿业工程学部，土木、水利与建筑工程学部，环境与轻纺工程学部，农业学部，医药卫生学部，工程管理学部。按照《中国工程院章程》的规定，中国工程院院士增选每两年进行一次。截至 2017 年 4 月，中国工程院共有 827 名院士和 49 名外籍院士。

1　李飞，《政协提案与中国工程院的成立》，《自然辩证法通讯》，2010 年第 2 期。

中国工程师史

第二章

巧夺天工
——中国古代工程师的实践与成就

一、古代工程的兴起及特点

我国古代的工程实践在世界工程史上占有重要的地位。勤劳、智慧的中华民族曾经创造了辉煌灿烂的古代文明，著名的工程巨匠前赴后继地涌现于中华大地上，他们建造了长城、大运河、都江堰、赵州桥等伟大的工程。尽管现代意义上的工程师是近代西方工业革命后才出现在中国的，但中国有着数千年的历史文化传承，要了解中国工程师的历史，就不能忽视中国古代工匠的工程实践。从某种意义上讲，他们构成了中国工程师的血脉和灵魂，每一代的中国工程师都延续了他们的智慧和品质。

1. 帝王——古代工程实践的指挥者

秦始皇像

尽管古代的大型工程是由工匠承担的，但不能否认帝王在工程决策和指挥中所发挥的作用，这也是中国古代工程实践的显著特点之一。中国古代的帝王经常是工程实践的决策者、参与者，甚至是直接指挥者。

帝王指导工程建设，最为典型的要数秦始皇。秦始皇（公元前259年—公元前210年）13岁继承王位，39岁称帝，在位37年。他不仅是首位完成华夏大一统的政治人物，在工程方面也颇有建树，主持修筑了万里长城、灵渠、秦驰道、秦始皇陵等重大工程。

秦朝统一中国后，由于多年的战争，原各诸侯国的农业设施受到很大的破坏，

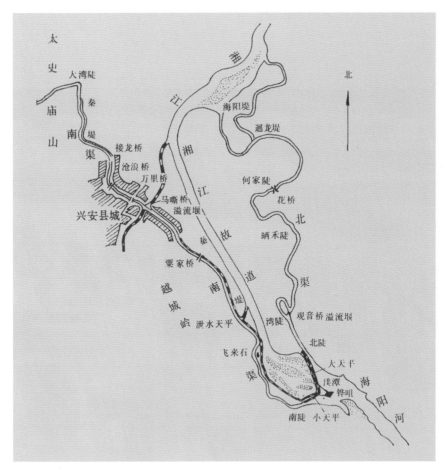

灵渠走向示意图

为尽快恢复农业生产,秦始皇组织了相当大的人力来疏通河道,修复水渠,畅通水路交通和农业灌溉。为方便运送征讨岭南所需的军队和物资,他命史禄开凿河渠以连通属长江水系的湘江和属珠江水系的漓江。这条运河又称灵渠,是世界上最古老的运河之一,自贯通后两千多年来一直是岭南与中原地区之间的水路交通要道。

秦始皇即位不久,便开始派人设计建造秦始皇陵,直至他50岁病逝下葬(公元前210年),他的儿子秦二世又接着施工两年才完工,前后费时近四十年,每年用工七十多万人,可谓工程浩大。留存至今的秦始皇陵从外围看周长2 000米,高达55米。据史书记载,其

位于广西兴安的灵渠
(摄于1972年)

秦始皇陵出土的兵马俑群像

航拍西安秦始皇陵

内部建造得极其奢华，以铜铸顶，以水银为河流湖海，并且满布
机关，顶上有明珠做的日月星辰。仅从陪葬的兵马俑数量，就可
看出当年这座陵墓的规模之大。

2. 工部——古代工程的组织管理机构

　　我国古代的工程大都是由官府组织实施的，具体执行者就是略
懂科技的"士"阶层，他们大部分是通过科举考试而成为官僚集团
的一分子，并由于统治的需要而钻研科学技术。西汉时，一般都是
由将帅来担任大匠，由少府等来分掌工程、苑囿等事宜。这一制度
到了西汉后期有了很大的变化。汉成帝设置的尚书官位由四人组成，
称为"四曹"。其中，民曹尚书专门负责工程事务，掌管缮治、功
作、监池、苑、囿等工作。魏晋南北朝时期，魏以左民尚书负责工
程。晋以后，尚书负责屯田、起部（负责工程）、水部（负责航政、
水利）等与工程有关的活动，所掌均属工务范围。北齐以祠部尚书
辖屯田、起部，以都官尚书辖水部。

　　隋朝时，工程建设的制度又有所改变。隋文帝开始，确定了六
部制度，首次设立了工部，工部就是负责工程、工匠、屯田、水利、
交通等事务行政机构。其主官为工部尚书。隋炀帝时以侍郎为次官，
后为历代沿袭。比如明代，每逢大工程，工部都要派侍郎、郎中等

亲自督办，在工程建设的人力使用上，军队占很大的比例，而技术官僚在接受朝廷公共工程职位任命的同时，也会在各方面得到朝廷的大力支持。有学者考证指出，《考工记》就是一部齐国的官书，即齐国官方制定的指导、监督和考核官府手工业、工匠劳动制度的典籍。

清光绪二十九年（1903 年），政府设立了商部。光绪三十二年，又将工部并入商部，易名为农工商部。工部原管辖的部分职能划入民政、度支、陆军等部。

总之，自隋朝起，"工部"长期作为管理全国工程事务的机关，职掌"土木兴建之制，器物利用之式，渠堰疏降之法，陵寝供亿之典。凡全国之土木、水利工程，机器制造工程，矿冶、纺织等官办工业无不综理"。

二、中国古代工程教育及工程理念

1. 古代工程实践者的自学和钻研精神

中国古代工程实践者通常是匠人和管理匠人、领导工程实施的官员。无论是匠人还是官方的工程建设和指挥者，都是那个时代的"工程师"。

选派负责修建河道、皇宫等集工程管理、决策、实施以及营造技术、河工技术、河务监督等数职于一身的高级官员，朝廷主要考虑的因素，除了具有工程经验之外，还必须具有好的人品和无可疵议的操行记录。因为，首先，这样的工程组织者才能不负

众望，动员相关府县的地方官，指挥如意。其次，大规模的工程经费，如治河工程的资金，最后分配权就掌握在工程指挥者手里，朝廷不得不考虑其品行。才能、学识、精力、品质等是这种技术性官员出色完成各项任务的必要条件。

这些官员虽然多为科举出身，从小熟读的是四书五经，但这并不妨碍他们在具体的工作中显现其他方面的能力。杰出的官员会在任职过程中培养出卓越的技术素养，从而取得成就。

现如今中外闻名的瓷都景德镇，其名声和业绩很大程度上就得益于官方委派的官员工程师。明清两代帝王都在景德镇设置官窑，并委派官员负责管理，这类官员被称为督陶官，或称督陶使。几百年间，大量督陶官被派往景德镇，专门负责监督御用瓷器的生产。清代出现了数位对景德镇陶瓷做出贡献的督陶官，其中唐英是杰出的代表。唐英初到景德镇时，对陶瓷几乎一窍不通。他拒绝了所有官场上的应酬，深入坯房窑厂，和陶工们一起生活劳作，一起参加绘画等制作工作，他很快就熟悉了制瓷的各种工艺，由一个外行转变成内行。乾隆皇帝曾直接干预宫内制瓷事务，他不仅对宫内瓷器的用途、形状、纹样等屡屡过问，亲自审定画样，甚至对于瓷器的烧制过程也极感兴趣。唐英曾奉乾隆皇帝的旨意编纂《陶冶图说》，该书图文并茂，详尽地展示了制瓷的全部工序，成为中国陶瓷工程史经典之作。

明代仍由工部负责各项工程建设，并且设置了"河道总督"，官位相当于现在的省长或部长。这些河道总督受到皇帝委派之初可能并不具备水利工程的资历，但通过向他人请教经验和自身实践，其中不少人都成为了优秀的工程专家，取得了很多有开创性的成就，其中河道总督潘季驯和靳辅是典型的代表。

这些优秀的技术官员在求学的时候其实已经具备了成为工程指挥者的智力水平，只是由于一心服务于朝廷，并没有将工程的才能展现出来，直到被委派为技术官员后才有了施展才能的舞台。这也说明了一个至今仍然流行的观点：工程师的首要特质是解决问题。因此现代的工程教育致力于将工程师打造为一个解决问题者。而在古代，那些通过教育（无论是科举还是其他）具备了解决问题能力的人，都有成为优秀工程师的潜质。

2. 古代工程实践者的工程理念

可以说，工程活动贯彻着工程实践者的工程理念。古代中国工程实践者更多受到传统文化的影响，在实践中逐渐形成了独特的工程理念，这些理念很多延续到现代，为现代工程师所继承，其中较为明显的有：和谐理念、等级理念、"天人合一"理念、写实与写意结合理念等。

就和谐理念而言，中国文化的灵魂就是崇尚和谐，"和实生物，同则不继"（《国语·郑语》），"天地之气，莫大于和"（《淮南子》）。中国文化以"和谐"为美，董仲舒说"天地之道而美于和"，"天地之美莫大于和"，"和"即"和谐"，它包括"天人之和""身心之和""人际之和"等。在中国古汉语中，"合"与"和"通用，所以，天人合一可以理解为天人和一。天人之间构成一个和谐的整体，人作为天（即自然）的一部分，理应与其和谐相处。

这些理念必然反映在工程活动中，尤其是建筑工程中。中国古代建筑讲究天人之和，即建立人与其周围自然环境之间的和谐关系。在住宅的台基高矮以及室内空间大小方面，强调阴阳之和，用阴阳来概括高矮、大小、明暗等具体范畴，主张以高矮大小适当为宜，不主张盲目求大。所谓"室大则多阴，台高则多阳，多阴则蹶，多阳则痿，此阴阳不适之患也。"（《吕氏春秋》）"高台多阳，广室多阴，君子不弗为也。"（董仲舒）

儒家"人以和为贵"的思想对中国古代工程师的职业触觉有很大的影响。这种思想使得我国古代民用工程得到了很好的发展。儒家所讲的和谐，很多是建立在遵守伦理地位的基础上的。北京的四合院住宅就典型地反映了这种人与人之间的封建伦理关系，长幼尊卑、等级分明。在这种四合院住宅中居住，什么位置的房子该由什么等级的人居住，都有严格的规定，不能逾矩。

中国古建筑的屋顶样式有多种，其设计理念却是分别代表着不同的等级。比如等级最高的庑殿顶，特点是前后左右共四个坡面，交出五个脊，又称五脊殿或吴殿，只有帝王宫殿或敕建寺庙等方能使用。等级次于庑殿顶的是歇山顶，系前后左右四个坡面，在左右坡面上各有一个垂直面，故而交出九个脊，又称九脊殿或汉殿、曹殿，多用在较为重要、体量较大的建筑上。

中国古人认为自然和人是统一的，"人法地，地法天，天法道，道法自然"，就是说，从根上要以自然为师，要师法自然。要做到这一点，首先就要认识规律。例如，在建筑方位上，中国建筑所崇尚的最好方位就是背山、面水、向阳，因此，古代乃至远古时期的房屋建筑，大都采用坐北向南，或坐西向东方位。在建筑形式上，中国建筑常采用大屋顶，也有其合乎自然之理的实用功能。在园林建筑上，中国园林与欧洲园林最大的区别在于，中国讲究来自"天然之理"的"天然之趣"，讲究虽属人工建造而又宛自天成的"天然图画"。

三、中国古代冶金工程与实践者

1. 中国古代冶金业的发展与成就

（1）从陶器到青铜器

从自然界采集矿石，然后通过物理的或化学的手段提取矿石中的金属或有用矿物的实践，都可视为矿业活动。与世界上其他古老文明一样，我国在新石器时代已经掌握了烧制陶器的技术，改变自然资源（陶土）的化学结构来制造产品。尽管烧制陶器与从矿石中提取金属或有用矿物的冶金技术仍有质的区别，但毕竟距冶金术的发明和冶金工程实践只有一步之遥了。

中国历史上进入"青铜时代"是在何时，目前很难做出判断。可以确定的是夏、商、西周、春秋时期，我国制造的青铜器数量非常庞大，仅目前保存在全国各地博物馆中的青铜器，有铭文者就达数万件，不铸铭文的青铜器就更多。精湛的块范法工艺及二次铸造技术，更使中国拥有了自己独特的、完善的青铜铸造技术体系。我国现存青铜器包括农具、烹饪食器、酒器、水器、乐器、兵器、车马器等，种类繁多，其中司母戊鼎更是我国古代青铜及铸造技术的集大成之作，也是我国目前已发现的最大、最重的古代青铜器。铸造这样大型的青铜器，应该说已是典型的冶金工程。现代冶金专家曾对其进行过详细分析，这种鼎的建造工艺非常复杂，制造过程也异常繁琐。建造

司母戊鼎

者首先要分别铸出主要部件，然后再将这些部件合铸成为一个整体，至少需要二三百个工匠同时操作、密切配合，才能保证成功。而史书并没有对当时负责指挥建造的工匠或者官匠留下任何记载。

（2）古代冶铁技术

由于铁矿石的熔化温度很高，我国春秋和战国时期所使用的锻造铁器是以块炼铁为材料，也就是说，炼出的铁是通过矿石由木炭直接还原得到的，它质地疏松，呈类似蜂窝状的块状，里面有很多气孔，又含有大量的非金属夹杂物。这种炼铁方法称块炼铁法，也就是"固体还原法"，欧洲人一直延用到公元 14 世纪。

而我国在公元前 2 世纪就已经能够生产铸铁了。江苏六合程桥东周墓出土的铁丸，洛阳出土的公元前 5 世纪的铁锛、铁铲等都是生铁器物，证明在使用块炼法的同时，我国已经掌握了生铁冶铸工艺。生铁冶铸与块炼铁同时发展，是我国古代钢铁冶金技术发展的独特途径。从河北兴隆县出土的大量战国时的铁范来看，其中包含有较复杂的复合范和双型腔，并采用了难度较大的金属型芯，反映出当时的铸造工艺已有较高水平。战国时期，中国人发明了用柔化退火制造可锻铸件的技术以及多管鼓风技术，均是古代冶金技术的重要成就，要比欧洲早了两千多年。

我国生产铸铁的方法并没有什么神秘之处，只是使用了不断向熔铁炉鼓风的技术，可使炉内温度达到 1 300℃以上，使铁水熔化，然后像铸青铜器那样，先用木头做成与工件一模一样的"模"，再将"模"放在泥土和沙的混合物中，按样做成中空的"范"，将铁水浇铸到"范"中，冷凝后将"范"去掉就可以得到所需的铁制品。

生铁普及以后，人们又发现生铁有很多缺点：生铁制品虽然坚硬、耐磨，但是很脆，且难以进一步加工。此外，铸铁内部组织过

河北兴隆出土的战国时期的双镰铁范

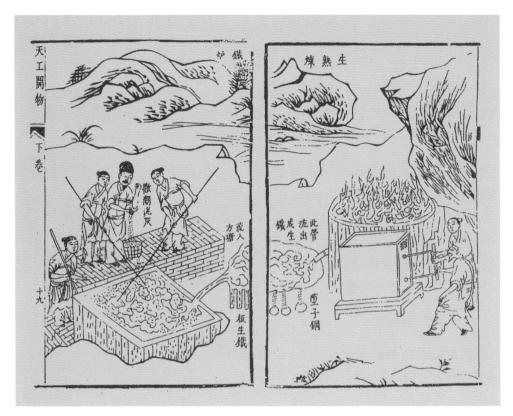

《天工开物》所载"生熟炼铁炉"

于疏松、晶粒粗大，存在缩孔、气孔等缺陷，导致其可塑性差，锻打时会出现裂纹。熟铁虽然延展性好，但是很软，不能制造有相当硬度要求的工具。经过长时间的探索，终于找到了一种具有重要意义的金属材料——钢。

将生铁炼成钢，实际是设法去掉多余的碳的过程。中国古人很早就知道，熟铁和木炭在高温下接触能吸收碳而使铁的强度增加，这实际上就是一种炼钢法，被称为渗碳法。

中国很早就有"百炼成钢"的说法，即将生铁反复冶炼锻打，既脱去碳，又去除杂质，才能成为钢。"百炼方为绕指柔"，意思就是说好钢既坚硬又柔韧，似软实硬，引申为做人的品格也应如百炼钢一样。西汉时期"百炼钢"工艺在冶金工程上被采用，钢的质量较以前大幅提高。这种初级的百炼钢工艺，是在战国晚期块炼渗碳钢的基础上直接发展起来的，二者所用原料和渗碳方法均相同，因而钢中都有较多的大块氧化铁，即硅酸铁共晶夹杂物存在，所不同的是百炼钢增多了反复加热锻打的次数。锻打在这里不仅起着制品加工成型的作用，同时也起着使夹杂物减少、细化和均匀化，晶粒细化的作用，使钢的质量显著提高。从河北满城一号西汉墓出土的刘胜佩剑、钢剑和错金宝刀上看，它们虽与易县燕下都钢剑所用的冶炼原料相同，但通过金相检查，钢的质量却有显著的提高，这些正是"百炼钢"技术兴起的产物。

西汉末期又出现了生铁炒炼技术。所谓炒炼，就是将生铁加热成半液体或液体状态，然后向其中加入铁矿粉，同时不断去搅拌，利用铁矿粉和空气中的氧，烧去生铁中的一部分碳，即进行脱碳，降低生铁中碳的含量，除去渣滓，从而达到需要的含碳量，并经过反复热锻，打成钢制品。利用这种新工艺炼钢，既省去了繁杂的渗碳工序，又能使钢的组织更加均匀，消除由块炼铁带来的影响性能的大共晶夹杂物，不仅可以提高熟铁产量和质量，为百炼钢提供更多的原料，而且如果控制得好，还可以直接得到钢（称为"炒钢"），这在我国钢铁冶炼史上是一项重要的成就。

百炼钢虽然在汉代风行一时，但固体渗碳工序费工又费时，同时在炒钢过程中控制钢的含碳量则是一项复杂的工艺。随着生产的发展，人们要求发展工艺简单、好控制、成本较低且保证质量的炼钢方法，于是在两晋南北朝时期又出现了以灌钢为主的炼钢技术。

2. 爱好道术的冶金家——綦毋怀文

南北朝时期，我国出现了一位爱好道术的冶金家——綦毋怀文，他发明了冶炼灌钢的方法。这种方法是把生铁和熟铁放在一起炼成钢。由于生铁熔点低，易于熔化，生铁熔化后滴入熟铁中，把碳也渗了进去，结合在一起形成钢。这种炼钢方法所用时间很长，有时需要好几天才能炼出一炉。

綦毋怀文，襄国沙河（今邢台沙河）人，生活在公元 6 世纪北朝的东魏、北齐间，好"道术"，曾经做过北齐的信州（今四川省奉节县一带）刺史。他总结了历代炼钢工匠的丰富经验，对当时一种新的炼钢方法——灌钢法，做出了突破性的发展和完善，同时在制刀和热处理方面也有独特创造，为我国冶金工程技术的发展做出了划时代贡献。

据史书记载，綦毋怀文的炼钢方法是"烧生铁精，以重柔铤，数宿则成钢"。就是说，选用品位比较高的铁矿石，冶炼出优质生铁，然后，把液态生铁浇注在熟铁上，经过几度熔炼，使铁渗碳而成为钢。由于是让生铁和熟铁"宿"在一起，所以炼出的钢被称为"宿铁"。这种方法，后人叫做生熟炼或灌钢法。灌钢法操作简便，容易掌握。要想得到不同含碳量的钢，只要把生铁和熟铁按一定比例配合好，加以熔炼就可以了。灌钢冶炼法的发明和推广，对于增加钢的产量，改善农具和手工工具的质量，促进社会生产力的发展，起到了积极作用。同时，对后世的炼钢生产也有深远的影响。

綦毋怀文还对中国古代刀剑技术的发展作出了巨大贡献。他在研究前人造刀经验的基础上，经过不断实践，发明了一套新的制刀工艺和热处理技术。綦毋怀文造刀的方法是先把生铁和熟铁以灌钢法烧炼成钢，做成刀口，并"以柔铁为刀脊，浴以五牲之溺，淬以五牲之脂"。[1] 这样做出来的刀称为"宿铁刀"，其刀刃极其锋利，能够一下子斩断铁甲 30 扎。中国早在战国时代就使用了淬火技术，但是长期以来，人们一般都是用水作为淬火的冷却介质。虽然三国时的制刀能手蒲元等人已经认识到，用不同的水作淬火的冷却介质，可以得到不同性能的刀，但仍没有突破水的范围。綦毋怀文则实现了这一突破，他在制作"宿铁刀"时使用了双液淬火法，即先在冷却速度快的动物尿中淬火，再在冷却速度慢的动物油脂中淬火，这样可以得到性能较好的钢，避免单纯使用一种淬火（即单液淬火）的局限。这是一种比较复杂的淬火工艺，在当时没有测温、控温设备的条件下，完全依赖操作及经验，是很了不起的成就。

3. 杜诗与水排的发明

钢铁业在汉代有了更大发展，也反映在炼炉的形状及冶炼设备上。西汉时期炼铁的竖炉就已得到改进，炉型扩大，用石灰石作为

---

1 （明）宋应星，《天工开物》，中国画报出版社，2013 年版，第 128 页。

王祯《农书》载后世所用
"水排"图

熔剂，这对鼓风设备提出了新的要求。早期冶炼大都是用皮囊人力鼓风，既笨重又不实用。后来工匠们不断创新，采用畜力鼓风代替人力，出现了"马排"和"牛排"，但仍无法满足高炉生产的需要。东汉后期（约公元 31 年），杜诗总结了南阳冶铁工人的实践经验，创造了用水力鼓风的"水排"。

杜诗是河南汲县（今卫辉市）人。公元 31 年，他升任南阳郡太守，南阳早在战国时代就是著名的冶铁手工业地区，那里的冶铁技术素来比其他地区发达，且下辖的矿山均建在河流旁边。杜诗任南阳太守后，体察民情，善于思考，对当地冶炼经验进行总结，发明了水排（水力鼓风机），以水力传动机械，使皮制的鼓风囊连续开合，将空气送入冶铁炉。从水排鼓风的结构可知它只能间隙鼓风，为增加送风的时间，必须同时使用较多的水排来鼓风，或成排使用，因而称水排。利用水排鼓风生产钢铁，要比用人力、畜力用力少，大大提高了冶炼效率。我国水排的出现比欧洲早了一千多年，到魏晋时期，水排已经得到了广泛的应用。

四、中国古代建筑工程与实践者

1. 中国古代建筑工程与成就

（1）长城

中国古代的建筑工程主要分为两种，军事建筑工程和宫廷、民用建筑工程。"琵琶起舞换新声，总是关山旧别情。撩乱边愁弹不尽，高高秋月下长城。"唐代著名边塞诗人王昌龄的这首《从军行》总是唤起人们对古老长城的遥远遐想。长城正是我国古代军事建筑工程的代表。

长城旧影（摄于 1910 年前后）

长城的修筑历史可以追溯到公元前 9 世纪，当时周宣王为防御北方民族的侵袭，修建了列城和烽火台。战国时代（公元前 475 年—公元前 221 年），齐、魏、赵、燕、秦等许多诸侯国都在各自边境修筑高大的城墙，以防邻国入侵。七国纷争激烈，互相兼并，北方匈奴人则乘机侵扰燕、赵、秦等国边境，大肆掠夺。这三国均重视构建防御城墙，并派驻重兵把守。为保证万无一失，他们将绵延不绝的列城和烽火台连接起来，故称长城。

"万里长城"这一称呼始于秦朝。公元前 221 年，秦始皇统一六国。从秦始皇三十三年（公

元前 214 年）派蒙恬伐匈奴开始，到始皇病逝（公元前 210 年）为止，共用 5 年时间筑成长城。汉代，北方匈奴人经常入侵，从汉文帝、汉景帝开始，继续修缮秦长城以为防御，保护河套、陇西等地不受入侵和骚扰。之后从南北朝到元代，中间很多王朝都修过长城，但规模都不如秦汉时代。

明朝建立以后，在其统治的两百多年中，官府几乎没有停止过修筑长城和巩固长城的防务，最后修成了全长 12 700 余里，东起鸭绿江、西达祁连山麓的明长城，也就是我们今天所见到的万里长城。实际上，春秋、战国时期许多诸侯国及以后各朝代修建长城前后经历了两千多年，其中秦、汉、明三个朝代所修长城的长度均超过 1 万里，若把各个时代修筑的长度加起来，大约有 10 万里，所以长城堪称是"上下两千年，纵横十万里"的伟大工程奇迹。

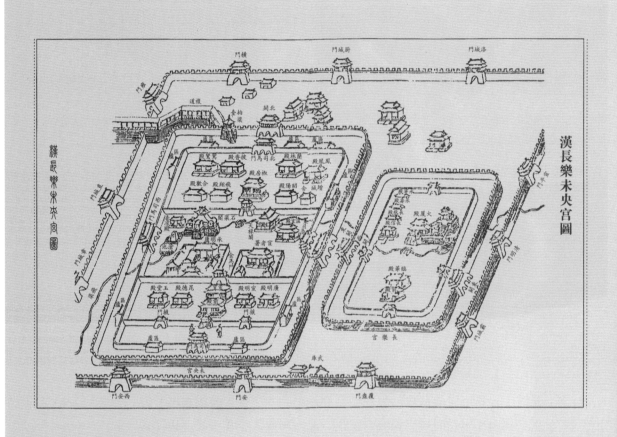

漢長樂未央宮圖

《关中胜迹图志》所载汉
长乐宫、未央宫图

南京明孝陵现貌

（2）古代宫廷、都城的建设

我国古代建筑工程成就还体现在各代宫廷与城市建设上。"六王毕，四海一，蜀山兀，阿房出。"唐朝诗人杜牧的《阿房宫赋》，让后人记住了"阿房宫"这个名字。这个被誉为"天下第一宫"的宫殿建筑与万里长城、秦始皇陵、秦直道并称为"秦始皇的四大工程"，它们是中国首次统一的标志性建筑，也是华夏民族开始形成的实物标识。

秦统一六国后，咸阳也由一个列国国都，变为封建帝国的都城。城市性质和地位变了，城市规模及规格也要相应变化，于是有了国内最早的城市形态和城市规划的工程实践活动。随着秦末农民起义的爆发，秦王朝的都城受到摧毁。到西汉建国时，一个新的城市拔地而起，它就是著名的长安城。长安城里有三级宫殿：长乐宫、未央宫、建章宫，合称"汉三宫"。到了隋唐时期，长安以宏大规模、严谨规划著称于世，成为中国古代城市规划建设的杰出典范。

明代伊始，朱元璋建都南京，扩建南京城，修筑孝陵。被称为

应县木塔今貌

今天的紫禁城

中国明陵之首的明孝陵壮观宏伟，代表了明初建筑和石刻艺术的最高成就，直接影响了明清两代五百多年帝王陵寝的建设工程。公元1403年，明成祖朱棣迁都北京，建立紫禁城（现北京故宫）。紫禁城是世界上现存最大的宫殿建筑群，建筑面积15.5万平方米，主要建筑是太和殿、中和殿和保和殿（称为前三殿）。

（3）古代民用建筑

宋时，辽国出现了一项留名至今的建筑奇迹——应县木塔。应县木塔全称佛宫寺释迦塔，也称释迦塔，因位于山西省朔州市应县城西北佛宫寺内，俗称应县木塔。建于辽清宁二年（1056年），金明昌六年（1195年）增修完毕。当时只是一所私家祠庙，用以彰显家威，并有礼佛观光和登高料敌的功用。如今作为中国现存最高、最古老的木结构楼阁式建筑，与意大利比萨斜塔、巴黎埃菲尔铁塔并称"世界三大奇塔"。

蜚声海内外的应县木塔，塔高67.31米，全塔上下没用一颗铁钉，全部架构均由卯榫咬合而成，承重数千吨而不下沉，成为世界建筑史上的奇迹。遗憾的是修建者没有留下具体姓名。

远眺颐和园

《圆明园四十景图咏》是乾隆九年（1744年）由宫廷画师唐岱等绘制而成的40幅分景图。图中为四十景之首的"正大光明"，即圆明园正殿

（4）古代园林建筑

明清时代，中华古典意义上的园林文化，无论是皇家还是私家园林，均发展到了巅峰时期。皇家园林的兴建集中在清代，圆明园、承德避暑山庄和颐和园体现了中国皇家官苑艺术的最高水平，其景观中的建筑部分具有"皇家气派盖古今"的特色。私家园林则以江南"四大名园"为代表，即南京瞻园，苏州留园、拙政园，无锡寄畅园。除此之外，上海豫园，南京玄武湖，扬州瘦西湖、个园、何园，苏州沧浪亭、狮子林等都是江南古典园林的典范。

圆明园遗址

承德避暑山庄局部景观

留园回廊

南京瞻园一隅

2. 隋代建筑家宇文恺

宇文恺生于公元 555 年，卒于隋炀帝大业八年（612 年），出身贵族世家，从小不喜武而好文，读了许多书，特别爱钻研与建筑有关的东西，因此年轻的时候，就有了渊博的建筑知识。北周末年，政治腐败，阶级矛盾加深，统治阶级内部也发生了分裂。当时具有很高政治地位和声望的皇亲国戚杨坚，趁入宫辅政的机会，总揽了军政大权，并在公元 581 年称帝，建立了隋朝，史称隋文帝。

宇文恺雕像

为了巩固他的政权，在建国初期，杨坚曾经大杀宇文氏（因北周皇帝姓宇文）。宇文恺原来也在被捕杀之列，但因为他久负才名，很受杨坚的赏识，他的哥哥宇文忻又拥戴杨坚有功，所以幸免一死。宇文恺长于技艺，隋文帝多次派他监造大型土木工程。宇文恺历任营建宗庙副监、营建新都副监、检校将作大匠、仁寿宫监、将作少监、营造东都副监、将作大匠以及工部尚书等职，一生最大的功绩是主持规划、修建长安城和洛阳城。

长安地处渭水之滨，是我国著名的古都之一。历史上前后共 11 个朝代在这里建都，历时 1100 多年。始建时叫做"丰"（在今西安市西南），是周文王打败商朝的诸侯小国崇国以后建造的。周文王死后，周武王将都城迁到"镐"（在今西安市西）。据文献记载，"镐"是一座周长九里的方正小城，每面有三个城门，城里有九条街道。规模虽然不大，但是城郭、市肆、闾里以及官室、宗庙等井井有条，反映出我国早在三千多年前已经开始有计划地进行城市建设。

长安作为首都最早是从汉高祖五年（公元前 202 年）开始的。汉高祖刘邦打败项羽后，正式定都长安。汉惠帝元年（公元前 194 年）开始修建长安城，由军匠出身的阳城延主持规划建造，征用了

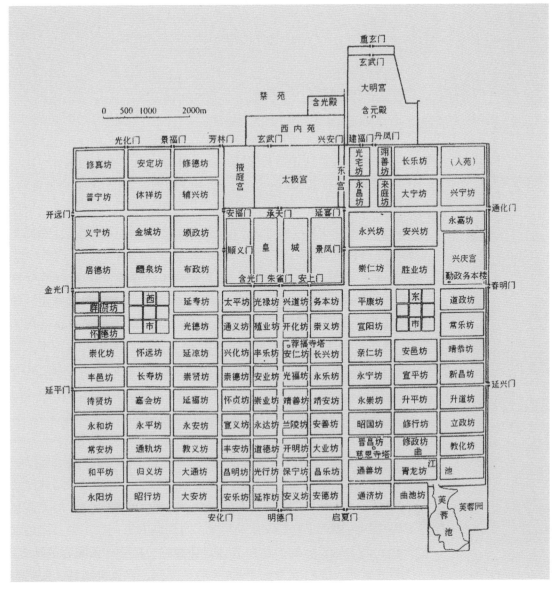

隋唐时期长安布局图

成万的民工，历时五年完成。这是我国历史上第一座规模宏大的城市，它与当时欧洲的罗马城东西对峙，成为世界名城。长安在西汉的200多年历史中获得了很大发展，东汉的时候虽然仍维持"京兆"名义，但是因为不是正式首都，便逐渐走向颓败。特别是东汉末年军阀混战，兵火频繁，长安城多次成为战场，遭到了毁灭性破坏，原先繁华兴旺的景象已经不复存在。

隋朝建立以后，公元582年，隋文帝下令营建新都，命高颖、宇文恺主持这项工程。在此以前，宇文恺主持过隋朝宗庙的建造，已有一定经验。为营建新都，宇文恺首先对汉朝长安城周围形势进行了勘察，最后选定原长安城东南龙首川一带平原作为城址。这里北临渭水，东有灞水、沪水，西有沣水，南面终南山，水陆交通便利，风景秀丽宜人，是建城的理想地方。在勘察的基础上，宇文恺根据当时的需要，拟定了详细规划，并且绘制了平面设计图样。新城不到一年就初步竣工，名为大兴城。

宇文恺规划设计的大兴城气象雄伟，规模宏大。全城分宫城、皇城和外郭城三部分，据历史记载和考古发掘，外郭城南北长8 651 米，东西长9 721 米，周长达36.7 千米，呈方形，总面积大约83 平方千米，比今西安市旧城（明、清长安城）大七倍半，比北京旧城也大得多。周围有宽约5 米、高约6 米的城墙环绕。共有12 座城门，每面开3 门，一般每门开3 个门洞，南面正中的明德门因处在全城的中轴线上，开设了5 个门洞，以突出它的显要地位，这是前所未有的创新。

新城实行分区设计，宫殿、衙署、住宅、商业各有不同的区域。宫城在外郭城的最北正中处，城里宫殿连栋，南半部是皇帝处理政务的地方，北半部供皇帝、皇室居住。这种"前朝后寝"的平面布局是中国封建帝王宫殿常用的形式。宫城南开五门，正中一门是承天门，高大雄伟，是朝廷在节日宴会群臣、接见外国宾客的地方，类似北京的天安门（天安门原来也称承天门，1651 年改称天安门）。承天门外是一条长约3 000 米、宽约450 米的东西向大街，实际上是一个广场。承天门大街的南面是皇城，也叫子城。它是封建政府机关六省、九寺、一台、四监、十八卫的所在地，百官衙署行列分布。东有宗庙，西有社稷。皇城南面以及宫城的东西两侧是外廓城，是城市居民和官吏的住宅区。东西两面各有一市，是商业区，各占地十万多平方米。市里店铺林立，商业繁盛。仅东市就集聚了220 个行业，四方珍奇宝货多荟萃在这里，是当时最大的商业市场。这种把官室、衙署和民居、集市分区规划的布局，改变了那种自两汉以后，至晋宋齐梁陈，居民和官府混杂相居的状况。同时把集市放在民居附近，突破了过去那种"前朝后市"的传统，既符合统治者安全和享乐的需要，也在一定程度上方便了城里居民的生活。

　　大兴城在规划中运用了里坊制的设计原则。南北向大街和东西向大街纵横交错，形成网格布局，把全城分成 110 个块（不包括东西两市所占的 4 个），每个方块称一"里"（唐朝称"坊"）。以明德门到承天门的南北大街作为中轴线，左右对称均匀分布，呈棋盘式。小里大约 25 000 平方米，大里相当于两到四个小里。里内是官吏、居民住宅，并有寺庙、道观等建筑。各里中还有不少小商业店铺，如饮食业、旅馆、酒肆以及手工业作坊等。长安城的手工业也非常发达，除官设的各种手工业作坊外，还有许多分散在各坊的个体手工业作坊。因此，当时长安城已有了相当数量的手工业工人。里周围有高墙环护。城里街道宽直，整齐划一。共有南北大街 11 条，东西大街 14 条。加上里内街道以及和住宅相通的巷、曲等，构成了便利的城内交通网。通向各座城门的 6 条主要大街宽度都在百米以上。路面铺以砖石，平整坚实。路旁栽有树木，整齐划一，绿树成荫。两侧还有排水沟，以解决城里的排水问题。

　　规划还充分考虑到长安城的给排水问题。居民饮用水主要靠水井，城市雨水排泄靠沟渠，同时还有航运交通。为便于绿化和改善小气候，除曲江之外，修建了几条渠道引水入城。在南城开凿了永安渠和清明渠。永安渠引交水北流入城，经西市的东侧又北流出城入苑，再北流注入渭河。渠的两岸都种植茂密的柳树。清明渠在永安渠之东，引沈水北流经安化门西侧入城，向北引入皇城，在城东修龙首渠，引浐河的水入城。这些水渠的开凿和引用，大都是为美化统治者的宫廷而设计的。同时由于渠水的便利，当时不少官僚贵族以及商贾之家都引各渠的水入第，建造私家的山池院。因此，长安城出现了不少著名的私家园林建筑。[1]

　　隋朝大兴城规模之宏大，规划之完整、严谨，不仅在我国历史上十分突出，在当时世界上也是独一无二的，也反映出它的规划者——宇文恺的建筑艺术才能。大兴城的规划布局对后世的中国城市以及一些邻国城市的兴建有深远的影响。日本的平城京和平安京，

1　姚远，《隋代建筑大师宇文恺》，《西安建筑科技大学学报（自然科学版）》，1986年第 3 期。

无论从宫城位置和坊市配置，还是从街道的设计和名称等，基本上都是仿效长安城建造的。唐朝建立后，将大兴城改称长安城，仍以此为都城。在唐朝几百年间，官府对长安城的规划布局没有大的变动，仅有局部修建和扩充。由于唐朝经济繁荣，文化发达，对外贸易频繁，长安城也随之成为当时世界上最大最繁荣的国际城市。十分可惜的是，这样一座古代城市建筑的精萃，却在唐天复四年（904年）被黄巢起义军破坏了，一代繁华帝都，几乎成为废墟。

宇文恺在主持建造了大兴城之后，在大业元年（605年）又主持规划建造了另一座大型都市——东都洛阳城。隋朝的建立结束了我国历史上长达几百年的纷争割据局面，中国政治重新得到统一。公元604年，隋炀帝杨广即位，他认为大兴城地处西北，物资转运困难，难以满足朝中所需要的庞大开支，而且也不利于对全国的控制，于是在大业元年（605年）下令在洛阳营建新都，仍由宇文恺主持规划设计。

宇文恺规划设计的东都，原则上与大兴城一致，只是在形式上不完全对称。城分宫城、皇城和外廓城（也叫大城或罗城）。外城南北长7 300米，东西最宽7 200米，规模比大兴城略小。城共有10门，东、南各3门，西、北各2门。洛水横穿全城，把城里分成南北两大区。宫城、皇城居北，是行政区。南部是官民住宅区。街道非常整齐。街坊是正方形，有正十字街道。城里有三个规模较大的市场，分别设在外城的东、南、北三面。北市（又名通远市）南靠洛河，是船舶商业集中的地方。整座城市气势宏伟，宫殿比大兴城更加富丽堂皇。建成后的东都成为隋朝政治、经济、文化的中心。

宇文恺除主持大型土木工程外，还负责过水利工程。公元584年，他受命主持开凿广通渠，把渭水导入黄河，以利运输。这条渠从大兴城到潼关，全程三百多里，要经过许多崇山峻岭。宇文恺亲自踏勘河流，考察地理环境，制定了周密的施工计划，几万民工经过艰苦努力，终于完成了这一艰巨工程。河渠通航后，既大大改善了当时的漕运，又灌溉了两岸农田，被人称为"富民渠"。这一工程是隋朝开凿大运河的先声。

3. 桥梁工程师李春

"赵州石桥什么人儿修？玉石栏杆什么人儿留？什么人骑驴桥上走？什么人推车轧了一道沟？——赵州石桥鲁班爷爷修，玉石的栏杆圣人留。张果老骑驴桥上走，柴王爷推车就轧了一道沟！"这段唱词出自我国民间的一出小歌舞剧，叫《小放牛》，剧中问问题的是一个牧童。事实上，赵州桥并不是鲁班修的，筑桥的带头工匠名叫李春。李春是隋朝时期的著名工匠，也是我国古代杰出的工程师。由于史书缺乏记载，他的生平、籍贯及生卒年月已无法得知。

根据唐代中书令张嘉贞为赵州桥所写的铭文："赵州洨河石桥，隋匠李春之迹也，制造奇特，人不知其所以为。"我们方知道是李春建造了这座有名的大石桥。现在的河北赵县赵州桥之侧公园内有一尊李春像，李春作为一代桥梁专家，他所领导建立的赵州桥的影响深远广泛，在国际享有盛誉。赵州桥是安济桥的俗称，建于隋代，是我国现存最早的大型石拱桥，也是世界上现存最古老、保存最完善、跨度最长的敞肩坦弧拱桥。

隋朝的统一促进了社会经济的发展。当时的赵县是南北交通必经之路，从这里北上可抵重镇涿郡（今河北涿州市），南下可达京都洛阳，交通十分繁忙。可是这一交通要道却被城外的洨河所阻断，影响了人们来往，每逢洪水季节甚至不能通行。为此，隋大业元年（605

李春雕像

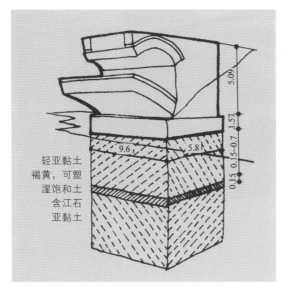

赵州桥桥台及基地地质图

年），地方官府决定在洨河上建桥以改善交通。李春受命负责设计和指挥建桥。李春率领其助手对洨河及两岸地质等情况进行了实地考察，同时认真总结了前人的建桥经验，提出了独具匠心的设计方案，并按照设计方案精心施工，很快就完成了建桥任务。

李春根据自己多年丰富的实践经验，经过严格周密勘查、比较，选择了洨河两岸较为平直的地方建桥。这里的地层是由河水冲积而成，表面是久经水流冲刷的粗砂层，以下是细石、粗石、细砂和黏土层。自建桥到现在，桥基仅下沉了 5 厘米，说明这里的地层非常适合于建桥。1979 年 5 月，由中国科学院自然史组等四个单位组成联合调查组，对赵州桥的桥基进行了调查，自重为 2 800 吨的赵州桥，其根基只是由五层石条砌成高 1.56 米的桥台，直接建在自然砂石上。这么浅的桥基简直令人难以置信。根据现代测算，这里的地层每平方厘米能够承受 4.5~6.6 公斤的压力，而赵州桥对地面的压力为每平方厘米 5~6 公斤，能够满足大桥的要求，桥基自然稳固牢靠。

除选址外，赵州桥在拱形结构设计上也有大胆创新。中国习惯上把弧形的桥洞、门洞之类的建筑叫做"券"。一般石桥的券用半圆形，但赵州桥跨度达 37.02 米，如果把券修成半圆形，桥洞就要高 18.52 米。这样桥高坡陡，车马行人过桥非常不便，同时施工难度也加大，半圆形拱石砌石用的脚手架就会很高，增加施工的危险性。李春和工匠们一起研究和探索，创造性地采用了圆弧拱形式，使石拱高度大大降低。

赵州桥的主孔净跨度为 37.02 米，而拱高只有 7.23 米，拱高和跨度之比为 1:5 左右，这样就实现了低桥面和大跨度的双重目的。平拱即扁弧形拱的形式，既增加了桥的稳定性和承重能力，减轻桥身的重量和应力，又使桥面坡度比较平坦，方便了人畜在桥上通行，

　　而且建设用料省、施工方便。此外由于圆弧拱跨度大，其高度仍然足以保证水上船只来往通过。当然，圆弧形拱对两端桥基的推力相应增大，对桥基的施工提出了更高的要求。李春能在距今 1 300 多年前的隋代意识到大跨度拱桥不是非半圆拱不可，从而建成这种跨度大、扁平率低的单孔 1/4 圆拱桥梁结构，是建筑史上一个可贵的创造。

　　李春就地取材，选用附近州县生产的质地坚硬的青灰色砂石作为建桥石料。在石拱砌置方法上，均采用纵向（顺桥方向）砌置方法，即整座大桥是由 4 层 28 道各自独立的拱券沿宽度方向并列组合而成，28 道小券并列成 9.6 米宽的大券。拱厚皆为 1.03 米，每券各自独立、单独操作，相当灵活。每券砌完全合拢后就成一道独立拼券，砌完一道拱券，移动承担重量的"鹰架"，再砌另一道相邻拱。这种砌法有很多优点，既可以节省制作"鹰架"所用的木材，便于移动，同时又利于桥的维修，一道拱券的石块损坏了，只需嵌入新石局部修整即可，不必整座桥调整。

　　用并列式砌，各道窄券的石块间没有相互联系，不如纵列式坚固。为避免 28 道并排的弧形石砌券相互分离，李春特意设计每道弧形石砌券在桥的两头略大，逐渐向桥拱中心略微收小。即每一拱券采用了下宽上窄、略有"收分"的方法，使每个拱券向里倾斜，相互挤靠，增强其横向联系，以防止拱石向外倾倒；在桥的宽度上也采用了少量"收分"的办法，就是从桥的两端到桥顶逐渐收缩宽度，从最宽 9.6 米收缩到 9 米，使得靠外边的弧形石券在重力之下，有向内倾斜的分力，使弧形石券相互靠拢。此外，各道窄券的石块之间还加有铁钉，两侧外券相邻拱石之间都穿有起连接作用的"腰铁"，各道券之间的相邻石块也都在拱背穿有"腰铁"，把拱石连锁起来。而且，每块拱石的侧面都凿有细密斜纹，以增大摩擦力，加强各券横向联系。这就使得各券连成一个紧密整体，增强了整座大桥的稳定性和可靠性。

　　赵州桥全部用石块建成，共用石 1 000 多块，每块石重达 1 吨，所有的石块都用铁榫联接起来。桥上装有精美的石雕栏杆，雄伟壮丽、灵巧精美。桥上各部件的装饰也十分精美，顶部塑造出想象中的吸水兽，寄托大桥不受水害、长存无疆的良好愿望；栏板和望柱上雕刻着各式蛟龙、兽面、花饰、竹节等，尤以蛟龙最为精美。蛟龙或盘踞游戏，或登陆入水，变幻多端，神态极为动人。刀法遒劲，风格新颖豪放。古人为此曾作对联："水从碧玉环中去，人在苍龙背上行。"

世界著名科技史专家英国李约瑟博士曾说："在西方圆弧拱桥都被看作是伟大的杰作，而中国的杰出工匠李春，约在 610 年修筑了可与之辉映，甚至技艺更加超群的拱桥。""李春的敞肩拱桥的建造是许多钢筋混凝土桥的祖先。李春显然建成了一个学派和风格，并延续了数世纪之久。这些桥使我认为在全世界没有比中国人更好的工匠了。"桥梁专家福格·迈耶说："罗马拱桥属于巨大的砖石结构建筑……独特的中国拱桥是一种薄石壳体……中国拱桥建筑，最省材料，是理想的工程作品，满足了技术和工程双方面的要求。"纽约现代艺术博物馆出版的《桥梁的建筑艺术》一书曾这样描绘赵州桥："该结构如此合理，造型如此优美，外观如此独具匠心，相比之下，以致使得大多数的西方桥梁显得笨重和缺乏艺术性。"

1991 年 9 月，美国土木工程师学会和中国土木工程学会为赵州桥赠送和安置了国际历史土木工程里程碑。同为国际历史土木工程里程碑的建筑包括英国伦敦铁桥、法国巴黎埃菲尔铁塔、巴拿马运河等。

4. 北宋工匠建筑师——喻皓

喻皓生活在五代末、北宋初，是浙江杭州一带人。他在北宋初年当过都料匠（掌管设计、施工的木工）。由于他长期从事建筑实践，又勤于思索，善于学习，在木结构建筑技术方面积累了丰富经验，尤其擅长建筑多层的宝塔和楼阁。

北宋初年，中国还没有完全统一。当时占据杭州一带的吴越国王钱俶派人在杭州梵天寺修建一座方形的木塔。塔建到两三层时，钱俶登上去，感到塔身有些摇晃，便问是什么原因。主持施工的工匠认为是塔上还没有铺瓦，上部太轻以致摇晃。可是等到塔建成铺上瓦以后，人走上去塔身还是摇摇晃晃，工匠们束手无策，于是向

喻皓像

喻皓请教。对建造木塔颇有研究的喻皓到现场查看后，提出解决方案：在每层都铺上木板，用钉子钉紧。工匠照做后果然塔身稳定。喻皓的办法是符合科学道理的，各层都钉好木板后，整座木塔就连接成一个紧密的整体，人走在木板上，压力分散，并且各面同时受力，互相支持，塔身自然就稳定了。可见，喻皓对于木结构的特点和受力情况有比较深刻的认识。

宋太宗想在京城汴梁（今河南省开封市）建造一座大型宝塔，官府从全国各地抽调一批能工巧匠到汴梁进行设计和施工，喻皓也在其列，并受命主持这项工程。为了建好宝塔，他事先造了一个宝塔模型。塔身 8 角 13 层，各层截面积由下到上逐渐缩小。当时有一位名叫郭忠恕的画家提出这个模型逐层收缩的比例不大妥当，喻皓慎重对待这一意见，对模型的尺寸进行了认真研究和修改，才破土动工。端拱二年（989 年）8 月，雄伟壮丽的八角十三层琉璃宝塔建成，这就是有名的开宝寺木塔。塔高 108 米，是当地几座塔中最高的一座，也是当时最精巧的一座建筑物。

然而塔建成后，有人发现塔身微微向西北方向倾斜，于是赶紧询问喻皓。喻皓解释说："京师地平无山，又多刮西北风，使塔身稍向西北倾斜，为的是抵抗风力，估计不到一百年就能被风吹正。"原来是他有意这样做的。可见喻皓在设计时不仅考虑到工程本身的技术问题，还注意到周围环境以及气候对建筑物的影响。就高层木结构的设计来说，风力是一项不可忽视的荷载因素。在当时条件下，喻皓能够做出这样细致周密的设计，是很了不起的创造。可惜的是，这样一座建筑艺术的精品，在一次火灾中被烧毁，没有能够保存下来。

我国的古代建筑大多是木结构。经过长期的经验积累，到宋朝，木结构技术已经达到很高水平，并且形成了独特的建筑风格和完整的体系。但当时这种技术的传承主要靠师徒传授，还没有一部专门书籍来记述和总结，以致许多技术得不到交流和推广，甚至失传。

为此，喻皓决心把历代工匠和他本人的经验编著成书，经过几年的努力，终于在他晚年时写成了三卷本的《木经》。

《木经》是一部关于房屋建筑方法的著作，也是我国历史上第一部木结构建筑手册，遗憾的是并没有流传下来。根据北宋大科学家沈括在《梦溪笔谈》中的简略记载，《木经》对建筑物各个部分的规格和各构件之间的比例关系作了详细具体的规定。例如，厅堂顶部构架的尺寸依照梁的长度而定，梁有多长，就有相应的屋顶多高，房间多大，椽子多长等。屋身部分，包括屋檐、斗拱的规格和尺寸都依柱子的高度而定，台基的规格和尺寸大小也和柱高有一定的比例关系。屋外的台阶根据实际需要，分成陡、平、慢三种，也都有具体的规格。这些记述尽管不够系统，但是可以看出北宋时期的建筑技术有了很大发展。同时，喻皓努力找出各构件之间的相互比例关系，这对于简化计算、指导设计、加快施工进度等很有帮助，也是将实践经验上升为理论的有意义的尝试。

《木经》的问世不仅促进了当时建筑技术的交流和提高，而且对后来建筑工程的发展有很大影响。大约一百年后，由李诫编著、被誉为中国古代建筑宝典的《营造法式》一书问世，该书中关于"取正"、"定平"、"举折"、"定功"等部分就是参照《木经》写成的。

5. 明代建筑师蒯祥

紫禁城太和殿的设计者为蒯祥（1397—1481年），字廷瑞，苏州人。

建于明初的紫禁城（现北京故宫），是现存世界上最大的宫殿建筑群，现存建筑面积15.5万平方米。周围环绕着高12米、长3 400米的围墙，形式为一长方形城池，墙外有52米宽的护城河环绕，形成一个壁垒森严的城堡。紫禁城的建造共耗时14年，用了100万的民工，建有房间9 999间半。实际据1973年专家现场测量，故宫有大小院落90多座，房屋980座，共计8 707间（此"间"非现今房间之概念，指四根房柱所形成的空间）。

今天的太和殿

　　紫禁城正殿即太和殿（俗称金銮殿），是中国现存和世界上最大的木构建筑，位于紫禁城南北主轴线的显要位置。永乐十四年（1416年），明成祖朱棣颁诏迁都北京，下令仿照南京皇宫样式营建北京宫殿，特召江南工匠进京营造，其中就包括蒯祥。

　　蒯祥被明成祖称为"蒯鲁班"，出身木工，但具有指挥巨大工程的才能。他应召到北京参与都城的建设，主持修建了许多重大的工程，大致包括：永乐十五年（1417年）任营缮所丞，依南京旧制建"奉天""华盖""谨身"三殿，午门、端门、承天门及长陵；洪熙元年（1425年）建献陵；正统五年（1440年）负责重建皇宫前三殿及乾清、坤宁二宫；正统七年建北京衙署；景泰三年（1452年）建北京隆福寺；天顺四年（1460年）建北京西苑（今北海、中海、南海）殿宇；天顺八年（1464年）建裕陵等。

蒯祥像

　　蒯祥设计营建紫禁城的宫殿之后，从工匠逐级升至工部营缮司主事、员外郎，遂为工部右侍郎，转左侍郎，享受一品官俸禄。成化年间（1465—1487年），他仍以80多岁的高龄"执技供奉，上（皇帝）每以活鲁班呼之"。《康熙吴县志》称赞他"能主大营缮"；《光绪苏州府志》记述"凡殿阁楼榭，以至回廊曲宇，随手图之，无不中上意"。《吴县志》还记录他"能以两手握笔画龙，合之如一"的绝技。这样技艺超群的建筑艺术大师，可以说是旷世奇才了。

五、中国古代水利工程建造者

1. 中国古代主要水利工程

（1）治水

人们常说黄河是中华民族的发源地，亿万年来，黄河挟西北高原的肥沃土壤下行，冲积成黄淮海大平原，先民在这里生息滋养。

农耕文明总是与治水分不开的。我国的水利工程历史悠久，早在原始社会，我们的祖先就已经开始治理水害、开发水利的工程实践活动。远古的人们为了生存，一方面离不开河流湖泊，但同时又往往受河水泛滥之害。起初，他们"择丘陵而处之"，躲避洪水灾害；以后，进而修筑堤埂，积极抵御洪水，开始了原始形态的防洪工程。随着农业和商业的发展，人工灌溉和开凿人工运河等水利工程也相继出现。

关于水利工程，最早可以追溯到远古关于共工氏治水的传说。共工氏由于擅长治水在各氏族部落中有较高的声誉："共工氏以水纪，故为水师而水名。"传说他们的后代子孙还曾经帮助大禹治水，立下大功，因而被后人所祭祀。大禹治水的传说更是家喻户晓，他"三过家门而不入"的故事在九州大地上代代相传。治水是立国之根本，那些致力于水利工程的劳动人民，那些改造自然的同时不断认识和掌握水的运动规律的人们，奠定了我国封建社会水利工程的初步基础，促进了社会和经济的发展，同时也拯救了一方百姓。

水利之所以重要，因为它是社会生产力的一个重要方面，特别是在古代，它是农业进步和社会文明进步的一个重要标志，同社会生产关系和上层建筑有着极为密切的关系。

（2）大运河

大运河始建于公元前486年，至今已有2 500余年的历史，包

《天工开物》所载京杭大运河
漕运的漕舫

括隋唐大运河、京杭大运河和浙东运河三部分。跨越北京、天津、河北、山东、河南、安徽、江苏、浙江 8 个省、直辖市，是世界上开凿时间较早、规模最大、线路最长、延续时间最久，且至今仍在使用的人工运河。京杭大运河与长城并称为中国古代的两项伟大工程，反映出中国古代劳动人民和工程建设者的智慧。[1]

历史上，大运河经历了三次较大的开凿工程。大运河第一次大规模开凿是在公元前 5 世纪的春秋末期，最初开凿的部分是位于绍兴市（当时越国的都城）境内的山阴古水道。山阴古水道以绍兴为中间点，西起萧山西兴，跨曹娥江，经绍兴市，东至甬江，全长 239 千米。西晋时，会稽（绍兴）内史贺循又主持向西拓展运河，开挖西兴运河，终使这条运河与曹娥江以东的运河对接，形成西起西小江、东到东小江的完整运河。南宋初年绍兴成为都城，皇陵也建在绍兴，浙东运河绍兴段成为当时的皇家御河，同时也是重要的通商航道。

公元前 486 年，吴国取得了长江下游一带的统治权，吴王夫差为了北伐齐国，争夺中原霸主地位，调集民夫开挖了一条自今扬州向东北、经射阳湖到淮安入淮河的运河（即今天的里运河）。这条运河成为中国有文献记载的第一条有确切开凿年代的运河，因途经邗城，故得名"邗沟"。该运河全长 170 千米，沟通了长江与淮河水系，将长江水引入淮河，成为大运河最早修建的一段。吴王的军

1　本刊编辑部，《2014 中国十大绿色事件》，《绿色中国》，2015 年 1 月 1 日。

位于郑州境内的隋唐大运河
通济渠河段近貌

队正是凭借这一水上通道，在艾陵（今山东泰安）打败了齐国。

大运河第二次大规模开凿是在隋唐时期，当时中国的经济重心已经逐渐转移到长江流域等南方地区，而国家政治中心仍处于北方的关中地区和中原地区。公元7世纪初洛阳成为都城，隋炀帝为了加强首都洛阳与南方经济发达地区的联系，控制江南广大地区，保证南方的赋税和物资能够源源不断地运往东都洛阳，下令开凿新的运河。这次开凿工程浩大，由多条运河组成。

其中最著名的一段是公元605年在前代汴渠的基础上开凿的通济渠，所以又名汴渠，是漕运的干道。它从洛阳到江苏清江（今淮安市），长约1 000千米，连结了洛水、黄河、汴渠、泗水诸水，直达淮河，完成了洛阳沟通黄河和淮河两大河流的水运工程。该工程西段自今洛阳西郊引谷、洛二水进入黄河，再自板渚（板城渚口的简称，在今河南荥阳县汜水镇东北黄河侧）引黄河进入汴河，经商丘、宿县、泗县进入淮河。同时，隋炀帝还下令重新疏浚多年淤积的邗沟，并于公元610年开凿长江以南、从长江沿岸的江苏镇江至浙江余杭（今杭州）长约400千米的"江南运河"。该工程引长江水经无锡、苏州、嘉兴至杭州通钱塘江。同时，整治前代开凿的浙东运河航道，使大运河越过钱塘江沟通宁绍平原。

此后，隋炀帝为了开展对北方的军事行动，于公元608年在黄河以北、三国时期魏国开凿的原有运道的基础上，开凿长约1 000

千米的永济渠，该渠从洛阳经山东临清至河北涿郡（今北京西南郊），引黄河支流沁水入今卫河至天津，接续溯永定河通到今天的北京。这样，连同公元584年开凿的广通渠，形成了多枝形运河系统，从而完成了以洛阳为中心，东北方向到达涿郡，东南方向延伸至江南的一条"V"字形运河，史称隋唐大运河。这样，洛阳与杭州之间全长1 700多千米的河道，可以直通船舶，在中国历史上第一次建成了从南方重要农业产区直达中原地区政治中心和华北地区军事重镇的内陆水运交通动脉。[1]

隋唐大运河纵贯在中国最富饶的东南沿海和华北大平原上，贯通黄河、淮河、长江、钱塘江、海河五大水系，成为中国古代南北交通的大动脉。唐代著名诗人皮日休这样描绘它："万艘龙舸绿丛间，载到扬州尽不还。应是天教开汴水，一千余里地无山。尽道隋亡为此河，至今千里赖通波。若无水殿龙舟事，共禹论功不较多。"

运河的巨大经济效益在唐宋时代才显示出来，运河两岸的城镇也是唐宋时代逐渐繁荣起来的。唐、宋两代，大运河被不断地进行疏浚整修。唐时浚河培堤筑岸，以利漕运纤挽，将自晋以来在运河上兴建的通航堰埭，相继改建为既能调节运河通航水深，又能使漕船往返通过的单插板门船闸。宋时将运河土岸改建为石驳岸纤道，并改单插板门船闸为有上下闸门的复式插板门船闸（现代船闸的雏形），使船舶能安全过闸。运河的通过能力也得到了提高。北宋元丰二年（1079年），为解决汴河（通济渠）引黄河水所引起的淤积问题，官府组织进行了清理汴河工程，开渠直接引伊洛水入汴河，使汴河不再与黄河相连。这一工程兼有引水、蓄水、排泄、治理等多方面的作用。在运输组织方面，唐、宋都专设有转运使和发运使，统管全国运河和漕运。由于航运的发展和商业的繁荣，运河沿岸逐渐形成名城苏州和杭州、造船工业基地镇江和无锡、对外贸易港口扬州等重要城市。

后来，隋唐大运河因部分河段失去通航功能，被元世祖忽必烈

1　贝少军，《京杭大运河：历史与未来》，《中国海事》，2012年第8期。

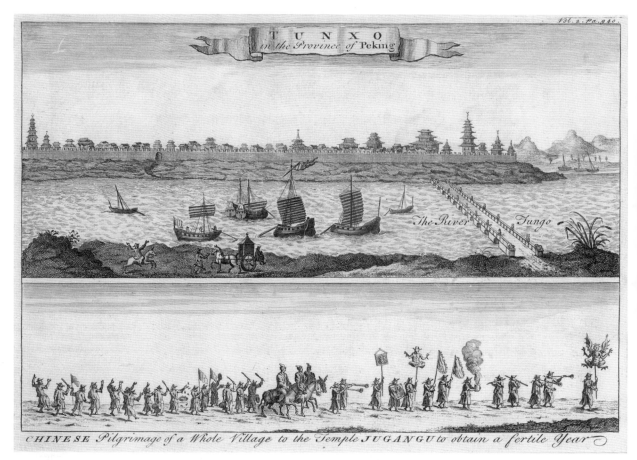

约 1656 年，荷兰使团坐船通过京杭大运河通州段。此图载于 1665 年出版的《致大中华满洲皇帝联省东印度公司使团见闻录》，荷兰人约翰·尼霍夫绘

所修的京杭大运河（仅古邗沟、江南运河等河段与隋唐大运河有重合）取代，这是历史上大运河的第三次开凿。13 世纪末，元朝完成对中国的统一，并在大都（今北京）建立政治中心。为了使南北相连，不再绕道洛阳，元朝从公元 1283 年起用了 10 年时间，先后开挖了"济州河"和"会通河"。

济州河自淮安引洸、汶、泗水为源，向北开河 150 里接济水，济水相当于后来的大清河位置，1855 年黄河改道后夺大清河入海。济州河开通后，漕船可由江淮溯黄河、泗水和济州河直达安山下济水。开凿中，施工人员建设闸坝，渠化河道，把天津至江苏清江之间的天然河道和湖泊连接起来，清江以南接邗沟和江南运河，直达杭州。由于北京与天津之间的原有运河已废，施工人员又新修了"会通河"。会通河长 250 里，接通卫河。由于会通河位于海河和淮河之间的分水脊上，让水通过就要在河上修建插板门船闸 26 座，并在淮安设水柜，南北分流，以调节航运用水，控制运河水位。会通河建成后，漕船可由济州河、会通河、卫河，再溯白河至通县。元朝官府又开凿了通惠河，从今通县直达北京。从此，漕船可由通县入通惠河，直达今北京城内的积水潭。至此，今京杭大运河的路线走向初步形成。

大运河建成后，元朝专设都漕司正、副二使，总管运河和漕运事宜。新的京杭大运河形成了南北直行的走向，比绕道洛阳的隋唐大运河缩短 900 多千米，实现了中国大运河的第二次大沟通。京杭大运河利用了隋唐大运河不少河段，它南起余杭（今杭州），北到涿郡（今北京），途经今浙江、江苏、山东、河北四省及天津、北京两市，贯通海河、黄河、淮河、长江、钱塘江五大水系，全长约 1 794 千米，长为苏伊士运河（190 千米）的 9 倍、巴拿马运河（81.3 千米）的 22 倍。

2. 春秋时期的治水专家——孙叔敖

孙叔敖雕像

春秋时期，楚国出了一位名为孙叔敖（公元前630年—公元前593年）的著名治水专家。孙叔敖在楚国为官，楚庄王时官至宰相。他施政教民，服官济世，官民之间和睦同心，风俗淳美。他十分热心水利事业，主张采取各种工程措施，"宜导川谷，陂障源泉，灌溉沃泽，堤防湖泊以为池沼。钟天地之爱，收九泽之利，以殷润国家、家富人喜。"他是一位实实在在的水利工程师，带领人民大兴水利，修堤筑堰，开沟通渠，发展农业生产和航运事业，为楚国的政治稳定和经济繁荣做出了巨大的贡献。

楚庄王九年（公元前605年），孙叔敖主持兴建了我国最早的大型引水灌溉工程——淮河期思雩娄灌区。雩娄是春秋、战国时期吴楚之间的地名，先属吴，后为楚域。"雩娄"二字从字面上便折射出淮夷氏族遇旱祭天、舞以祈雨的风土遗习。孙叔敖主持工程在史河东岸凿开石嘴头，引水向北，称为清河；又在史河下游东岸开渠，向东引水，称为堪河。利用这两条引水河渠，灌溉史河、泉河之间的土地。这一灌区的兴建，大大改善了当地的农业生产条件。提高了粮食产量，满足了楚庄王开拓疆土对军粮的需求。

此后，孙叔敖继续推进楚国的水利建设，在楚庄王十七年（公元

古芍陂示意图

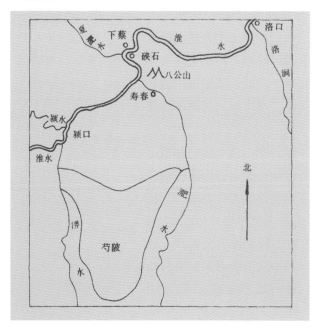

安徽寿县芍陂（安丰塘）今日风光

前597年）左右，又发动百姓兴建了我国最早的蓄水灌溉工程——芍陂。该工程在安丰城（今安徽省寿县境内）附近。当时，淮河以南的寿春，是楚国的主要粮食产地之一，这里的粮食丰歉，对人民的安定和军粮的供应关系极大。孙叔敖在淮河以南、淠河以东，察看了大片农田的旱涝情况，又沿淠水上游行进，爬山越岭，勘测了来自大别山的水源。孙叔敖选定淠河之东、瓦埠湖之西的长方形地带，就南高北低的地形和上引下控的水流，合理布置工程，大规模围堤造陂，建成的陂周长约120里。该工程向上引龙穴山、淠河的水源，向下管控了1 300多平方千米的淠东平原，号称灌田万顷，因当时陂中有一白芍亭，故名"芍陂"。他还在芍陂建了5个水门，以淠水至西南一门入陂，其余四门均供防水用途。其中两个水门用小水沟将芍陂与淝水相通，起着调节水量的作用。

芍陂的兴建，适合国情，深得民心，两千多年来一直发展于生产，造福于人民。为了称颂孙叔敖的历史功绩，后人在芍陂等地为其建祠立碑。清代著名学者顾祖禹在评价芍陂的历史作用时指出：芍陂是淮南田赋之本。1957年毛泽东视察南方路过河南信阳期思镇时，还专门询问孙叔敖的古迹，并高度评价了孙叔敖的治水业绩，称他是一个水利专家。[1]

---

1 刘焕启，《孙叔敖：重大水利工程的"鼻祖"》，《地球》，2014年第2期。

3. 李冰与都江堰

李冰石像

李冰是战国时期秦国著名水利专家，都江堰的设计者和组织兴建者，生于四川，生卒年不详。秦昭王五十一年（公元前 256 年），秦王任命学识渊博且"知天文识地理"的李冰为蜀郡守，彻底治理岷江水患。李冰上任后，排除重重险阻，励精图治，指挥修建了都江堰等水利工程，从而发展了川西农业，造福成都平原，为秦国统一中国打下经济基础。

岷江发源于岷山山脉，从成都平原西侧向南流去，对整个成都平原来讲可称得上是"地上悬江"，而且悬得十分厉害。成都平原的整个地势从岷江出山口玉垒山，向东南倾斜，坡度很大，每逢岷江洪水泛滥，成都平原就一片汪洋；一旦遇到旱灾，又是滴水不流，颗粒无收。岷江水患长期祸及川西，鲸吞良田，侵扰民生，成为古蜀国生存发展的一大障碍。

在李冰之前，传说大禹也曾在玉垒山处治过水，使岷江水分出一支流入沱江，减轻成都平原的涝灾。蜀国国王也曾于公元前 6 世纪任用鳖灵为相在玉垒山处治水，并取得了一定成效。前人治水的主要目的是解决岷江的水害。而李冰治水的目的，一是要解决成都平原的洪涝灾害，保障成都的安全，二是将西山（岷山山脉）木材及货物船运到成都，而后可通过长江运往全国，三是整理平原上河道为灌溉渠，排出积水，开发农田，引水灌溉，保证农业的收成。这三个问题均是历史难题。

李冰先对岷江以及成都平原的自然河道进行了实地考察，并亲自考察岷江上游，直到今阿坝地区，最后决定在岷江流出群山、刚入成都平原处兴建水利工程。这里是三角形成都平原的顶点，海拔高度也最高，岷江从这里向西南流经成都平原。在这里开一条引水渠，以下连接疏通的自然河道或人工渠，将一部分岷江水引向成都平原北、东、南，流经彭山县再汇入岷江正流。这样不仅能够实现渠系自流灌溉，还可以在平原上形成处处小桥流水的农田灌溉网。

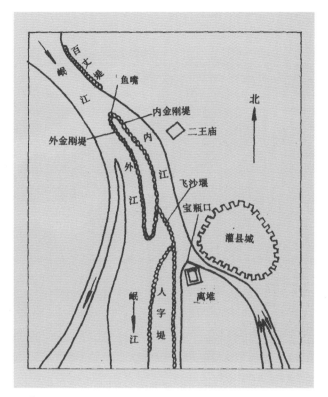

都江堰工程布置示意图
（1949 年前）

李冰废除了以前开凿的引水口，把都江堰的引水口上移至成都平原冲积扇的顶部灌县玉垒山处，这样可以保证较大的引水量和形成通畅的渠首网，实现"引水以灌田，分洪以灭灾"的治水理念。为了使岷江的水能够东流，李冰首先把玉垒山凿开了一个 20 米宽的口子，被分开的玉垒山的末端，状如大石堆，此即后人所谓的"离堆"。此外，他还采取在江中心构筑分水堰的办法，把江水分作两支，逼使其中一支流进经特殊设计的入水口（宝瓶口）中。

都江堰的主体工程包括鱼嘴分水堤、飞沙堰溢洪道和宝瓶口进水口。依照当时的工程条件，实现难度非常大。首先是修筑分水堤的工程困难重重。先尝试采用江心抛石筑堤的方法，失败。李冰另辟蹊径，让竹工编成长三丈、宽二尺的大竹笼，里面装满鹅卵石，一个一个地沉入江底，终于战胜了湍急的江水，筑成了分水大坝，因其前端开头犹如鱼头，取名"鱼嘴"。

鱼嘴分水堤长约 3 000 米，它迎向岷江上游，把迎面而来的岷江水从中间分为内江和外江。外江（南）是岷江主流，内江（北）是灌渠咽喉，故又称灌江。鱼嘴在江中的位置很巧妙，保证了夏天四成江水入内江、冬天六成江水入内江，这样既能防洪，也能保证

都江堰渠首"鱼嘴"风貌

灌区用水。春耕用水季节，内江进水六成，外江进水四成；而在夏秋洪水季节，内外江进水比例自动颠倒过来，内江进水四成，外江进水六成。

　　鱼嘴前距上游的白沙河口2 050米。其间有靠东岸的"百丈堤"，是人工沙石工程，全长1 950米，其作用是将洪水和沙石逼向外江，并起到护岸作用，防止河床改变。鱼嘴后部是一长堤，将内江、外江隔离，它高出水面5~7米。沿堤下至710米处为一缺口，宽240米，缺口处堰高2米，内江水涨，洪水带着泥沙由此排出，流向外江，效果极佳，称飞沙堰溢洪道，古称侍郎堰。飞沙堰与离堆之间还有一道人字堤和64米宽的人字堤溢洪道，同样起着排洪水、排沙石的作用。

　　更令人赞叹的是，鱼嘴充分利用弯道环流原理，表面清水冲往凹岸，含沙浊流从河底流向凸岸，成功地完成了水流的自动排沙。鱼嘴的精妙，即使从今天的水利技术来看都令人叹服，然而，就是这样巧夺天工的设计，在秦汉之后的数百年间，却找不到任何历史记载。直到南宋时期，学者范成大亲临都江堰，才对鱼嘴的结构作了第一次描述。

宝瓶口距飞沙堰下口 120 米处，是玉垒山麓被人工凿开的一个缺口，内江由这里流出入灌区。其底宽 14.3 米，顶宽 28.9 米，高 19 米，山崖上有水则（水位标尺），缺口内是一个洄水沱，称伏龙潭。这里是天然的洪水节制闸，是灌区引水渠的"瓶颈"、"咽喉"。鱼嘴分流的内江水，直流而下，经飞沙堰至宝瓶口，急流受狭窄的宝瓶口所阻，形成一大洄水沱，壅水超过水则（水位标尺）规定值时，所壅之水旋转回去带着沙石从飞沙堰排出去外江。飞沙堰的高度与灌区所需水量在伏龙潭壅水的水位高度是一平面，多余的就湃去外江，水位平面就靠宝瓶口自然控制。

都江堰水利工程中各种设施构件，都为卵石、竹笼杩槎构成，就地取材，便利而价廉，是最省费用而效率高的水利工程典范。都江堰的创建，以不破坏自然资源，充分利用自然资源为人类服务为前提，变害为利，使人、地、水三者高度协合统一，也是一项伟大的"生态工程"。

与都江堰兴建时间大致相同的古埃及和古巴比伦的灌溉系统，以及中国陕西的郑国渠和广西的灵渠，都因沧海变迁和时间的推移，或湮没、或失效，唯有都江堰独树一帜，至今还滋润着天府之国的万顷良田。

据《华阳国志》及《水经注》等书记载，李冰还导雒水（石亭江）、绵水（绵远河），修建沱江流域的灌渠，以及兴修新津、彭山一带的灌溉、航运等水利工程。

李冰还是一名具有开创性的桥梁工程师。在都江堰的建设中，他同时在渠上建桥梁，其中最著名的作品是成都的七桥。《华阳国志·蜀志》记："长老传言，李冰造七桥，上应七星。"李冰按天象北斗七星来设计桥群，成为最早的有意识的桥群布局工程。除此之外，李冰还学习了羌族用竹、竹索造桥的方法，在蜀州建造了很多竹索桥。

李冰为蜀地的发展做出了不可磨灭的贡献，2 000 多年来，四川人民将李冰尊为"川祖"。1974 年，人们在都江堰枢纽工程工地上，发掘出了李冰的石像，其上题记："故蜀郡李府郡讳冰。"

4. 郑国与郑国渠

战国末期，中国还出现了一位卓越的水利专家，名叫郑国，出生于当时的韩国都城新郑（现在河南省新郑市），生卒年不详。郑国曾任韩国管理水利事务的水工（官名），参与治理荥泽水患以及整修鸿沟之渠等水利工程，后被韩王派去秦国修建水利工事，修筑了闻名中外的"郑国渠"。郑国渠是战国时期继都江堰之后又一著名水利工程，它的兴建对增强秦国的经济实力和完成统一大业起了重要作用。郑国渠修建之后，关中成为天下粮仓，八百里秦川成为富饶之乡。

战国末期，秦国国力蒸蒸日上，开始对其他诸国产生威胁。韩国位于秦国东出函谷关的交通要道上，国力孱弱，成为秦首当其冲攻击的对象，随时都有可能被吞并。公元前246年，韩桓惠王为摆脱威胁，采取了一个非常拙劣的所谓"疲秦"的策略。他以郑国为"说客"，派其入秦，游说秦国在泾水和洛水（北洛水，渭水支流）间，穿凿一条大型灌溉渠道。表面上说是可以发展秦国农业，真实目的是要耗竭秦国财力、物力、人力，牵制秦国，使其无暇东顾。郑国入秦后，跋山涉水，实地勘测，访百姓，找水源，观测地形，多方论证，最终确定了打通泾河、洛水，建成两河引泾灌区的方案。

没想到，开工后，秦王就识破了韩桓惠王的"疲秦"之计，暴怒之下决定处死郑国。郑国却非常镇定地说道："始臣为间，然渠成亦秦之利也，臣为韩延数岁之命，而为秦建万世之功。"（《汉书·沟洫志》）。这番话打动了秦王，发展农业必须依赖于水利建设，因此，"秦以为然，卒使就渠"。

结果，关中平原的泾水至洛水之间，出现了中国最为热火朝天的建筑工地，在秦王的支持下，修渠大军多达十万人，而郑国正是这项规模空前的水利工程建设的总指挥。他用了十年时间，终于在公元前236年修建成郑国渠。至公元前221年秦始皇统一中国，在这十年左右的关键时期，郑国渠灌溉的关中地区和都江堰灌溉的川西平原，两大工程南北遥相呼应，使关中与蜀地成为秦国取之不竭、

左：郑国渠渠首遗址

右：郑国渠引水渠遗址

用之不尽的两大粮仓。据史学家估计，郑国渠灌溉的 115 万亩良田，足以供应秦国 60 万大军的军粮。秦始皇嬴政感念郑国修渠有大功于秦国，下令将此渠命名为"郑国渠"，原本的"间谍"成了真正的英雄，这是中国历史上第一个以人名命名的工程。

郑国渠起自今天的陕西礼泉县东北，以泾水为水源，灌溉渭水北面农田，即引泾水东流，至今三原县北汇合浊水及石川河水道，再引流东经今富平县、蒲城县以南，注入洛水，渠全长 300 余里。郑国充分利用了关中平原西北高、东南低的地形特点，使渠水由高向低实现自流灌溉。为保证灌溉用水源，郑国渠还采用了独特的"横绝"技术，使渠道跨过清河、冶峪河等大小河流，将河水常流量拦入郑国渠中，增加了水源。他利用横向环流，巧妙地解决了粗沙入渠、堵塞渠道的问题。郑国渠巧妙连通泾河、洛水，取之于水，用之于地，又归之于水，即使在今天看来，这样的设计也可谓独具匠心。[1]

作为主持此项工程的筹划设计者，郑国在施工中表现出杰出的智慧和才能。郑国渠的作用不仅仅在于发挥灌溉效益达百余年，而且还在于首开了引泾灌溉之先河，对后世引泾灌溉的推广实施产生了深远的影响。秦以后，历代官府和民众继续在这里完善其水利设施。比如，汉代的白公渠、唐代的三白渠、宋代的丰利渠、元代的王御史渠、明代的广惠渠和通济渠、清代的龙洞渠等。

岁月流逝，郑国渠渐渐荒废，但人们并没有忘记它。1985 年冬，陕西省文物保护中心的专家来到泾河边探寻，迷失千年的郑国渠终于被重新发现。在郑国渠遗址，专家发现有三个南北排列的暗洞，即郑国渠引泾进水口。每个暗洞宽 3 米，深 2 米，南边洞口外还有

1　潘杰，《以水为魂——中国治水文化的精神传承》，《江苏水利》，2006 年第 7 期。

白灰砌石的明显痕迹。地面上出现由西北向东南斜行一字排列的七个大土坑，土坑之间原有地下干渠相通，故称"井渠"。

郑国渠工程浩大、设计合理、技术先进、实效显著，在我国古代水利史上是少见的，也是世界水利史上的奇迹。

5. 白英与明代大运河的疏通

白英，山东汶上县人，生卒年代不详，根据史料的片断记载，知道他是明朝初年运河上的一位"老人"。明朝在运河沿线建有水闸，或河道比较浅、船只航行不畅的地方，每隔一定距离设置庐舍，派驻一定数量的民夫，负责养护水利设施，引导过往船只。大约每十名民夫设一个负责人，称作"老人"，可见，"老人"是民夫的一种职称。白英长年劳动、生活在运河岸边，对山东境内大运河附近的地势和水情十分熟悉，对于治水和行船也有丰富的实践经验。他解决了运河中段水源不足的问题，为大运河全线航行畅通做出了卓越贡献。

明永乐九年（1411 年），工部尚书宋礼等人奉命征调民夫 16.5 万多人，疏浚运河，重点放在山东丘陵地带的会通河段（从临清到须城安山）。会通河缺乏水源，宋礼等治河官员对提高会通河航运能力这一关键问题毫无解决办法，直到采纳了白英的建议。

白英认真总结了会通河水源不足的原因，认为主要是以前选择的分水点不合理。元朝引水济运的办法是，把分水点设在济宁附近，在堽城筑坝，迫使汶水向南注入洸水，并且会合沂水、泗水，在济宁附近注入运河，然后分流南北。但是因为由济宁到南旺一段的地势是南低北高，流向北面的一支水必须爬坡上行，造成了"水浅涸胶舟，不任重载"的现象。白英经过仔细勘察分析，建议把位于会通河道最高点的南旺镇作为分水点，称为"水脊"。

白英又全面分析了会通河附近的河流分布情况，看到在河的东侧，南旺镇南面有沂水、泗水、洸水，水源比较丰富，南旺镇北面只有大汶河，它分成两个支流，一支向北流经东平县境入海，一支向南流入洸水。为了解决南旺镇北面水源不足问题，白英建议改建元朝的堽城坝，阻止汶水南支流入沂水，同时在东平县的戴村修筑拦水坝，阻止汶水北支入海，把大汶河的全部水量和它沿线的泉水溪流引到南旺注入会通河。他还建议在南旺修建分水闸门，使六分水向北流到临清，接通卫河，四分水向南流到济宁，会同沂、泗、洸三水入黄河，因为当时黄河是经徐州再折向东南，到淮阴和淮河汇合入海的。为了便利航运，白英针对地形高差大、河道坡度陡的特点，建议在南旺南北共建水闸 38 座，通过启闭各闸，节节控制，分段延缓水势，以利船只顺利地越过南旺分水脊，经临清直达京师。[1]

为了保证充足的水源，白英还建议利用天然地形，扩大会通河沿岸的南旺、安山、昭阳、马场等处的几个天然湖泊，修建成"水柜"，并且设置"斗门"，以便蓄滞和调节水量。同时，开挖河渠，把附近州县的几百处泉水引入沿河的各"水柜"。根据白英的建议而完成的会通河改造工程，一直为后人所称道，直到民国初年，一名美国专家看到这项工程依然大加赞赏。

6. 明朝治黄专家潘季驯

黄河在历史上是一条多灾害的河流。当它咆哮东进，穿越西北黄土高原的时候，挟带了大量泥沙，到了下游，因为地势平坦，流速减缓，致使泥沙淤积河底，增高河床，所以每到夏秋汛季，常常泛滥成灾。自有文字记载的 2 000 多年来，黄河下游决口泛滥就有 1 500 多次，河床重大改道 26 次，大致是三年两决口、百年一改道。黄河的水灾范围北到天津，南抵江苏、安徽等省，波及 25 万平方千米。

为了征服黄河的水患，勤劳、勇敢的劳动人民进行了不屈不挠、艰苦卓绝的斗争。明朝的潘季驯就是历史上一位著名的治黄专家。

潘季驯，浙江乌程（今吴兴县）人，生于明武宗正德十六年（1521年）。29 岁考中进士，进入仕途，先后担任过九江府推官、大理寺丞、

1　谓知，《民间水利专家白英与南旺分水枢纽》，《中国文物报》，2010 年 12 月 31 日。

工部左侍郎、工部尚书、刑部尚书等官职。从明世宗嘉靖四十四年（1565年）到神宗万历二十年（1592年）的27年间，他曾经4次出任总理河道的职务，负责治理黄河时间共12年，在治河的理论和实践方面都有重要的贡献。

永乐十九年（1421年），明成祖由南京迁都北京。为了适应社会政治经济的需要，继续完成了大运河的开凿，大力发展南北漕运。当时，黄河下游流向东南方向，经过徐州，在淮阴和淮河会合，流入东海。而运河在淮阴一带与黄淮相交，在今苏北鲁南一带形成一个纵横交错的水道网。这种黄、淮、运相交的局面，优势在于当徐州以南大运河水量不足的时候，可以得到黄河的接济。同时也有不利的一面，每当黄河泛滥，运道就会中断，并且会危及明朝皇帝在凤阳、盱眙一带的祖墓。

嘉靖三十七年（1558年），黄河又一次改道，淤塞了运河，使漕运中断，朱氏祖坟也面临受淹的危险。统治者把治黄问题提到议事日程上来，不过，他们的主要目的是"治黄保运"。在治理方法上，采用的是"分其流，杀其势"的历代传统办法，使黄河水向多处分流，以减轻洪水对运河的威胁。同时为了保护朱氏祖坟，仅修筑加固祖坟所在一岸的大堤，而任凭黄水向另一岸泛滥，致使河患越来越严重。嘉靖四十四年（1565年），黄河再次决口，沛县上下两百多里运河淤塞，徐州以上纵横几百里间一片泽国，灾情空前严重。潘季驯就是在这样的时刻出任河道总督，开始担负起治黄重任。

潘季驯亲自实地察勘，既认真总结前人的成果，又注意吸取劳动人民的经验，在当时的条件和技术水平下，创造性地提出了科学的治河理论和措施。潘季驯最重要的贡献是提出"塞旁决以挽正流、以堤束水、以水攻沙"的主张。所谓"束水攻沙"，就是根据底蚀的原理，在黄河下游两岸修筑坚固的堤防，不让河水分流，使水量集中、流速加快，把泥沙送入海里，减少泥沙沉积。他认为，黄河水一旦分流，则水的冲刷力量也势必减缓，势缓则沙停，沙停则河饱。尺寸之水，皆由沙面，止见其高。而水合则势猛，势猛则沙刷，沙刷则河深。筑堤束水，以水攻沙，水不奔溢于两旁，则必直刷平

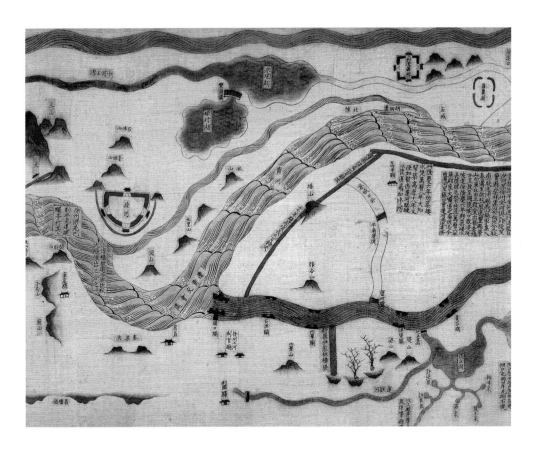

《河防一览图》（局部），潘季驯等人于万历十八年（1590年）绘制

河底，一定之理，必然之势，所以合流比分流更有益。根据这一道理，潘季驯在第三次治河的时候，针对黄河夺淮入海的情况，提出了"筑堰障淮，逼淮注黄，以清刷浊，沙随水去"的方针，在洪泽湖筑高家堰，提高淮河水位，使浑浊的黄河水不再倒灌入淮，并且把含沙量比较少的淮河水引入黄河，提高河水的挟沙能力。这对于防止河床淤塞，保证运道畅通，起了重要作用。

"束水攻沙"使水流速度加快，河流的冲刷力也增强，这就需要有坚固的堤防。潘季驯特别重视这个问题，他采用多种堤防综合治河的办法，建立了一整套堤防建设和养护方法。潘季驯把堤分做缕堤、月堤、遥堤、格堤4种："缕堤"靠近河岸，以束狭河流，促使河水冲刷河床，是最重要的堤防；在缕堤以内某些水流过激处修筑"月堤"，形状犹如半月，作为前卫，可以防止水流直冲缕堤造成溃决；"遥堤"位于缕堤外稍远处，大多筑在地形低洼容易决溢的地方，作为第二道防线，以拦阻水势过大的时候漫过缕堤的洪水；"格堤"修筑在遥堤和缕堤之间，用于防止洪水漫过缕堤后顺遥堤而下，冲刷出新的河道。

为了避免河水暴涨冲决缕堤，潘季驯又在河道几个要害地方的缕堤处修筑了四个减水坝（滚水坝）。溢出的洪水有遥堤、格堤拦阻，并且留有宣泄的出路，尽可能在下游回归河道，以保持比较大的挟沙力量。因此，减水坝不仅具有保护缕堤和宣泄洪水的作用，而且还避免了开支河分流杀势的弊病。同时，在堤坝后面还能够形成淤滩，既使大堤更加稳固，又可以种植庄稼，发展农业生产，这是潘季驯和治黄民工的一项巧妙创造。

潘季驯十分重视大堤的修筑质量，指明要选取"真土胶泥，夯杵坚实"，杜绝"往岁杂沙虚松之弊"，并且"取土宜远，切忌傍堤挖取，以致成河积水，刷损堤根"。为了检验大堤的质量，他提出"用铁锥筒探之，或间一掘试"和"必逐段横掘至底"的验收方法。这说明他已经采用类似现在的锥探、槽探两种方法检查大堤质量。为了加强堤防的维修防护工作，潘季驯制定了"四防"（昼防、夜防、风防、雨防）、"二守"（官守、民守）和栽柳、植苇、下埽等严格的护堤制度。他要求每年把堤顶加高五寸，堤的两侧增厚五寸。他已经打破了把筑堤单纯作为消极防御措施的传统观念，而是把它当作与洪水泥沙作斗争的积极手段，开创了治河史上的新篇章。

潘季驯之所以能够在治河上取得突出成就，和他严肃认真、一丝不苟、实事求是、不畏艰辛的工作作风分不开。他十分重视实地调查，常常亲赴现场查明情况，解决问题。当潘季驯第四次主持治河的时候，已是白发苍苍的70岁老人了，仍然和民工在一起沐风雨、犯霜露，亲自在工地上领导施工，终于使黄淮合流，漕运畅通。在最后一次治河的三四年后，他积劳成疾，于万历二十三年（1595年）去世。

7. 清朝治黄专家陈潢

陈潢，浙江嘉兴人，生于明崇祯十年（1637年），卒于清康熙二十七年（1688年），是一位平民出身的水利专家。康熙十六年（1677年）以后，他协助当时任河道总督的靳辅治理黄河，表现出卓越的才能，在治黄理论和技术上有突出贡献。陈潢的主要著作《河防述言》和以靳辅的名义编著的《治河方略》，全面记述了他的治河经验，是我国古代治黄的重要论著。

明末清初，河务废弛，黄、淮决口越来越频繁。到康熙初年，平均每四五个月就泛滥一次，不仅给两岸人民造成了极大灾难，而且使当时统治者极为关心的"漕运"受到严重影响。为了治理黄河，康熙十六年（1677 年），靳辅被任命做河道总督，总理治河事宜。靳辅鉴于自己没有治河经验，对治河信心不足。陈潢认为这正是为国效劳的好机会，鼓励靳辅说："只要能实心力行，则天下无不可为之事"，并且表示愿意协助他担当起治河重任，从此开始了二人共同治水的事业。

在治黄的指导思想和治河理论上，陈潢有深刻独到的见解。他认为，黄河的洪水虽然奔腾湍急，不容易约束，但是一旦认识了它的规律，驾驭得法，就会获利无穷，如不得法，那危害也很大。他指出，水流的最大特点是"就下"，即水往低处流。具体说来，就是它避逆趋顺，避壅趋疏，避远趋近，避险阻趋坦易。根据水流的这一自然规律，就可以采取相应措施，"因其欲下而下之，因其欲潴而潴之，因其欲分而分之，因其欲合而合之，因其欲直注而直注之，因其欲纡洄而纡洄之。"总之，要"顺水之性，而不参之以人意"，就可以平安无事。因此，"善治水者，先须曲体其性情，而或疏、或蓄、或束、或泄、或分、或合而俱得自然之宜。"

在治黄方法上，陈潢继承和发展了明朝著名治黄专家潘季驯"筑堤束水，以水攻沙"的治河思想，主张把"分流"和"合流"结合起来，把"分流杀势"作为河水暴涨时候的应急措施，而把"合流攻沙"作为长远安排。同时，他提出筑堤束水，以提高流水的挟沙能力，借水力把泥沙输送入海，减少沉积，使河床渐次刷深，这个办法既符合科学道理，又变害为利，一举两得。

在具体做法上，陈潢采用了建筑减水坝和开挖引河的方法。在河水暴涨的时候，在河道窄浅的险要地段建筑减水坝、开凿涵洞或开挖引河，把多余的水量分出去，然后再在下游河道宽阔、流速比较慢的地方引归正河，以保持充分的攻沙能力。这样既可以防止上游因水过大而使堤防溃决的危险，又可以解决下游因水量不足而攻沙不力的弊病。

为了使正河保持一定的流速流量，陈潢在前人治水经验的基础上，经过仔细观察和刻苦钻研，发明了"测水法"。陈潢的"测水法"相当于现在的测水流量和流速的方法。有了测水法，就把"束水攻沙"的理论放在更加科学的基础上。这是陈潢对我国水利事业的突出贡献，在世界水利史上也是一项重要的发明创造。陈潢很重视实地考察，不拘泥于前人的经验和书本知识。他认为，虽然前人对治黄已经有不少成功经验，并且有书籍和地图可以参考，但是随着时间的推移，原来的地形、水流和河道状况等已经有了变化，这种深入实际、调查研究和善于听取群众意见的工作作风，是使他治河取得成功的重要原因。

陈潢具有远见卓识的科学头脑。在治河过程中，他已经认识到，"束水攻沙"的方法虽然对治导黄河下游和解决漕运问题有一定成效，但不是根本的解决办法。他认为，黄河的一大特点是含沙量太大，而大量泥土主要来自"西北沙松土散之区"。为了根治黄河，他打破了自古以来"防河保运"的传统办法，提出在黄、淮两河上、中、下游进行"统行规划，源流并治"的合理主张。

他分析了黄河的特点和"善淤、善决、善徙"的原因，正确指出：中国诸水，惟河源为独远。源远则流长，流长则入河之水多，则其势必汹涌而湍急。况西北土性松浮，湍急之水，即随波而行，于是河水遂黄。正因为这样，陈潢认为，要治河必先治沙，要治沙就应当在上、中游下功夫，绝不能只顾眼前，只在运河行经的下游河段修修补补。

在由靳辅具名的奏疏中，他们进一步阐明了保持运道畅通和全面治理黄河的关系，指出运道的阻塞多半在于黄河河道变迁。而河道的变迁，都因为历代大多数治河的人仅致力于运河经行地段，对其他地方的决口不予重视。因此，即使无关运道，也决不能听任它溃决而不加治理。可惜的是，他们的这些设想没有得到统治者的重视和实施，随着靳辅晚年被革职，陈潢也告老还乡了。

六、中国古代陶瓷制造工程与实践者

仰韶文化时期的船形彩陶壶

1. 享誉中外的中国古代陶瓷制造

制陶和制瓷在我国有着悠久的历史。远古仰韶文化时期的工匠，已经使用陶窑烧制陶器。目前出土的这一时期的陶窑遗址，已经有火门、火膛、火道、窑箅、窑室等五个组成部分，工匠们通过火门把燃料送进火膛，火通过火道分别通向窑箅上的各个火孔，均匀地直入窑室，烧制窑室内放置好的各种陶坯。由于有陶窑，当时的陶器不仅质地致密，而且品种繁多，既有一般的红陶、灰陶，又有制作比较精美的白陶和黑陶。据测定，仰韶文化时期的陶器烧制温度达1 000℃以上，制出的彩陶表面呈红色，磨光后加彩绘，花纹繁丽，图案齐整，已经很精美。

龙山文化中，陶器种类有煮饭用的陶甗、陶鼎，盛饭用的陶钵、陶碗、陶杯、陶豆，盛水用的双耳壶、背水壶，存物用的陶盆、陶罐、陶瓮、陶缸等。当时的黑陶，漆黑发光，薄如蛋壳而又坚硬，有

唐三彩骆驼与人俑

的还装饰有缕孔和纤细的划纹。

后来有了彩陶，彩陶的鼎盛时期是唐代。唐代是中国封建社会的兴盛时期，经济上繁荣，文化艺术上群芳争艳，这时制陶工程实践者发明了盛行一时的新式陶器。这是一种以黄、褐、绿为基本釉色的陶器，人们习惯将之称为"唐三彩"，以造型生动逼真、色泽艳丽和富有生活气息而著称。

唐三彩是一种低温釉陶器，制造者在色釉中加入不同的金属氧化物，经过焙烧，便形成浅黄、赭黄、浅绿、深绿、天蓝、褐红等多种色彩，但多以黄、褐、绿三色为主。它主要是陶坯上涂上的彩釉，在烘制过程中发生化学变化，色釉浓淡变化、互相浸润、斑驳淋漓、自然协调，是一种具有中国独特风格的传统工艺品。常见的唐三彩制品有三彩马、骆驼、乐伎俑、仕女、枕头等。

从陶瓷史上看，唐三彩是一个划时代的里程碑，因为在唐以前大多为单色釉，汉代虽然已经有了两色，但只是黄色和绿色。到了唐代以后，多彩的釉色开始在陶瓷器物上同时得到运用。但由于唐三彩胎质松脆，防水性能差，实用性远不如当时已经出现的青瓷和白瓷。

在宋代，中国的瓷器工程逐渐带上地域色彩，相继形成了所谓的"五大名窑"。清代许之衡在《饮流斋说瓷》中说："吾华制瓷可分三大时期：曰宋，曰明，曰清。宋最有名之有五，所谓柴、汝、官、哥、定是也。更有钧窑，亦甚可贵。"由于柴窑至今未被发现窑址，又无实物，因此，通常人们在归类上约定俗成地将钧窑列入，它与汝、官、哥、定并称为宋代五大名窑。

汝窑出产的瓷器，即汝瓷，在中国宋代被列为五大名瓷之首，当时被钦定为宫廷御用瓷。北宋时期，汝州奉命为宫廷烧造青瓷，具体时间推测在哲宗至徽宗年间（约1086—1125年）。汝窑以青瓷为主，造型古朴大方，其釉如"雨过天晴云破处"、"千峰碧波翠色来"，土质细润，坯体如胴体，其釉厚而声如擎，明亮而不刺目，具有"梨皮、蟹爪、芝麻花"之特点，被世人称为"似玉、非玉、而胜玉"。其中"蟹爪纹"是指釉面开片的纹理毛毛扎扎；"芝麻挣钉"

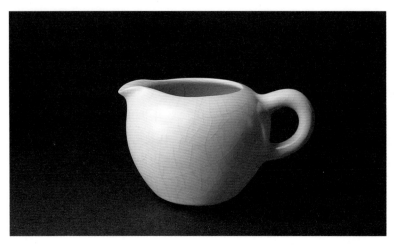

汝窑茶壶

则是因烧造时足部用很小的支钉支起，瓷器烧好后底部釉面会有几个点。由于汝窑传世的作品很少，据传不足百件，又因其工艺精湛，所以非常珍贵。北京的故宫博物院藏有汝窑天青釉弦纹樽、汝窑天青釉圆洗、汝窑天青釉碗等珍贵文物。而台北故宫则藏有汝窑天青无纹椭圆水仙盆与汝窑粉青莲花式温碗等。

官窑即官府经营的瓷窑，宋代又分北宋官窑和南宋官窑。元代景德镇官窑称"枢府窑"。明清景德镇官窑常以帝王年号分别命名，如"宣德窑"、"成化窑"、"康熙窑"等。明清官窑也被称为"御窑"，官窑以外的窑场，称为"民窑"。

据文献和考古资料推知，我国古代由中央政府直接设立、专门或主要为宫廷生产瓷器的"官窑"，约出现于北宋末年。两宋官窑前后共有三座，即北宋政和间"京师自置"官窑，南宋"修内司"官窑和郊坛下官窑。在京师官窑设置之前，定窑和汝窑先后奉命烧造贡瓷。宋代宫廷所需之物，单靠官办手工业是无法满足的，于是往往指令地方造作。中国享有"世界瓷国"的美称，在琳琅炫目的中国瓷器中，"北宋官窑青瓷"出类拔萃，精美绝伦，古气盎然，扑人眉宇，被视为瑰宝。相传官窑造出以后，宫里的太监便来检查，发现稍有瑕疵的便摔碎，剩下的精品才可呈到皇宫里，供皇室使用。所以，官窑存世量极少。[1]

1　刘涛，《宋瓷笔记》，生活读书新知三联书店，2014年版，第69页。

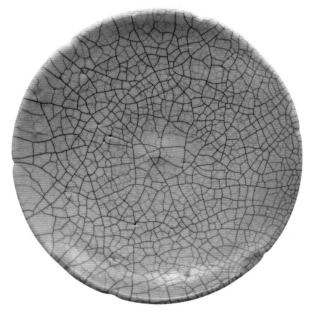

哥窑葵口盘

　　哥窑至今仍是中国陶瓷史上的一大悬案。今人所说的哥窑，主要指清宫旧藏的一批"传世哥窑"。关于哥窑更多的是流落于民间的传说。相传章生一、章生二兄弟二人专营瓷器制作，其制品精美绝伦远近闻名，因兄弟二人同时烧瓷，品种各有侧重，为便于区别，人们遂以"哥窑"、"弟窑"相称。该名称最早指窑场，后因产品被效仿，逐渐成为龙泉两大类青瓷的代称。有人认为，哥窑是指传世哥窑。但龙泉哥窑之外是否还存在一个传世哥窑，目前也有争论。哥窑与官窑类同，也有紫口铁足，也有开片，不过至今其窑址不明，学界对其烧造年代也有分歧，有人认为并非是宋代，而是元代。许多瓷器在烧制过程中，为了追求工艺一般都不允许有太多的釉面开裂纹片，但哥窑却将"开片"的美发挥到极致，产生了"金丝铁线"这一哥窑的典型特征，即由于开片大小不同，深浅层次不同，胎体露出的部位因氧化或受污染程度也不尽相同，致使开片纹路呈色不一。哥窑瓷器釉面大开片纹路呈铁黑色，称"铁线"，小开片纹路呈金黄色，称"金丝"。"金丝铁线"使平静的釉面产生韵律美。宋代哥窑瓷器以盘、碗、瓶、洗等为主。

　　钧窑在明清文献中即被视为"宋窑"。钧窑分为"民钧"和"官钧"。钧窑之所以能够跻身五大名窑，或许与其生产"官钧"（宫廷用器）有关。钧官窑窑址在河南禹县（时称钧州）。钧窑以独特的窑变艺术而著称于世，素有"黄金有价钧无价"和"家有万贯，不

定窑白釉刻莲瓣纹执壶

宋代钧窑瓷瓶

如钧瓷一件"的美誉。宋代五大名窑中，汝、官、哥三种瓷器都是青瓷，钧窑虽然也属于青瓷，但它不是以青色为主的瓷器。钧窑的颜色还有玫瑰紫、天蓝、月白等多种色彩。官钧瓷器主要是各式花盆，通体施釉。釉色多为玫瑰紫、海棠红、天蓝及月白等。

历史上定窑的名气很大。定窑始烧于晚唐、五代，盛烧于北宋，金、元时期逐渐衰落。在北宋也是为宫廷烧造御用瓷器的窑场，是宋代五大名窑中唯一烧造白瓷的窑场。定窑窑址在河北曲阳涧滋村及东西燕村，在宋代属定州，故名定窑。定窑之所以能显赫天下，一方面是由于色调上属于暖白色，细薄润滑的釉面白中微闪黄，给人以湿润恬静的美感；另一方面则由于其善于运用印花、刻花、划花等装饰技法，将白瓷从素白装饰推向了一个新阶段。定窑造型以盘、碗最多。元朝文人刘祁在其《归潜志》中曾撰文赞扬定窑的精美，称"定州花瓷瓯，颜色天下白"。定窑也兼烧黑釉、酱釉和釉瓷，文献分别称其为"黑定"、"紫定"和"绿定"。器型在唐代以碗为主，宋代则以碗、盘、瓶、碟、盒和枕为多，也产净瓶和海螺等佛前供器，胎薄而轻，质坚硬，色洁白，不太透明。定窑由上迭压复烧，口沿多不施釉，称为"芒口"，这是定窑产品的特征之一。

2. 明清时期的著名督陶官

明清两代的帝王在景德镇设置官窑，随即也就委派专门负责管理官窑的官员，这类官员称为督陶官，或称督陶使。明代督陶官由皇帝身边的宦官担任，他们常常倚仗帝王威势专横霸道，多次导致官窑瓷工的反抗，官窑的生产也因此而几起几落。清代统治者改变了明代的做法，把宦官督陶看作弊政，予以革除，而由朝廷直接派员督陶。所委派的官员，大都熟悉陶务，并很钻研陶务，其中有好几位对景德镇陶瓷作出过贡献。这些人可以算是中国第一代陶瓷工程师了。

（1）臧应选

臧应选，清政府工部郎中，于康熙十九年至二十七年（1680—1688 年）在景德镇御器厂督陶。由于官窑瓷器由他负责督造，因此习惯上把这时的官窑称为臧窑。臧窑最大的特点是质地莹薄，诸色兼备，以蛇皮绿、鳝鱼黄、古翠、黄斑点四种釉色为最佳，淡黄、淡紫、淡绿、吹红、吹青等品种也很美。臧窑的青花五彩瓷，多仿照明代的精品，大有青出于蓝而胜于蓝的气势。《景德镇录》记载臧氏曾得力于神助，才烧出如此精美的瓷器，其实是人们对臧氏精于陶务不太理解，只是因缘附会，说他得到神人的臂助。

臧应选像

（2）郎廷极

郎廷极，时任江西巡抚，于康熙四十四年至康熙五十一年（1705—1712 年）在景德镇督造官窑。郎窑最著名的瓷器品种是"郎窑红"。郎窑红有两种，一种深红，一种鲜红。郎窑红色泽鲜丽浓艳，不仅完全恢复了明代的祭红，而且还超过祭红，因与初凝的牛血一般猩红，法国人称之为"牛血红"。郎窑红釉面透亮垂流，全器越往下，红色

镶金边的郎窑红釉碗

越浓艳，这是由于釉在高温下自然流淌的结果。除了郎窑红这一突出成就外，郎窑还有仿古脱胎白釉器和青花瓷等成功之作。

（3）年希尧

年希尧像

年希尧，内务府总管，雍正四年（1726年）受命兼管官窑窑务。年窑瓷器选料考究，制作极其精雅。琢器多卵色，有的描锥暗花或玲珑。由于工艺高超，仿明代产品往往不易辨认。釉色丰富多彩，有一二十种之多。粉彩瓷画面以折枝花为多，也绘人物故事，浓淡明暗，色泽多变。

（4）唐英

清代最有名的督陶官是唐英。唐英生于康熙二十年（1682年），卒于乾隆二十一年（1756年）。他在皇宫造办处任职20多年，43岁为内务府外郎，雍正六年（1728年）被派往景德镇厂署协助督陶官年希尧管理陶务，7年后正式成为督陶官，至乾隆八年（1743年）离开，先后共15年，是景德镇官窑督陶时间最长、成绩最为显著的督陶官。

唐英刚到景德镇时，对于制瓷一无所知。他闭门谢客，不事交游，聚精会神，同心戮力，与工匠同食同息三年之久，专心致志钻研制瓷技术，终于变外行为内行，掌握了瓷业生产诸方面的知识。加上他本身多才多艺，使他在督陶期间成就卓著。景德镇瓷器的制造水平，也在此期间达到了前所未有的高度。清代蓝浦所著《景德镇陶录》评价说："公深谙土脉火性，慎选诸料，所造俱精莹纯全，又仿肖古名窑诸器，无不媲美，各种名釉，无不巧合，萃工呈能，无不盛备……厂窑至此，集大成矣。"唐窑瓷器在造型、装饰、釉色、瓷质以及制瓷工艺等方面的发展和创造都是空前的。

唐英管理陶务多年，不仅亲自参与工艺制作，还注意从理论上对瓷业生产技艺进行科学总结。他编撰的著作有《陶务叙略》《陶冶图说》《陶成纪事》《瓷务事宜谕稿》等。尤其是他82岁时编写的《陶冶图说》是陶瓷工艺史和世界文化发展史上的一部不朽著作。这部著作图文并茂，制图20幅，形象而详尽地介绍了陶瓷生产的全过程，真实地反映了清代雍正、乾隆年间景德镇瓷器的制造水平。这是中国陶瓷历史上第一次对窑务的工程记载和总结，是中国讲述陶瓷工艺过程的第一部系统著作，对后来中国乃至世界陶瓷业都有着重大影响。[1]

自唐宋以来，陶瓷业以官窑为核心带动民窑，高峰迭起。第一个高峰应是唐时的白瓷和秘色瓷；第二个高峰是宋时的汝、钧、官、哥、定瓷；第三个高峰是元青花和枢府白；第四个高峰是明时宣德青花和成化五彩；第五个高峰则是唐英主持景德镇窑务时的唐瓷。

清乾隆年间的青花缠枝莲纹花觚。瓷身有"唐英敬制"等七行六十八字的楷书铭文

清康熙年间的青花五彩瓷盘

1 张发颖编，《唐英督陶文档》，学苑出版社，2012年版，第2页。

七、郑和与中国古代造船工程

中国有悠久而光辉的造船和航海历史，既为国内的繁荣昌盛做出了重要的贡献，也对世界文明发展产生了深远的影响。

早在唐朝末年，巨大的中国海船已经蜚声国内外，因其体积大，又有水密隔舱、多重板等结构，在海上航行不怕风浪，安全可靠。

宋以后，我国官方的造船厂中出现并形成了一套先绘制"船样"，然后造船的设计法则。所谓"船样"就是比较详细的船舶设计图纸，上面绘有船图，注明船体和各部件的大小尺寸，还规定了用料、用工、造价。应用"船样"造船是船舶设计中的一个重大突破，体现了工程人员对船舶的结构和性能特点已经有了比较深入、系统的认识。这种设计方法在明清的官方造船厂中得到了普遍应用。现存的清朝《闽省水师各标镇协营战哨船只图说》手抄本中，既有船舶的整体图，又有平面图，记载有五类船只的大小尺寸、结构以及各部件名称。

明代初年，统治者继承了元代繁荣的海运传统，沿海航运，把江南的粮食运往北方，以保证北平、辽东的军需。到 1415 年大运河开凿完工，漕运又开始发达，海陆运开始衰落。明成祖朱棣为扩大明朝的政治影响，争取和平稳定的国际环境，以明初强大的封建经济为后盾，以先进的造船业和航海技术为基础，大力推进航海事业。在这样的时代背景下，出现了举世瞩目的郑和下西洋航海壮举。郑和下西洋充分反映出中国的造船工程技术、航海技术和航运指挥技术已经达到那个时代的高峰。

郑和原姓马，生于 1371 年，云南昆阳镇（今晋宁县境内）人，因从明成祖朱棣夺位有功，被擢升为内官太监（俗称三宝或三保太监），赐姓郑，成为朱棣的亲信，执掌国家营造宫室、皇陵以及铜锡用器等权力。明成祖组织船队下西洋的时候又授予他总兵职务，命他统率船队。从 1405 年到 1433 年的 28 年中，郑和先后七次率领船队远航，共访问过亚洲、非洲等 30 多个国家和地区，写下了人类

南京郑和宝船遗址公园内的郑和雕像

大规模远洋航行的壮丽篇章。古代元明时，中国人将今南海以西（约东经110°以西）的海洋及沿岸各地，远至印度及非洲东岸，概称为西洋，所以历史上有"郑和下西洋"的说法。1435年，郑和逝世。他七次远航的光辉业绩在后世广为流传。

郑和死后不久，明统治集团即改变航海政策，远航被中止，巨型船舶停建，连郑和的航行档案也被付之一炬，因此，关于郑和船队每次远航确切的船只数量和规模，已经无人知晓。郑和远航所用的主体船舶，被称为"宝船"，含有"下西洋取宝"之意。史料记载有称郑和率大型宝船62艘，也有说是中型宝船63艘，也有说船只多达一两百艘，至今尚无定论。

地处南京的龙江宝船厂是我国目前发现保存最为完整的中国古代造船厂。它是明代最大的造船厂，也是郑和下西洋最大的造船和出海基地。20世纪50年代后期，南京龙江宝船厂发掘出一根长11.7米的舵杆，它很可能是当年郑和宝船体积的物证之一。中国航海史研究会曾复原制作9桅12帆的福船（尖底）模型，作为当时郑和宝船的标准船型和尺寸。从宝船厂现存船坞的大小推算，要造大型宝船是完全有可能的。大型宝船应是郑和的帅船。[1]

即使按照今天的标准，宝船厂所有船坞的排列位置和设计都是很科学的。在用人工开挖的长方形船坞中，建成的宝船船首和船尾呈东西向排列；船坞西侧紧靠长江的堤坝上设人工水闸，将其打开，引江水进船坞，即可浮起宝船，进入长江，航行出海。现在还可以看到船厂内船坞的水位低于船闸外长江水位的痕迹。考古人员从遗址上排列的木桩、覆盖的芦席和遗留的造船构件、造船工具，复原出当时的造船工序、方法和操作手段，进一步研究这些远洋宝船的建造技术。

当时南京宝船厂一定是集中了全国各地技术高超的造船工匠。

1　金秋鹏主编，《图说中国古代科技》，大象出版社，1999年版，第156页。

郑和宝船仿真模型

据明李昭祥《龙江船厂志》卷三记载："洪武、永乐时，起取浙江、江西、湖广、福建、南直隶滨江府县居民四百余户，来京造船，隶籍提举司，编为四厢。"可见宝船厂有建造各类船的能力。

郑和下西洋所用船的船型，有专家推断是沙船。沙船最早在上海崇明岛制造，崇明岛是由海沙淤积形成的岛屿，又称崇明沙，所以这种船名叫沙船。沙船除了底平、吃水浅、速航性能好之外，还可以多设桅，多张风帆。为了弥补稳定性差的缺点，在船舷两侧装置披水板（就是腰舵）、梗水木（很像现在船上的舭龙筋）；遇风浪可用竹篮装巨石，放入水里，减轻船的摇晃，叫做太平篮。梗水木和太平篮都是明代出现的。它们与帆、披水板、船尾舵相互配合使用，提高了利用风力的性能，适航性强，可以利用八面风，包括逆风。在顶水逆风的情况下，船可以不断改变航向，走"之"字形航线。

还有一种观点认为，郑和所用船型为福船。因为从《郑和航海图》中可以看到，郑和下西洋所经海域广阔、地理状况极其复杂。船队从太仓出发即沿海岸南行，所经为多岛礁的深水海域。其后驶入南海、经马六甲海峡、跨越印度洋，海况更是水深、风大、浪高、潮汐猛烈。为安全起见，应当会选择适于深海航行的尖底海船福船，

左：沙船船型

右：福船船型

而不是底宽首阔、吃水浅、无法抵御狂风巨浪的沙船。20世纪90
年代，专家根据古代木帆船的营造法式，结合现代船舶原理对沙船
型宝船和福船型宝船摇荡性能进行研究，求得福船型宝船的横摇周
期比较接近现代船舶的横摇周期，从抗风浪性和舒适性考虑，推断
"郑和宝船为福船型"。

郑和船队的船舶并非全部由南京宝船厂承造，作为宋元时期造
船中心之一的福建，也承担了部分建造工作。船队中也并不都用大
型宝船，因为在沿途各处港汊的活动，并不是上述那样的大船都能
胜任的。如果港汊比较狭小，大船就驶不进去；船队还要在沿途补
充淡水，大船活动也不方便。因此，船队必须包括其他类型的船舶。
据《明成祖实录》记载，永乐二年（1404年）正月，为准备遣使
下西洋，曾经命南京宝船厂造海船50艘、福建造海船5艘。永乐
三年（1405年）五月又命浙江等地造舟1 180艘。以后，每次出洋
前，南京、浙江、江西、湖广等地都会奉命建造或改造海船，数量
从几十艘到几百艘不等。

郑和远航对于中国航海和造船技术的发展与进步，起到重大的
促进作用。

八、中国古代纺织工程师

1. 古代纺织技术的发展

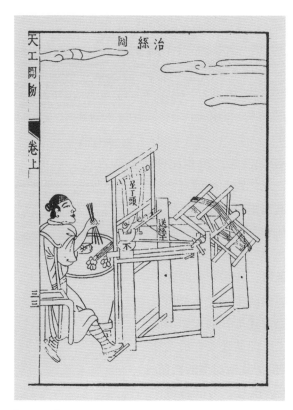

《天工开物》所载"治丝图"

中国纺织的历史至少可上溯到新石器时代晚期，迄今已有六七千年之久。先民们从动物的皮毛、植物枝叶中获得了最初直接可用的蔽体之物，又在养蚕结茧，种植麻、桑、棉花的农业生产实践中，逐渐学会使用多种原料，形成了麻纺、丝纺、棉纺等各种纺织形式，创造了辉煌的中国纺织历史。

我国分布在各地的新石器时代遗址中，绝大部分都发现了纺轮。最初的纺织原料主要是麻、葛等野生植物纤维。从原始社会晚期起，先民们已经开始利用蚕茧抽丝。民间流传着很多早期蚕丝利用的传说，其中最著名的就是黄帝的元妃嫘祖教民养蚕抽丝。特别值得一提的是，我国是世界上最早利用蚕丝的国家。

原始的纺织技术出现后，我国的纺织生产活动进入缓慢而持续的发展中。大概到商、周时期，政府开始设有管理织造的官员，说明此时纺织业已经相当发达。纺织技术，尤其是丝织工艺，在唐宋时期达到娴熟精湛的程度，色彩鲜艳华丽、花纹图案精美的丝织品琳琅满目，令人赞叹。大宗丝织品通过陆路和海上运销亚、欧、非的许多国家，深受当地人的喜爱。

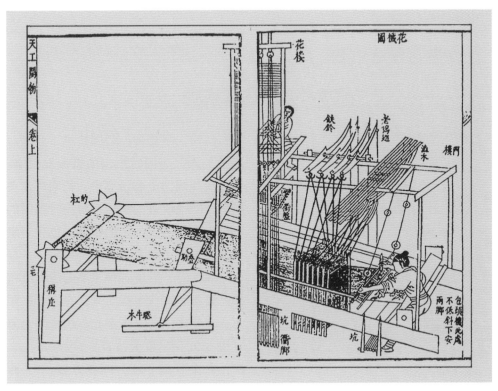

《天工开物》所载"花机图"

宋朝的缂丝制品世界驰名。缂丝又称刻丝，是我国独特的丝织制品，它的工艺早已产生，在宋代又有很大提高。缂丝的特点是把绘画或书法艺术作品移植到丝织品上，产品既保持了原作的形象和风格，又具有丝织物纤细精巧的特色，是一种高水平的艺术再创造。锦织物在宋朝也有较快的发展。南宋时有四十多种锦，著名的如苏州"宋锦"和南京"云锦"。

元朝出现了加金银线的"金锦"。金锦在原本华丽的色彩上又加了金银的光泽，显得金碧辉煌，光彩夺目，是织锦技艺的一大创新。

明清时期，我国的纺织技术已完全成熟，各种传统纺织机械也都日臻完善。相关介绍在当时很多著作中都有所涉及，如宋应星的《天工开物》中就详细记载了纺织业中的缂丝、丝织、提花和轧棉、弹花、织布、染整等一系列生产工序，介绍了相关工具和机械。其中一幅"花机图"，将当时处于世界先进水平、结构复杂的提花机画得清楚细致。

2. 古代著名纺织机械工程师——马钧

马钧像

马钧，字德衡，魏国扶风（今陕西扶风）人，三国时杰出的机械发明家。他曾任魏国博士和给事中，长期居住在洛阳。经他改进的织绫机对当时魏国的纺织生产产生了深远的影响，也在一定程度上促进了魏晋最终统一全国。

秦汉时，后世各种主要的纺织机械都已齐备。汉代手摇纺车已在官方、民间普遍使用。西汉陈宝光妻织绫时对原有提花机有过重大改良："用一百二十蹑，六十日成一匹，匹直万钱。"（《西京杂记》）这已经是当时最复杂最先进的提花机了。之后也有人不断地改良革新，相继有六十蹑、五十蹑等的提花机出现。但每一蹑用一个踏板，操作起来还是很费劲。马钧正是对当时的提花机或所谓的旧绫机"五十综者五十蹑，六十综者六十蹑"、"丧时费日"深有感触，"乃思绫机之变"[1]，决心改革技术。

在总结和借鉴前人经验教训的基础上，马钧凭借着绝妙的才智以及勤奋的试验，终于设计出只用十二蹑的提花机，既使机器操作更简易方便，提高了生产效率，降低劳动强度，又不影响机器织出复杂精致的花纹图案，保证了织物的高质量。这种提花机很快得到推广应用。虽然相关资料未能留存，但据专家推断，马钧的提花机应当与宋代时留下图纸的提花机相去不远。

马钧一度专注于钻研机械，创造和改革了很多生产工具，在节省人力、畜力以及提高劳动生产效率等方面贡献突出。他发明了龙骨水车；除提花机外，还改进了诸葛连弩；并重制已失传的指南车。时人尊他为"马先生"，后人称颂他"巧思绝世"，为"天

---

1 《三国志·魏书·方技传》，裴松之引注魏晋文学家傅玄文。

左：黄道婆像

右：黄道婆纪念馆陈列的雕像

下至巧"。

相较于机械发明上的绝世巧思，马钧为人则木讷固执得多，在官场上长期不得志。尤其是出身山西望族的裴秀，颇看不上"以巧名天下"但出身寒微、不善言辞，只会做工匠之活的马钧，常在公众场合打击他的自信心。裴秀权势日盛，马钧则郁郁而终。

3. 宋元棉纺织革新专家——黄道婆

黄道婆，松江府乌泥泾（今上海旧城西南九里）人，宋末元初著名棉纺织革新专家。她年轻时流落在崖州（今海南省崖县），向当地黎族人学会了运用制棉工具的技能和织崖州被的方法。元成宗元贞年间，黄道婆搭乘海船回到故乡。她在乌泥泾教人制棉，传授"做造捍、弹、纺、织之具"，又将崖州织被法教给当地妇女，"错纱配色，综线挈花"，"以故织成被、褥、带，其上折枝、团凤，棋局、字样，粲然若写"（陶宗仪《辍耕录》卷 24）。一时乌泥泾及周边地区纷起效仿，影响所及，遍于长江三角洲广大地区。

黄道婆对我国手工棉纺织业的贡献主要有以下几个方面。

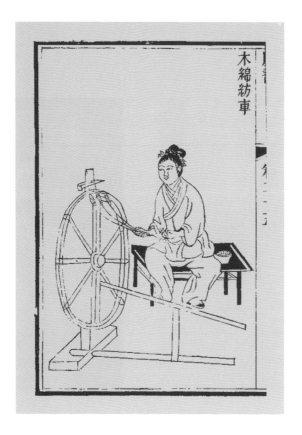

王祯《农书》所载"木棉纺车"

（1）对手工棉纺织机的革新

陶宗仪《南村辍耕录》记载，松江府乌泥泾地区"初无踏车、椎弓之制，率用手剖去子，线弦竹弧，里案间，振掉成剂，厥工甚艰。"据此推断，用踏车轧去棉子代替手剖去子、用椎击弦的大弓代替线弦竹弧的小弓进行弹棉，意味着捍、弹方法和工具的重大变革。综合元明清历代文献，可以推测，正是黄道婆带回或创制了踏车。

后世许多文献和传说中都描述了黄道婆发明的脚踏式三锭木棉纺车——"黄道婆纺车"。黄道婆是从改革原来供并捻丝麻脚踏纺车的轮径着手并取得成功的。在并捻丝麻时，要求加上足够的捻度，因而要求锭子转动得快，在锭子轮径大小一定的情况下，就要使转动锭子的纺车轮径增大。在纺棉时，必须把棉筒充分牵伸变细，因而锭速不能太快，否则纱条上捻度过多，易引起断头。所以要改小纺车轮径，降低纺车竹轮与锭子的速度。王祯在《农书》中，绘有木棉纺车图，并把它与并捻麻纱的纺车加以比较，认为这种脚踏木棉纺车，轻巧省力，功效倍增。这是黄道婆对棉纺织工具革新的最重要的贡献。

三锭木棉脚踏纺车流传很广，明代还出现了四锭的棉纺车。

（2）在生产精美棉织品上的贡献

棉织初传到江南时，当地人技艺不精，主要是织一些本色粗布，以代替麻布。黄道婆将海南精湛的织造技艺带回故乡，且结合江浙原有的丝麻纺织技术，开发出精美的新式棉织品。

海南黎族人民织造的著名棉织物，黎单、黎巾、黎幕等，都是色织布，织造时要进行"错纱配色"。"综线挈花"则是利用束综提花装置，以织造大提花织物，这种技术在丝织上早已采用。黄道婆运用色织和提花织造这两种技艺，织造出被、褥、带、帨等产品，其中最著名的是仿照"崖州被"织出、名闻天下的"乌泥泾被"，是一种高贵、精美的棉织品。

明成化年间，这种提花棉织品传入皇宫，受到嫔妃、宫女们的欢迎，于是乌泥泾一带人家，受官府之命，专为皇室织造，织出图案有龙凤、斗牛、麒麟、云彩、象眼等，颜色有大红、真紫、赫黄等，十分精致。

（3）推动棉纺织品的商品生产

乌泥泾被闻名天下之时，每匹价值百两，依赖织被收入而生活的人家有上千户。明代张之象捐地为黄道婆立祠，并作《祠祀》，称："土人竞相仿习，稍稍转售他方以牟利，业颇饶裕。"说明黄道婆教家乡人民进行棉纺织生产的结果，是发展了棉纺织品的商品生产，形成了专业性的棉织品生产。

到明代中叶，松江府成为全国棉纺织业的中心。明代正德年间《松江府志》记述："俗务纺织，他技不多"；"如绞布二物，衣被天下。"据估计，在1860年时，全国远距离销售的棉布，约为4 500万匹，其中产自松江府七县一厅的为3 000万匹，占全国的三分之二。

松江府的植棉虽非始自黄道婆，但松江府发展成为衣被天下的手工棉纺织业中心，确是黄道婆奠定的基础。

九、中国古代著名工程文献

1. 最早的手工业工程技术文献——《考工记》

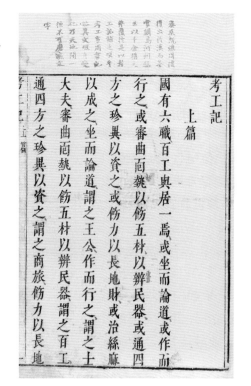

《考工记》开篇论述"国有六职，百工与居一焉"

《考工记》是中国目前所见最早的手工业工程技术文献，也是最早的指导工程实践的规范，在中国乃至世界的科技史、工程史和文化史上都占有重要地位。

关于《考工记》的作者和成书年代，长期以来学术界有不同看法。多数学者认为，《考工记》是齐国官书（齐国官府制定的指导、监督和考核官府手工业、工匠劳动制度的书），作者为齐稷下学宫的学者。

该书主要内容编纂于春秋末战国初，部分内容补于战国中晚期。全书共7100余字，记述了木工、金工、皮革、染色、刮磨、陶瓷等六门工艺的30个工种，其中6个工种已失传，后又衍生出1种，实存25个工种的内容。书中还分别介绍了车舆、宫室、兵器以及礼乐之器等的制作工艺和检验方法，涉及数学、力学、声学、冶金学、建筑学等方面的知识和经验总结。

我们今天所见的《考工记》，是儒家经书《周礼》中的一部分。《周礼》全书共分《天官冢宰》《地官司徒》《春官宗伯》《夏官司马》《秋官司寇》《冬官司空》六篇。《冬官司空》在汉以前已散失，汉代人河间献王刘德便取《考工记》补入该篇，可见《考工记》原不属《周礼》。这样补缺后就使得《周礼》一书既记载了周代的典章制度，百官职责，又记载了各种手工业技术规范。

《考工记》篇幅并不长，但科技信息含量却相当大，内容涉及先秦时代的制车、兵器、礼器、钟磬、练染、建筑、水利等手工业技术，还涉及天文、生物、数学、物理、化学等自然科学知识。

《考工记》将整个国家的职业划分为六类：王公、士大夫、百工、商人、农夫、女工。开篇讲：国家有六类职业，百工是其中之一，审视"五材"的曲直、方圆，以"加工"整治五材，而具备民众所需器物。这一方面是说"百工"的重要性，另一方面也说明"百工"属于官府手工业。

《考工记》有一段专门记载了金工冶铸技术的生产规范："攻金之工，筑氏执下齐（锡多的合金），冶氏执上齐（锡少的合金），凫氏为声（钟磬之类），栗氏为量（容量之类），段氏为镈器（田器钱镈之类），桃氏为刃（刀剑之类）。金有六齐（齐即铜与锡合金多少的成分）：六分其金而锡居一，谓之钟鼎之齐；五分其金而锡居一，谓之斧斤之齐；四分其金而锡居一，谓之戈戟之齐；参（三）分其金而锡居一，谓之大刃之齐；五分其金而锡居二，谓之削杀矢之齐；金锡半，谓之鉴燧之齐。"

这一生产规范表明，铸造不同的青铜器，应有不同的合金比例——称之为"齐"。例如筑氏使用的是含锡少的"上齐"，冶氏使用的是含锡多的"下齐"。凫氏制作乐器，栗氏制作量器，段氏制作镈器，桃氏制作剑刃。他们使用的合金比例不同。对不同的比例，产生了不同的性能。"六齐"是世界上最早对合金的认识，这与我国的青铜冶炼技术的成熟很有关系，也与我国西周社会重视手工业生产规范训练与教育有关系。

据科技史专家考察，在冶铜技术上，西周还有一项重大的突破，就是能准确地掌握冶炼的火候，即金属的熔点。当时并无科学的仪器设备来观察和控制熔点，全靠工匠的经验。《考工记》对此留下了宝贵的记录："凡铸金之状：金与锡，黑浊之气竭，黄白次之；黄白之气竭，青白次之；青白之气竭，青气次之。然后可铸也。"也就是说，铸冶铜器的火状是：最初铜和锡冒出的是黑浊气；黑浊

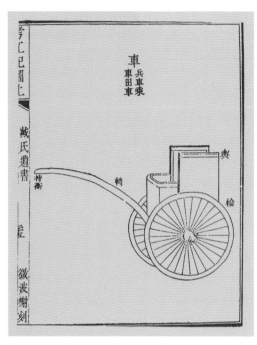

在清戴震撰写的《考工记图》中，对《考工记》所描述的车作了列图说明

气没有了，接着冒出黄白的气；黄白的气没有了，才冒出青白的气；等青白气冒完了，最后才冒的是青气。到这时才可以铸造器具。这一技术经验是数代工匠血汗的结晶，如此传授，形象直观，一目了然，易为艺徒掌握。

车辆在春秋时期不仅是重要的战争工具，也是常见的交通运输工具。《考工记》对车的制作甚为重视，它提出只有把车轮制成正圆，才能使轮与地面的接触面"微至"，从而减小阻力以保证车辆行驶"戚速"。它还规定制造能在平地运行的"大车"和在山地运行的"柏车"的毂长（两轮间横木长度）和辐长（连接轴心和轮圈的木条长度），各有一定尺寸，说"行泽者欲短毂，行山者欲长毂。短毂则利，长毂则安"。这种工艺也是按照不同地势条件以求达到较大的行驶效率。书中还详细提出：凡观察车子，必须从车子着地的部位，即车轮开始。车轮要结构坚固而与地的接触面小。结构不坚固，就不能经久耐用；与地的接触面大，就不能快速。车轮过高，就不便人登车；车轮过低，对于马来说就常常像爬坡一样吃力。因此兵车车轮高六尺六寸，田车车轮高六尺三寸，乘车车轮高六尺六寸。六尺六寸高的车轮，轵高三尺三寸，再加上轸木与车模就是四尺。按此规格造车，身高八尺的人，上下车时的高度恰到好处。

《考工记》还十分重视水利灌溉工程的规划和兴修，它记述了包括"浍"（大沟）、"洫"（中沟）、"遂"（小沟）和田间小沟在内的当时的沟渠系统，并指出要因地势水势修筑沟渠堤防，或使水畅流，或使水蓄积以便利用。对于堤防的工程要求和建筑堤防的施工经验，它也作了详细的记述。

《考工记》将制作精工产品规定为手工业生产的目标，而将天时、地气、材美和工巧以及四者的结合，看作必备的条件和重要的生产方法。提出：天有时，地有气，材有美，工有巧，合此四者，然后可以为良。材美工巧，然而不良，则不时，不得地气也。

它认为天时节令的变化会影响原材料的质量，进而影响制成品的质量，所以强调"弓人为弓，取六材必以其时"。它重视地气，是由于某些地方生产的某种原材料质量较优，或者有制造某种工艺的优良传统。它说："郑之刀，宋之斤，鲁之削，吴粤（越）之剑，迁乎其地而不能为良，地气然也。""燕之角，荆之干，妢胡之笴，吴粤之金锡，此材之美者也。"

至于工匠，《考工记》认为是与分工有关。《考工记》对手工业分工的描述极为细密，提出凡从事木材的工匠有七种，治理金属的工匠有六种，治理皮革的工匠有五种，染色的工匠有五种，刮摩的工匠有五种，用黏土制作器物的工匠有两种。治理木材的工匠有：轮人、舆人、弓人、庐人、匠人、车人、梓人。治理金属的工匠有：筑氏、冶氏、凫氏、栗氏、段氏、桃氏。治理皮革的工匠有：函人、鲍人、韗人、韦人、裘人。染色的工匠有：画人、缋人、钟氏、筐人、慌氏。刮摩的工匠有：玉人、榔人、雕人、矢人、磬氏。用泥制作器物的工匠有：陶人、瓬人。其中在《匠人》篇指出，匠人职责有三：一是"建国"，即给都城选择位置，测量方位，确定高程；二是"营国"，即规划都城，设计王宫、明堂、宗庙、道路；三是"为沟洫"，即规划井田，设计水利工程、仓库及有关附属建筑。

分工细密，人尽其能，则有助于工匠技艺专精。书中还提出，制作一种器物而需要聚集数个工种的，以制作车聚集的工种为最多。《考工记》对"工"的见解非常卓越："知者创物，巧者述之，守之，世谓之工"，意思是智慧的人创造器物，心灵手巧的人循其法式，守此职业世代相传，叫做工。这是对不断创新，提高工效，保持优良传统工艺的歌颂。书中还提出，"烁金以为刃，凝土以为器，作车以行陆，作舟以行水，此皆圣人之所作也。"意思是说，百工制作的器物，熔化金属而制作带利刃的器具，使土坚凝而制作陶器，制作车而在陆地上行进，制作船而在水上行驶，这些都是圣人的创造。

　　为了提高效益，必须精于算计。《考工记》以修筑沟防为例，提出："凡沟防，必一日先深之以为式，里为式，然后可以傅众力。"就是说，在沟防修筑中，应以劳工一天完成的进度作标准，以完成一里地的劳力和日数来计算整个工程所需的人力。

　　《考工记》所记都是官工，但书中指出，有些地区由于山出铜锡，或地处边区，民间即能制造所需产品，而不必专门设官制造。《考工记》对于民间手工业的肯定态度是与春秋时期的社会改革相一致的，也与它认为"工"是"知者创物"等的见解相符合。[1]

2. 宋代重要工程技术文献——《营造法式》

李诚像

在中国古代建筑史上，有成就的工程师见于记载的寥寥无几，留下名字的则多是大师巨匠，光辉照人，如汉代的阳城延、隋代的宇文恺、北宋的喻皓和李诚、明朝的蒯祥和徐杲、清朝的样式雷等。而其中给后世留下系统著作的却只有李诚一人，因此，李诚的《营造法式》在建筑史上一度是承上启下、独一无二的。直到清代官方颁布《工部工程做法则例》后，《营造法式》的权威性才被其取代。

　　关于李诚的记载，主要见于明代程俱《北山小集》。该书收录了李诚属吏傅冲益为他作的墓志铭。李诚为北宋末年人，元丰八年（1085年）始任郊社斋郎一职，之后一路上升，位至三品，政绩官声都很好。按《续资治通鉴长编纪事本末》《宋史地理志》等书记载，李诚一生修建过很多重要的建筑，如五王邸、辟雍、尚书省、龙德宫、朱雀门、景龙门、九成殿、开封府廨、太庙、钦慈太后佛寺、营房、明堂等。

1　戴吾三，邓明立，《〈考工记〉的技术思想》，《自然辩证法通讯》，1996 年第 1 期。

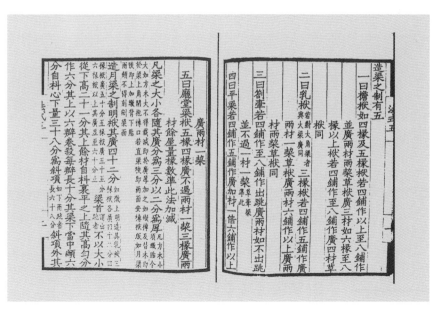

这些实践为他著作《营造法式》奠定了坚实的基础。

《营造法式》曾有过两次修撰，第一次与李诫无关；第二次是在王安石实行新政时，由李诫负责修撰，带有极其强烈的改革色彩，主要目的是防止建筑工程中由于没有一定的标准而导致的错误和浪费问题。从绍圣四年（1097 年）李诫奉敕重修到元符三年（1100 年）成书，前后近 4 年，崇宁二年（1103 年）刊行。全书共 34 卷、357 篇，3 515 条。全书第一、二卷为总释，附总例；第三卷为壕寨及石作制度；第四、五卷为大木作制度；第六至十一诸卷为小木作制度；第十二卷为雕作锯作竹作制度；第十三卷为瓦作泥作制度；第十四卷为彩画制度；第十五卷为砖作窑作制度；第十六至二十五卷为诸功限；第二十六至二十八卷为诸作料例；第二十九至三十四卷为诸作图样。

《营造法式》由官方颁布刊行后，宋代官、私建筑都以它为准则。同时书中总结了前人大量的技术经验，如根据传统的木构架结构，规定凡立柱都有"侧角"及柱"升起"，这样使整个构架向内倾斜，增加构架的稳定性；在横梁与立柱交接处，用斗拱承托以减少梁端的剪力；叙述了砖、瓦、琉璃的配料和烧制方法以及各种彩画颜料的配色方法。在装饰与结构上也表达了整体统一的要求与相关规定，如对石作、砖作、小木作、彩画作等都有详细的条文和图样；柱、梁、斗拱等构件在规定它们在结构上所需要的大小、构造方法的同时，也规定了它们的艺术加工方法，如梁、柱、斗拱、椽头等构件的轮廓和曲线，就是书中所说的"卷杀"工艺。

《营造法式》具有特别的历史与人文意义。该书虽为建筑技术方面的著作，却是有系统的，也具有一定理论底蕴，它在一定程度上较全面地总结了北宋以前、尤其是北宋的木结构建筑经验，定出建筑操作的种种规范，因此具有很强的可操作性。也正因如此，它的巨大影响远播于后代。

3. 宋应星与《天工开物》

宋应星像

宋应星编著的《天工开物》是世界上第一部关于农业和手工业生产的综合性著作，也是中国古代一部综合性的工程技术著作，外国学者称它为"中国17世纪的工艺百科全书"。

《天工开物》记载了明朝中叶以前中国古代的各项技术。全书分为上、中、下三篇，并附有120余幅插图，描绘了130多项生产技术和工具的名称、形状、工序。它对中国古代的各项技术进行了系统的总结，构成了一个完整的工程技术体系。书中记述的许多生产技术，一直沿用到近代。比如，该书在世界上第一次记载炼锌方法；"动物杂交培育良种法"比法国比尔慈比斯雅的理论早两百多年；挖煤中的瓦斯排空、巷道支扶及化学变化的质量守恒规律等，也都比当时国外的科学先进许多。尤其"骨灰蘸秧根""种性随水土而分"等技术，更是农业史上的重大突破。

宋应星，1587年生，江西奉新县人。明万历四十三年（1615年），他两次考中举人，但此后五次进京会试均告失败而不再应试。他曾游历大江南北，行迹遍及江西、湖北、安徽、江苏、山东、新疆等地，实地考察，注重实学，从东北捕貂到南海采珠、和田采玉。各地跋涉中，他在田间、作坊调查到许多生产知识，增长了见识。在崇祯七年（1634年），他担任了江西分宜县教谕（县学教官）的官职。他将其长期积累的生产技术等方面的知识加以总结整理，编著了《天工开物》一书，在明崇祯十年（1637年）由其友涂绍煃资助刊行。之后，宋应星又出任福建汀州（今福建省长汀县）推官、亳州（今安徽省亳州）知府。清顺治年间（1661年前后）去世。

《天工开物》书名取自《尚书·皋陶谟》"天工人其代之"及《易·系辞》"开物成务"。全书按"贵五谷而贱金玉之义"分为三篇，上篇记载谷物豆麻的栽培和加工方法，蚕丝棉苎的纺织和染色技术，以及制盐、制糖工艺；中篇包括砖瓦、陶瓷的制作，车船的建造，金属的铸锻，煤炭、石灰、硫黄、白矾的开采和烧制，以及榨油、造纸方法等；下篇记述金属矿物的开采和冶炼，兵器的制造，颜料、酒曲的生产，以及珠玉的采集加工等。全书附有大量插图，注明工艺关键，具体描述生产中各种实际数据（如重量准确到钱，长度准确到寸）。

在开篇，宋应星讲道："天覆地载，物数号万，而事亦因之。曲成而不遗。岂人力也哉。"意思是说，宇宙天地容纳万物，事物的纷繁复杂便由此衍生，其实事物都是遵循一定的规律，互相影响派生出世界万相而无所遗缺。这难道是人力可比的吗？宋应星的这段话，体现了中国人对"宇宙和谐""天人合一"思想的朴素认知，强调事物都有自己的发展规律，人在自然面前是渺小的，因此人类要与自然相协调，人力要与自然力相配合。

《天工开物》具有珍贵的历史价值和科学价值。我国古代物理知识大部分分散体现在各种技术类书籍中，《天工开物》也是如此。如在提水工具（筒车、风车）、船舵、灌钢、泥型铸釜、失蜡铸造、排除煤矿瓦斯方法、盐井中的吸卤器（唧筒）、熔融、提取法等中都有许多力学、热学等物理知识。此外，在《论气》卷中，宋应星深刻阐述了发声原因及波，他还指出太阳也在不断变化，"以今日之日为昨日之日，刻舟求剑之义"（《谈天》卷）。[1]

在"五金"卷中，宋应星是世界上第一个科学地论述锌和铜锌合金（黄铜）的科学家。他明确指出，锌是一种新金属，并且首次记

1　潘吉星，《宋应星评传——中国思想家评传丛书》，南京大学出版社，1990年版，第121页。

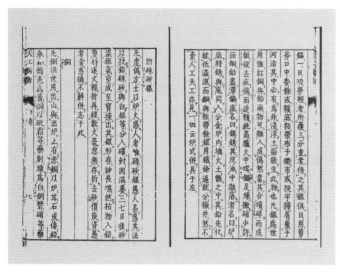

《天工开物》"五金卷"书影

载了它的冶炼方法。这是我国古代金属冶炼史上的重要成就之一，事实上，中国在很长一段时间里成为世界上唯一一个能大规模炼锌的国家。宋应星记载的用金属锌代替锌化合物（炉甘石）炼制黄铜的方法，是人类历史上用铜和锌两种金属直接熔融而得黄铜的最早记录。

《天工开物》初版发行后，很快就引起了学术界和刻书界的注意。清兵入关后，为维护自己的统治，清朝统治者对中国古籍进行了一次集中整理、检查、修改和销毁，即通称的对"四库全书"的整理。《天工开物》因被认为存在反清思想而被列为禁书销毁，自此该书在市面上基本绝迹，只是在海外得以流传。浙江宁波天一阁一直藏有该书初刻本，但当时并未公开发行。民国时期刊行的版本，无论是通本、商本、局本、枝本，都是以从日本传回来的"营本"为原版。

4. 清朝工部与《工部工程做法》

《工部工程做法》由清朝工部会同内务府主编，自雍正九年（1731 年）开始"详拟做法工料，访察物价"，历时 3 年编成。原编 74 卷，清雍正十二年（1734 年）工部刊行，《清会典》将该书列入史部政书类。

全书大体分为各种房屋建筑工程做法条例与应用料例工限（工料定额）两部分。包括土木瓦石、搭材起重、油饰彩画、铜铁活安装、裱糊工程等，各有专业条款规定与应用工料名例额限，并附屋架侧样简图 20 余幅。这部书在当时是作为宫庭（"内工"）和地方（"外工"）一切房屋营造工程定式"条例"而颁布的，目的在于统一房屋营造标准，加强工程管理制度，同时又是主管部门审查工程做法、验收核销工料经费的文书依据。后在乾隆元年又重新编定了《物料价值》一书，与《工程做法》相辅。《工部工程做法》应用范围主要是针对官工"营建坛庙、宫殿、仓库、城垣、寺庙、王府一切房屋油画裱糊等工程"而设，"修理工程仍照旧制尺寸式样办理"，不在此新编订条例范围。对于民间房舍修建，实际上起着建筑法规的监督限制作用。

全书内容重点放在官工。卷前"题本"说得明白："臣部各项工程，一切营建制造多关经制，其规度既不可不详，而钱粮尤不可不慎……营造工程之等第、物料之精粗，悉按现定规则逐细较定，注载做法，律得瞭然，庶无浮克。"所谓"经制"代"规度""等第"，就是封建礼法，等级制度；"钱粮"是指经费（清代征税以银钱粮米为主）。总之，是要求重视工程的等第规度，还必须掌握经费开支，防止贪占侵冒，保证工程质量，符合基本要求标准为终极目的。

首先，书中对房屋建筑划为大式、小式两种做法，明确标志着建筑的等差关系。其次，关于建筑间数与间架限制问题，更重要的是要求严格控制工程经费，加强工料定额管理制度。防范经手官吏从中浮支冒领、勒索克扣，影响工程。《工部工程做法》在工料应用限额方面几乎占了全书过半的篇幅，有的条款比宋代的《营造法式》所规定的更为严密具体。工程定额的制定，起初原是劳动人民长期实践经验的积累，根据手工操作，常人力所及为标准（平均先进定额），逐步实验，逐步改进，日久形成行业内部相互促励的劳动准则。

全书所开建筑材料名目，绝大部分属于官工所用，一般地方所产如石灰、砂土之类，官设灰窑常年烧造，采力、大石材分别在易县大石窝、西山、盘山一带设有专厂，大宗楠、杉、松材来源于江南、湖广、川贵各省，年有征额。金箔、颜料、桐油、绫罗缎匹、铅锡大量用于装饰工程和烧造琉璃瓦料。琉璃窑场先在京城和平门外琉璃厂街，后迁移到京西城子村。这些建材统于官府筹办。其他如金砖、城砖之类，都不是民间建筑可用。见于《物料价值则例》的都是专门供应官工营造所用的，有的本身就是一种专门工艺制作，如丝绸、琉璃都具有悠久的历史传统。

中国工程师史

第三章

救国图存——中国近代工程师（1840—1949）

一、近代社会变革与工程师的生存环境

1. 洋务运动与中国的自强之路

从 13 世纪开始，西方资本主义萌芽出现。新航路的开辟以及文艺复兴、宗教改革运动，使资产阶级日益壮大。在产业革命的推动下，资本主义世界体系最终形成，世界格局在悄然变化，人类进入了一个新的时期。

1840 年，第一次鸦片战争爆发，西方列强敲开了中国的大门。工程技术的长期落后，不仅使中国与西方在民用工程方面相去甚远，更在军事工程发展上有了巨大差距，这直接反映在鸦片战争时双方所使用的武器和战舰上。

从 1861 年开始，"自强"一词在奏折、谕旨和知识界的文章中开始出现，国人已经认识到需要一种新的政策，以应对中国在世界上的地位所发生的史无前例的变化。

19 世纪 60 年代至 90 年代，清政府一部分官僚、军阀为求"自强"、"求富"，提出"中学为体，西学为用"的口号，主张采用西方的技术，创办新式军事工业和民用工业，建立新式海军和陆军，设立学堂，派遣留学等，史称"洋务运动"，又称"自救运动"。

洋务运动涉及经济、政治、军事、外交等很多方面，但其主要内容是兴办军事工业并且围绕军工来建立其他的工业企业。江南制造局、福州船政局和安庆军械所等就是这一运动的标志。江南制造局是中国近代较大的军工厂，福州船政局是中国当时最大的船舶制造和维修工厂，安庆军械所是清政府创办的最早的兵工厂。此外还有中国最早设立的船舶运输企业轮船招商局，以及中国官方最早设立的培养外语翻译人才的外国语学校同文馆。这些机构对后来中国了解西方并学习西方的技术和管理，以及促进中西方的交流都做出了很大的贡献，也由此催生出了中国近代真正的工程师群体。

洋务运动对于当时发展缓慢的民族资本主义工业有很大的推动作用。首先，它引进了近代西方资本主义的生产技术，培养了自己的产业工人，也造就了一批掌握科技的知识分子和工程技术人员，创造了利润并吸引了官僚、地主、商人等来投资近代工业。其次，洋务运动中近代企业的发展，客观上对外国经济的侵略起到了一定的抵制作用。再次，创建了中国近代海军，增强了军队作战能力。另外，设立新式学堂和选派留学生出国深造，开了近代教育的先河，在转变中国人的教育观念、开阔视野等方面发挥了重要作用。

2. 江南制造局的建立

1864 年 9 月 27 日，李鸿章上书清政府总理各国事务衙门，提出在上海建厂制造武器与轮船的设想与要求，得到函复批准。李鸿章责成丁日昌买下坐落在上海虹口（今九龙路溧阳路一带）的旗记铁厂，并将原先所办的几家洋炮局的设备合在一起并入该厂，正式创办了江南制造局。后因外国人反对和场地发展空间过小，1866 年又在当时上海县城南面的高昌庙镇陈家港，沿黄浦江岸购地 70 余亩建新厂区，这就是日后上海局门路上的江南造船厂。也是从这一年起，一些杰出的"文化精英"开始陆续来到江南制造局，与外国人合译西方近代科技书籍。他们是徐寿、徐建寅父子，华蘅芳，以及美国人林乐知、英国人傅兰雅等。为此，江南制造局设置了近代中国最早，也是影响最为深远的翻译馆。

江南制造局迁到新址后，先后建立了机器厂、木工厂、铸铜铁厂、熟铁厂、轮船厂、锅炉厂、枪厂、火药厂、枪子厂、炮弹厂、水雷厂、炼钢厂等 13 个厂，1 个工程处，以及库房、栈房、煤房、文案房、工务厅、中外工匠宿舍等，并建有泥船坞 1 座，共占地 70 余亩（4.3 万平方米），在设备和规模上已具近代工业的雏形。这一时期的主要任务是从事军火生产，中国的第一批机床、第一炉钢，以及无烟火药、步枪、钢炮、铁甲炮艇等，均始出于此。

1905 年，清政府决定局坞分家，把船坞和造船部分从制造局

江南制造局炮厂

中划分出来，成立江南船坞。制造局的另一部分成为专门制造军火的兵工厂，辛亥革命后改称上海制造局。民国六年（1917年）改称上海兵工厂，直至民国二十一年（1932年）停办，大部分机器搬迁至杭州和南京金陵兵工厂，小部分并入武汉汉阳兵工厂。

3. 辛亥革命与《建国方略》

1911年10月10日，中国爆发了资产阶级民主革命——辛亥革命，从而结束了长达两千多年之久的封建专制制度。1912年元旦，孙中山宣誓就职，定国号为中华民国，并以1912年为民国元年。遗憾的是，不到两个月，即1912年2月13日，孙中山辞职，临时参议院选袁世凯任临时大总统，首都迁至北京，辛亥革命的成果被袁世凯所篡夺。此后至1928年南京国民政府完成二次北伐，立南京为首都，这段时期史称"北洋时期"，该时期的中华民国政府也称为"北洋政府"。

在此期间，孙中山完成了对中国社会产生重大影响之作——《建国方略》。《建国方略》是后人对《孙文学说》《实业计划》《民权初步》三本书的合称，在中国近代思想史上占据着不可磨灭的地位，尤其对中国工程建设和工程师的社会地位产生了积极的影响。

在其《实业计划》即《建国方略之二：物质建设》中，孙中山用洋洋十万余言，勾画了中国工农业、交通等实现现代化的宏大设想。孙中山认为，他所构思的实业计划是面向世界的，同时通过借助国际力量来发展中国，最终解决世界的军事战争、商业战争和阶级战争三大问题，推动世界和平和文明的发展。在这一建设方略中，孙中山特别突出工业基础设施的建设。《实业计划》由 6 大计划共 33 个部分组成。

1924 年 11 月 13 日，孙中山自广州出发，至香港转乘春阳丸轮赴北京。
图为孙中山、宋庆龄在春阳丸轮上的留影

第一计划：核心思路是建造北方大港，选址在渤海湾，即大沽口和秦皇岛的中间。以北方大港为起点建设西北铁路系统，该系统由八线组成，自东而西、由南而北，延展于整个中国的东北、北方、西北大地上，远至边陲。若是修成西北铁路系统并与西伯利亚的铁路相联络，则北方大港就成了整个沿线上距离海边最近的海港。

第二计划：核心思路是建造东方大港。该港的建造地址有两种方案。一种方案是选择在杭州湾，位于乍浦岬和澉浦岬之间，另一种方案是选择在上海。并提出在上海建造东方大港的最大问题是长江的泥沙淤塞问题，如能妥善解决这一问题，上海能被建造成为国际性的大都市。

第三计划：核心是建设南方大港，建港的地址选在广州。自近代以来，广州就是中国南方最大的头等海港和商务中心，虽然从香港成为英国的殖民地后，广州的国际地位被香港所取代，但它仍然不失为中国南部的商业中心。所以应由广州起，向西南各重要城市、矿产地开辟铁路线，使它们都与南方大港相连，使之成为中国南方海陆交通的枢纽。

第四计划：核心是开发中国的交通事业，建立比较完备的铁路运输体系。它包括：中央铁路系统、东南铁路系统、东北铁路系统、扩张西北铁路系统、高原铁路系统，创立客货列车制造厂，甚至构想了青藏铁路。

第五计划：前面四项计划所解决的是中国关键的基础工业问题，当这些问题解决以后，其他多种工业都自然会在全国范围内兴起。港口、城市、交通建设，可以解决大量的就业问题，工资将会增高，随之而来的是生活必需品及享受品的价格上涨。所以，除了发展中国的港口和城市建设、交通运输工业外，还必须发展中国的农业和轻工业，为人民提供丰富的物质生活必需品。

第六计划：进一步开发中国的矿业。孙中山提出，矿业是工业的根本，中国矿业包括：铁矿业、煤矿业、油矿业、铜矿业、特种矿的开采业、矿业机器制造业以及设立冶矿机器厂。以上各种矿物资源的开采，都应当由政府统一规划和管理，可以采取公办和私营的方式。

遗憾的是时值乱世，《建国方略》中的很多设想没有得到实施，但后人对其倾尽毕生精力所追求的伟大事业感到赞叹和钦佩，同时也为中国工程界所面临的光辉未来而感到骄傲。

4. 实业救国与民族工业起步

清末民初，"实业救国"思潮在中国兴起。这种思潮的兴起，与民族危机的不断加深，资产阶级群体意识的形成和资产阶级革命运动的高涨分不开。实业救国论者主张工商立国，反对重农抑商，要求用资本主义工商业取代传统的小农经济，用资本主义的生产方式和经营方式取代封建的生产方式和经营方式。这些思想大大改变了人们的观念，动员了社会各阶层投入到实业建设中来。实业救国需要工程师，中国工程师在这个阶段伴随着民族工业的出现，更加活跃地投身于工程实践之中。

实业救国思潮兴起之初，多数人只是强调商务是致富之源。20世纪初期，著名实业家张謇却提出用"振兴实业"代替"振兴商务"，并且提出了轻工业以棉为纲、重工业以铁为纲的"棉铁主义"思路，主张集股商办公司、改进工艺、提高产品质量等一系列经营管理方针。辛亥革命后，这些思想被进一步加强，尤其是孙中山提出的经济发展蓝图"实业计划"，反映了民国初年实业救国思潮不断走向深入。

辛亥革命后，从1912年到1919年，尤其是第一次世界大战期间以及战后的数年，是我国民族资本主义工商业迅速发展的时期。"一战"期间，欧洲各帝国主义国家忙于互相厮杀，暂时放松了对中国的经济侵略，使处于夹缝中的中国民族工业得到发展的机会，这段时期号称是近代商人的"黄金时代"。这一时期新式企业的发展与洋务运动以及清末新政时期的企业发展有着不同的特征。洋务运动是以国家资本主义为主，重点是发展重工业，而"黄金时代"则是以私人资本为主，侧重于发展轻工业，其中以棉纺织业和面粉业最为成功。近代实业家的主要代表人物有范旭东、吴蕴初、方液仙、陈蝶仙等，在他们身边聚集了一大批工程师。

5. 抗战时期中国工程师的爱国精神

1931年9月18日，日本在中国东北蓄意制造并发动了一场侵华战争，称为"九一八"事变。此次事变后，日本与中国之间的矛盾进一步激化，自此抗日战争在中国爆发。作为工程界的领导者与组织者，中国工程师学会立即开始了加强国防建设的研讨，为帮助中华民族赢得抗战胜利，学会首先成立了专门的军事研究机构。

1931年12月，中国工程师学会成立了战时工作计划委员会，择定针对兵器弹药、战地工程材料、钢铁、煤、油料、酸及氯、铜锌铝、酒精、皮革、糖、纸、机械、电工、运输等14项进行研究。1932年2月，中国工程师学会上海分会成立了国防技术委员会，并制定了详细章程。该委员会每日下午集会，就军事技术、国防计划、国防问题等开展研讨，直至上海沦陷才转移到后方。

1937 年 7 月 7 日深夜，卢沟桥事变爆发。日军先后攻陷华北、淞沪、南京，侵占中国大量领土。抗日战争期间，国共合作形成了抗日民族统一战线，全国人民团结抗战。西南和西北地区成为中国抗战的大后方。日本对沦陷区的工矿企业采取了军事管理、委托经营、中日合办、租赁、收买等多种掠夺方式，大肆掠夺占领地区的工矿企业，严重破坏了中国经济。当时，战地工事、枪炮、电信、弹药等军事工程技术方面的需求极为迫切。1937 年 9 月，中国工程师学会在战时工作计划委员会基础上又成立了军事工程团，1938 年改为军事工程委员会，集中开展与军事有密切关系的土木、机械、化学、电信等工程的研讨。陈体诚、胡庶华、凌鸿勋、翁文灏、恽震、沈怡、罗英、茅以升等科技专家和工程师当时都是学会的积极参与者。

6. 翁文灏与西南大开发

"九一八"事变后，国民政府针对日本侵略威胁，开始有计划地为长期抗战做准备。1932 年 11 月 1 日，国民政府正式成立国防设计委员会，开始进行中国的国防调查、统计、设计和计划工作。1935 年 4 月，国防设计委员会由参谋本部改隶军委会，更名为"资源委员会"（简称"资委会"）。1938 年 3 月，资委会改隶经济部，时任经济部部长翁文灏兼任主任委员。资委会为国民政府属下一专门负责工业建设的机构，其兴办的工矿企业是国民政府国家资本的重要组成部分。

负责这一工作的官员学者翁文灏（1889—1971）是浙江宁波人，1908 年，他考取浙江省官费留学资格，赴比利时留学。他最初填报的志愿是铁路工程，后来改学地质学，并于 1912 年获得地质学博士学位，是近代以来中国第一个获取地质学博士学位的人。学成归国后，翁文灏担任过北洋政府地质调查所所长、北京大学地质学教授、清华大学代理校长等职。1932 年，翁文灏担任国防设计委

员会（即资委会的前身）秘书长，后又历任国民政府行政院秘书长、行政院副院长、院长等职。他不仅是我国现代地质学的奠基人，而且对抗战期间中国大西南的开发做出了重大的贡献。

抗战爆发，中日战争进入相持阶段时，大后方急需各种物资，尤其是军用物资需求更大。由于抗战前全国工厂总数的60%集中在上海、天津、武汉、广州等大城市，需将一大批国营厂矿、兵工厂及上海等地的民营企业内迁。

翁文灏（1941年摄）

1937年9月27日，资委会秘书长兼工矿调整委员会主任委员翁文灏主持会议，就内迁的原则、路线等做了专门研究。内迁的原则是人才第一，图样次之，机器材料又次之。从1937年8月中旬到11月12日上海沦陷，共有148家企业从上海迁至内地，其中包括2 100多名工人，12 400余吨的机器设备。

鉴于工业是国防力量的基础，翁文灏在西南地区积极发展钢铁业、机械制造业、电器制造业、电力业、石油业等。根据抗战前翁文灏对煤铁资源蕴藏情况的调查，计划将后方钢铁业的基地设于四川、云南。为此，他首先积极开发川、滇两省的綦江、涪陵、彭水、易门等铁矿。企业内迁西南后，迫切需要解决电力问题。在翁文灏领导下的资委会决定将原汉口、宜昌、长沙等地发电设备内迁西南，并创办新电厂，在成、渝、昆三个地区，设立电厂，建设电力供应网，以供企业所需。

翁文灏组织的沿海厂矿内迁，对包括西南在内的大后方经济开发产生了巨大的影响，也为抗战奠定了一定的物质基础。在翁文灏主持下的资委会优先发展重工业，生产大量的军用物资和生活资料，不仅增强了广大军民持久抗战的信心，也为抗日战争提供了军用物资，同时，缩小了东西部地区之间的发展差距。西南形成了不少工业区，引进了先进的管理经验和众多的技术人才。

二、近代中国工程教育的起步与发展

1. 传播西方工程技术的先驱者

洋务运动期间，李鸿章上书朝廷，建议除八股文考试之外，还应专设一科来选拔工艺技术人才。在这种情况下，中国出现了一批传播西方工程技术的先驱者，徐寿就是其中的一位代表人物。

徐寿（1818—1884），江苏无锡人，清末科学家，中国近代化学的启蒙者。青少年时，徐寿学过经史，研究过诸子百家，常常表达出自己的一些独到见解，因而受到称赞，然而他却未能通过取得秀才资格的童生考试。经过反思，他感到学习八股文实在没有什么用处，毅然放弃了通过科举考试做官的打算。此后，他开始涉猎天文、历法、算学等书籍，准备走科技救国之路。在徐寿的青年时代，我国尚无进行科学教育的学校，也无专门从事科学研究的机构。徐寿学习近代科学知识的唯一方法是自学。同乡华蘅芳是他的学友，他们经常共同研讨遇到的疑难问题，相互启发。

1853 年，徐寿、华蘅芳结伴去上海，拜访了当时在西学和数学上已颇有名气的李善兰。李善兰正在上海墨海书馆从事西方近代物理、动植物、矿物学等书籍的翻译。他们虚心求教、认真钻研的态度给李善兰留下了很好的印象。这次从上海回乡，他们不仅购买了许多书籍，还采购了不少物理实验仪器。回家后，徐寿根据书本上的提示进行了一系列的物理实验。买不到三棱玻璃，他就把自己的水晶图章磨成三角形，用它来观察光的七彩色谱。坚持不懈的自学，实验与理论相结合的学习方法，终于使他成为远近闻名的掌握近代科学知识的学者。

1861 年，曾国藩在安庆开设内军械所，聘请徐寿和他的儿子徐建寅，以及包括华蘅芳在内的其他一些学者参与研制任务。徐寿和华蘅芳眼看当时外国轮船在中国的内河横冲直撞，十分愤慨，他们决心通力合作，制造我国自己的蒸汽机。一无图纸，二无资料，他们仅靠从《博物新编》上看到的一张蒸汽机略图，又到停泊在安庆长江边的一艘外国小轮船上观察了整整一天，经过反复研究和精心设计，以及三个月的辛勤工作，终于在 1862 年 7 月制成了我国第一台蒸汽机，这也成为中国近代工业开端的标志性事件。

蒸汽机试制成功后，1863 年，徐寿、华蘅芳等工程师开始了试制蒸汽动力舰船的工作。当时，清军水师使用的都是帆桨动力的战船，航速慢且易受风向、风力、潮流的影响，远比西方列强的蒸汽动力舰船落后。1864 年，安庆内军械所迁到南京。1866 年 4 月，在徐寿、华蘅芳主持下，南京金陵机器制造局制造出中国第一艘蒸汽动力舰船——"黄鹄号"。"黄鹄号"长 18.3 米，排水量 45 吨，木质外壳，主机为斜卧式双联蒸汽机，每小时可行约 12.8 千米。1868 年，《字林西报》（上海英商办）报道了中国在没有外国帮助的条件下，制造出第一艘蒸汽船"黄鹄号"的消息。

徐寿、徐建寅父子和华蘅芳等人再接再厉，先后在上海江南制造局又设计和制造了"惠吉"、"操江"、"测海"、"澄庆"、"驭远"等舰船，从而开创了中国近代造船工业的新局面。

徐寿的次子徐建寅，从小跟随父亲做科学试验，17 岁进安庆内军械所从事科学研究。1900 年，应张之洞的邀请到湖北汉阳钢药厂，他去后几个月就制成并组织生产了我国第一代无烟火药，冲破了洋人对我国的技术封锁。1901 年 3 月 31 日，徐建寅因火药意外爆炸献出了宝贵生命，是我国近代第一位殉难于科技事业的专家。

2. 江南制造局翻译馆与近代工程学的传播

1866 年底，李鸿章、曾国藩要在上海兴建江南机器制造总局，徐寿被派到上海。徐寿到任后不久，根据自己的认识，提出了办好江南机器制造局的四项建议："一为译书，二为采煤炼铁，三为自造枪炮，四为操练轮船水师。"之所以将译书放在首位，因为徐寿

徐寿（右）与华蘅芳（中）、
徐建寅（左）在江南制造总局
翻译馆合影

《化学鉴原》书影

认为，办好这四件事，首先必须学习西方先进的科学技术，译书不仅使更多的人学习到科学技术知识，还能探求科学技术中的真谛，即科学方法和科学精神。

1868年，徐寿在江南机器制造总局内专门设立翻译馆，总办为冯焌光和沈宝靖，翻译馆除招聘了傅兰雅、伟烈亚力、玛高温等几个西方学者外，还召集了华蘅芳、季凤苍、王德钧、赵元益及徐寿的儿子徐建寅等略懂西学的人才。在30年的译书生涯中，徐寿单独翻译或与人合译西方书籍129部，涉及基础科学（57种）、应用科学（48种）、军事科学（14种）、社会科学（10种）等各方面。其中应用科学的48种里包含制造18种、工程测量10种、医药卫生8种、航海工程5种、农业2种、其他5种；有西方近代化学著作6部63卷，包括《化学鉴原》《化学鉴原续编》《化学鉴原补编》等。

京师同文馆大门

中国近代很多重要的工程学著作皆由傅兰雅译入，他是在华外国人中翻译西方书籍最多的人。1867年下半年到1868年上半年，傅兰雅等人共译出西书4种，即《汽机发轫》《汽机问答》《运规约指》和《泰西采煤图说》，首次全面系统地介绍西方机械、矿冶技术，成为我国最早出版的一批工程学书籍。

1874年，为了传授科学技术知识，徐寿和傅雅兰等人在上海创建了格致书院。这是我国第一所传授科学技术知识的学校。它于1879年正式招收学生，开设矿物、电务、测绘、工程、汽机、制造等课目，同时定期举办科学讲座，讲课时配有实验表演，收到较好的教学效果，为我国兴办近代科技和工程教育起了很好的示范作用。在格致书院开办的同年，徐寿等人还创办发行了我国第一种科学技术期刊——《格致汇编》，该期刊实际出版了7年，介绍了大量西方科学技术知识，对近代西方科学技术知识在中国的传播起到了重要作用。

除江南制造局翻译馆外，京师同文馆的建立也对近代早期工程教育起到促进作用。1860年，清政府成立总理各国事务衙门，作为综合管理洋务的中央机关。两年后，设立同文馆，附属于总理衙门，同文馆设管理大臣、专管大臣、提调、帮提调及总教习、副总教习等职。总税务司英国人赫德任监察官，实际操纵馆务。先后在馆任职的外籍教习有包尔腾、傅兰雅、欧礼斐、马士等人，中国教习有李善兰、徐寿等人。美国传教士丁韪良自1869年起任总教习，历25年之久。除京师同文馆外，洋务运动中同类性质的翻译馆还有上海广方言馆、广州同文馆、新疆俄文馆等。

3. 福州船政学堂与本土工程师的培养

1866 年 6 月，闽浙总督左宗棠在福州马尾设置船政局，同时附设船政学堂。1867 年初，福建船政学堂正式开学，成为我国近代第一所专门的工程教育机构。学堂分为制造学堂和驾驶学堂，制造学堂又称"前学堂"，使用法语授课，又分为造船学校、设计学校和学徒学校，三个学校的培养目标分别是"使学生能依靠推理、计算来理解蒸汽机各部分的功能、尺寸，因而能够设计、制造各个零件，使他们能够计算、设计木船船体，并在放样棚里按实际尺寸划样"、"培养称职的人员，能绘制生产所需要的图纸"和"使青年工人能够识图、作图，计算蒸汽机各种形状、部件的体积、重量，并使他们达到在各自所在车间应具有的技术水平"。驾驶学堂又称"后学堂"，使用英语授课，分航海学校和轮机学校，航海学校的课程包括算术、几何、代数、直线和球面三角、航海天文、航海技术和地理等，轮机学校的学习目标是指导学生掌握蒸汽机的理论和实践知识，并组织他们进行实际操作。[1]

福州船政学堂前后办学 47 年，毕业生共 637 人，为近代中国培养了一大批造船专家和海军指挥人才，也培养了一批掌握近代军事工程技术的专门人员，客观上推动了近代军事工程的起步。福州船政学堂建立后，天津水师学堂、天津武备学堂、江南陆师学堂、湖北武备学堂等相继建立，它们大多聘请国外工程师任教，教授近代军事和机械工程知识。据不完全统计，当时为发展军事而成立的此类学堂共有 14 所之多。

此外，19 世纪 70 年代后，全国各地还出现了各种实业学堂，如电报、铁路、矿物学堂等。从京师同文馆到福州船政学堂，再到各种实业学堂，中国近代的工程教育、学术和技术渐渐开始发端，但在这个过程中，尚未产生真正意义上的职业工程师。学习"技术"和"实业"更像是他们步入仕途的敲门砖。以京师同文馆为例，该

1　王列盈，《福州船政学堂与中国近代高等工程教育起步》，《高等工程教育研究》，2004 年第 4 期。

馆毕业生"升途"或为"随使出洋"，或为"升迁出馆"，少数进入天津武备学堂、天津电报局等机构担任教习。之后的军事学堂也都类似，毕业生基本服务于南洋、北洋各舰。各实业学堂所培养的技术人员更偏向于技术工人，不符合近代工程师作为"工程的设计者"的角色定位。尽管如此，这些新式学堂在传播近代工程学及培养工程技术人员方面仍功不可没。知识、技术的传入与工程技术人员的培养为近代职业工程师群体的出现做好了准备。

4. 留学生与中国近代工程师培养模式

洋务运动期间，派遣留学生被当作培养近代军事和科技人才的一个重要途径。对于中国近代工程建设来说，留学生群体所发挥的作用和影响更大。中国第一批近代工程师产生于晚清留美幼童当中。他们最早走出国门，接受系统的西方工程学教育，成为中国近代工程事业的先驱。

提到晚清留美幼童，就不得不提到一位重要的近代教育家——容闳。容闳（1828—1912），广东香山县（今中山市）南屏村（今珠海市南屏镇）人，中国近代著名的教育家、外交家和社会活动家。容闳毕业于美国耶鲁大学，是中国留学生事业的先驱。他建成了中国近代第一座完整的机器厂——江南机器制造总局，组织了第一批官费赴美留学幼童，在中国近代西学东渐、戊戌变法和辛亥革命中，都做出了不可磨灭的贡献。

1872年，总理衙门从各地挑选了30名幼童，在监督陈兰彬和容闳的带领下赴美。此后，其余90名幼童也陆续奔往太平洋彼岸。这批留美幼童进入美国之后，表现非常优秀。耶鲁大学校长朴德（NoahPorter）曾经致信总理衙门称："贵国派遣之青年学生，自抵美以来，人人能善用其光阴，以研究学术。以故于各种科学之进步，成绩极佳"。经过一段时间的学习，他们大多在美国的中学毕业，并进入大学。例如詹天佑入耶鲁大学土木工程系学习铁路工程；欧阳赓入耶鲁大学学机械工程；吴仰曾入哥伦比亚大学学习矿冶；梁如浩考入

晚清早期赴美留学幼童临行
前在轮船招商总局门口合影

1905 年"中国首批官派留美幼童"部分人员合影

麻省斯蒂文工学院；吴应科、苏锐钊进入纽约州的瑞沙尔工学院。

随着时间的推移，留美幼童逐渐融入美国社会。清政府与留美幼童的矛盾日趋尖锐，再加上美国朝野又出现排华潮，内外夹攻之下，1881 年 6 月清政府决定全部撤回留美幼童。在清政府的强迫下，除以前因事故撤回及在美病故 26 名外，94 名留美幼童不得不于 1881 年 8 月陆续回国。虽然未能按照原定计划留学 15 年，但留美幼童在美期间接受了较为完整和严格的西方近代科学训练，他们的科学知识和素养很快就在国内各个行业中得到体现。

留美幼童归国后很快在外交、军事、经济各领域发挥着重要作用，这其中包括后来担任过外交总长的梁敦彦、曾任内阁总理的唐绍仪、曾用英文撰写《唐诗英韵》的蔡廷干。不过贡献最大的还是在矿冶和铁路等近代工程事业方面，詹天佑就是其中的代表。

据统计，留美幼童返国后，主要从事近代实业的有 50 人，将近占到总人数的一半。其中从事交通运输者 20 人，有交通总长 3 人、铁路局长 4 人、铁路工程师 7 人、在铁路系统从事其他工作的 6 人；从事工商企业者 14 人，有矿业工程师 6 人、经营商业者 8 人；

从事电信事业者 15 人，有电报局官员 7 人、在电报局工作的 8 人；从事军事工业者 1 人，在兵工厂担任秘书。这 50 位留美幼童怀揣"科技救国"和"实业救国"的理想，用自己扎实的专业知识和忍耐坚毅的精神，传播西方的先进技术，在很大程度上填补了中国走向近代化的人才空缺，得到了社会和政府的认可和重视。数十年以后，他们大多成为铁路、矿山、工厂、企业等经济建设部门的开创性人物或技术骨干。

"幼童留美计划"虽然半途而废，但它的影响和意义深远，堪称"中华创始之举，抑亦古来未有之事"。而关于留美幼童历史地位的评价，历来说法不一。洋务运动期间，一些改良主义思想家评价甚高；而一些封建官吏多持批评态度。不过，随着历史的发展，留美幼童的社会作用渐次地显现出来，特别是他们对中国近代工业发展的重要意义为更多的人所认识。

留美幼童之后，中国学生赴美留学虽未间断，但数量却极有限。直到 1908 年庚款留美生的大量选派，留美高潮才开始出现。1900 年，美国通过《辛丑条约》从中国获得了大笔赔款，史称"庚款"。后经过交涉，美国的一些议员出于在华长远利益考虑，提出退还大部分"庚款"，作为中国向美国派遣留学生的经费。1908 年 5 月，美国国会正式通过议案，决定从 1909 年到 1937 年，逐年拨款资助中国赴美留学生。

1909 年，选拔出的第一批庚款留美生 47 人搭船赴美留学，揭开了中国近代庚款留学的序幕。为了更好地选拔和培训留美生，游美学务处于 1911 年创办了清华学堂，作为赴美留学的预备，各省选拔的学生先入清华学堂学习预科，通过考试后方能赴美留学。据统计，1909 年至 1929 年间清华学堂工程科目留美学生的人数为 404 人，在留美人数中占比 31.3%。在早期庚款留美生中产生了很多近代工程师，他们在美接受了良好的工程学训练，成为继詹天佑、颜德庆等人之后的中国第二代工程师，代表人物有胡刚复、秉志、徐佩璜、周仁、胡博渊等。他们回国后成为中国近代各专门工程学科的先驱。

除了留美学生外，留日、留欧学生当中也产生了一批杰出的近代工程师。1896 年，清政府派唐宝锷等 13 名学生赴日，揭开了近代中国学生赴日留学的序幕。初期的留日学生所学专业恰恰与留美生相反，以军事和法政科居多，理工科极少。这种状况迫使清政府在官费支持上做出调整。1908 年 3 月，学部开始限制法政科留日学生人数。同年 12 月明确规定：“凡官费出洋学生，一律学习农工格致各项专科，不得任意选择……自费生考入官立高等以上学校改给官费者，以习农工格致医四科者为限。”自此，修读理工科专业的留日学生逐渐增多，为培养中国工程师创造了条件。

中国近代留学欧洲起始于 1875 年，那年福州船政局派遣技术人员随日意格（Prosper Giquel）到欧洲参观学习。较大规模的官派留欧学习是福建船政学堂派遣的学生，但其人数也不过数十名，学习的专业主要是轮船的驾驶和制造。留学生回国后，大多分配在海军和兵工厂工作，为海军的近代化和新式武器的制造做出了贡献。例如 1875 年赴法国马赛学习的魏瀚，回国后进入福州船政局，与杨廉臣、李寿田等人合作，刻苦钻研，终于制造出了中国人自行设计的当时国内最大的一艘巡洋舰——“开济号”。

5. 近代高等工程教育体系的雏形

中国近代工程教育始于晚清，主要是以洋务运动中兴办的各种西式学堂为载体，而真正意义上的高等工程教育始于中日甲午战争以后的北洋大学。1895 年，时任津海关道的盛宣怀，通过直隶总督王文韶上书光绪皇帝，申请设立天津中西学堂，主要培养工程技术人才。当年 10 月“天津北洋西学学堂”招生开学，该学堂设立头等学堂（相当于大学本科）和二等学堂（相当于大学预科），其中头等学堂设立了法科和土木工程、采矿冶金、机械工程三个工程类学科，这个学堂也成为中国近代史上第一所高等学校。

近代中国动荡的环境使学堂建成后校名更替频繁，达 16 次之多，但国内外通称其为北洋大学。北洋大学建校伊始就明确了“兴学救国”的创办宗旨，以“工业救国”为己任，其创立的三个工科专业在 1895 年都招收到学生。1897 年，增设铁路专科，1898 年，又设铁路学堂。1912 年以后，北洋政府统治中国，北洋大学的地位得到进一步提高。1914 年，当时的教育部颁布全国大学教育新体制，北洋大学和北京大学、山西大学被列为中国最早的三所国立大学。1917 年，北洋大学与北京大学进行院系调整，北大以文理科为主，北洋大学以工科为主，北洋大学的法科全部调往北大，北大的工科各系迁往北洋大学，北洋大学成为以工科为特色的著名学府。北洋大学在清朝末年（1895—1911）培养的本科毕业生和肄业生共 379 人，其中出国留学者 57 人，法科 13 人，俄文班 14 人，师范班 69 人，各工科学生 226 人。毕业生当中有一批在后来成为著名人物，如王宠惠、王宠佑、秦汾、温宗禹、张伯苓、马寅初、李晋、王正廷等。

1896 年，盛宣怀在上海创办南洋公学。出于分工布局的考虑，北洋着重培养工程技术人才，而南洋则应为培养政治家的摇篮。但后来南洋办学目标也发生了变化，一是受实业救国的影响，二是上海当时地处富庶的江浙地区中心，是中国对外贸易的主要口岸，接触西方频繁，需要工程人才。又由于学校办学大权是由董事会决定的，要考虑捐款各商家的利益，因此南洋公学逐渐转变，开设了商科、航海、轮机、电机四科，逐渐转变为以工、商科为主的大学。南洋公学也经历多次改名，归属也多次变更。最初隶属邮政部，至民国邮政部改交通部，南洋公学归交通部管辖后更名为"交通部上海工业专门学校"。随后民国交通部将多所学校合并（含交通部上海工业专门学校），成立了交通大学。

当时其他少数学校如山西大学、唐山路矿学堂，也有工科高等教育，但规模和质量远不及北洋、南洋。创建于 1896 年的山海关北洋铁路官学堂，也是近代中国早期创办的工程学院之一，后迁到唐山，更名为唐山路矿学堂，成为中国近代交通、矿冶、土木工程教育的发源地。该校校名几经更改，先后有交通大学唐山学校、交通部唐山大学、唐山交通大学、交通部第二交通大学、交通大学唐山土木工程学院、交通大学唐山工程学院之称，但此后习惯上称之为"唐山交通大学"。1971 年该校迁往四川，更名为西南交通大学。

三、中国近代冶金工程师

1."中国近代实业之父"盛宣怀与汉阳铁厂

盛宣怀（1844—1916），出生于常州。秀才出身，官办商人、买办，洋务派代表人物，著名政治家、企业家和慈善家，被誉为"中国实业之父"和"中国商父"。盛宣怀在世时，创造了 11 项"中国第一"：第一个民用股份制企业——轮船招商局；第一个电报局——中国电报总局（因设在天津，又称"天津电报局"）；第一家银行——中国通商银行；第一个内河小火轮公司；第一个钢铁联合企业——汉冶萍公司；第一条铁路干线——京汉铁路；第一所高等师范学堂——南洋公学（交通大学前身）；第一个勘矿公司；第一座公共图书馆；第一所近代大学——北洋大学堂（天津大学前身）；他还创办了中国红十字会，被清政府任命为中国红十字会第一任会长。

从 19 世纪 70 年代之后，清政府认识到"必先富而后能强"，由过去仅仅投资军事工业，转而在兴办军用工业"求强"的同时，开始"求富"，倡导民用工业的建设，并试图以此为军用工业拓开财源。当时，中国工业所需钢铁原料主要依赖进口，造成白银大量外流。随着铁路建设的兴起，国内对钢铁需求激增，创办近代钢铁工业已成当务之急。1890 年建成的贵州清溪铁厂是中国近代钢铁工业的开端，但它在仅仅投产数月之后，便因缺少专门的技术经验等原因而过早地失败了。

几乎在清溪铁厂关闭的同时，湖广总督张之洞在汉水南岸开始筹建汉阳铁厂。早在任两广总督时，张之洞就曾委托驻英公使刘瑞芬向英国订购冶炼炉及各种机器。光绪十五年（1889 年）张之洞调任湖广总督，他奏请将在广州购置的冶炼厂设备一并移到湖北。1890 年 6 月，铁政局在武昌水陆街创办，9 月，汉阳铁厂厂址在大别山（今龟山）下勘探完成。汉阳铁厂从开工到建成，历时 2 年

汉阳铁厂旧影

10 个月，整个工程包括炼钢厂、炼铁厂等 10 个分厂的建设。1894 年 6 月 28 日开炉炼铁。

汉阳铁厂是当时亚洲最大的钢铁联合企业，它的建成甚至被西方视为中国觉醒的标志。汉阳铁厂投产后正值甲午战争爆发，清廷财政困难，为了解决汉阳铁厂的困境，洋务派提出了招商承办的办法，张之洞保举盛宣怀，1896 年，盛宣怀接手汉阳铁厂，从此，铁厂由官办改为官督商办。

1904 年 3 月，盛宣怀派李维格率外籍工程师到欧美考察炼钢工艺、购置炉机设备，委托卢森堡人吕贝尔为总工程师，对铁厂进行改造、扩建。1897 年铁厂开始向京汉铁路供应钢轨。1904 年京汉铁路即将建成之际，盛宣怀决定对汉阳铁厂进行改扩建，1908 年改造工程初见成效，为再次筹集资金，盛氏决定将汉阳铁厂、大冶铁矿、萍乡煤矿合并成立汉冶萍煤铁股份有限公司（又称"汉冶萍公司"），合并之后的汉冶萍公司成为当时远东最大的钢铁联合企业。汉阳铁厂产品曾出口到日本、美国、暹罗（泰国）、新加坡、秘鲁、爪哇（印尼）等地。第一次世界大战后，钢铁价格急剧下跌，国内军阀混战，汉阳铁厂生产受到严重影响。在经历了 1908 年后近 10 年短暂的黄金时期之后，1921 年，民国政府改变钢轨标准，造成近 5 万吨钢轨报废，炼钢被迫停产，炼铁先后停炉，至 1924 年汉阳铁厂全部停产，汉冶萍公司从此走向衰落。

汉冶萍公司作为 1915 年之前中国唯一的现代化钢铁联合企业，为甲午战争之后这一批出国学习矿冶等专业的学生提供了一个学以致用的平台，尽管公司在工业化进程中并未走得更远，却成就了第一代中国自己的钢铁工程师群体。辛亥革命以后，尽管汉冶萍公司仍然雇用一些外籍工程师，但越来越多的留学生成为公司技术骨干。至 1918 年，公司 90% 以上的技术人员是中国人，各主要生产部门中几乎所有的技术负责人和工程师、副工程师都是留学海外、学有专攻的中国留学回国人员。

1937 年抗战爆发六年后，国民政府军政部兵工署及资源委员会设立钢铁厂迁建委员会，将汉阳铁厂设备及大冶铁厂、铁矿部分设备运往四川重庆大渡口另建。10月24日武汉卫戍司令部和警察局将汉阳铁厂难以拆运的设备炸毁。汉阳铁厂在其生产期间共产铁240余万吨，钢60余万吨。京汉铁路约有1 000千米铁路是由汉阳铁厂生产的钢轨铺设而成。

2. 以吴健为代表的中国第一批冶金工程师

由于没有本国的技术人员，辛亥革命之前，外籍工程师直接指挥了汉冶萍公司所有的生产技术活动，使中国人在尚不具备技术能力的情况下生产出了钢轨和其他钢铁制品。以汉阳铁厂为例，从1890年筹建到1912年首次由中国人担任总工程师为止的22年间，先后有5名外籍技术人员担任总工程师，同时还聘请了一批外籍人员担任各生产环节的技术人员。汉阳铁厂各工种工人分为领工、工头、匠目、匠首、工匠、长工、小工、长夫等，其中，匠目、匠首、工匠可视为技术工人，匠目和匠首为熟练技术工人。1912年之前，铁厂的匠目和匠首几乎全部由外籍人员担任。

汉阳铁厂的管理者备感缺少本土工程师所带来的高昂代价和痛苦，下决心培养自己的工程师。从1902年起，汉阳铁厂及之后的汉冶萍公司陆续资助选送了至少10名中国人到英国、美国、德国、比利时等国家的大学专攻与钢铁冶金相关的专业，这是当时中国为数不多的由商办企业出资派遣留学生的行为，这批留学生也成为中国第一批接受系统的西方教育并获得学位的钢铁工程师。

吴健是中日甲午战争之后中国首批前往欧美的留学生之一，时为南洋公学英文教员。他也是该批唯一一个受汉阳铁厂委托培养、中国第一个攻读冶金专业的留学生。

1902年，吴健抵达英国，先在伦敦的城市技术学院学习了一段时间后，于1904年进入谢菲尔德大学攻读冶金专业。他是该校第一位外国学生，也是该校首批获得冶金专业学士学位和硕士学位的学生之一，他非常幸运地参加了1908年7月2日的谢菲尔德大学第一届学位授予典礼。这所新兴的大学迎来了自己崭新的历

史，也为中国培养了第一位钢铁工程师。吴健还于 1907 年通过
了钢铁冶金职业会员认证（AISM：Associate Ship in Iron and Steel
Metallurgy），这是一项高标准的资格认证。

　　1908 年底，吴健回到汉阳铁厂，成为汉阳铁厂第一位中国工
程师。1908 年对汉阳铁厂来说是充满希望的一年，1905 年开始的
大规模技术改造初见成效，新建成的一、二号平炉炼钢炉于 1907
年开炼，所炼钢品质纯正，克服了技术改造前含磷过高的问题，受
到国内外客户的青睐；250 吨的三号高炉的建设顺利进行；萍乡煤
矿基建工程完工，汉冶萍公司的成立解决了铁矿和燃料的后顾之
忧，铁厂甚至开始实现盈余。

　　1911 年，辛亥革命爆发，地处汉阳的铁厂设备遭到前所未有
的破坏，铁厂全面停产，盛宣怀到日本避难，外籍工程师撤回上海，
多数人离开了中国，只有总工程师吕柏选择留下。1912 年，远在
日本神户的盛宣怀因与日本借款的合同约定，迫切需要铁厂重新开
炉。1912 年 2 月，吴健被委任为总工程师，负责铁厂设备修复及
恢复生产的工作。

　　对于汉阳铁厂来说这是一个非常有意义的时期，铁厂的第一任
中国总工程师吴健带领着刚刚回国不久的几个中国学生严恩棫、卢
成章等进行着前所未有的高炉和其他设备的修复工作；前任外籍总
工程师吕柏也在厂中，给他的接班人以协助。当修复工作即将告成
之际，这位任期最久的外籍总工被任命为汉冶萍公司驻欧顾问，离
开了中国。1912 年 11 月，铁厂 1、2 号高炉恢复生产。

　　1925 年汉冶萍公司衰败，工程师们陆续离开，但吴健、严恩棫、
黄金涛、李鸣和等人继续致力于中国钢铁工业的发展。无论是早期
的扬子机器公司、龙烟公司的建设和生产，还是后期的中央钢铁厂
的筹建、抗战期间汉阳铁厂的迁建，以及在大后方四川重庆地区建
立钢铁企业，都有这批早期钢铁工程师的主持和参与。

四、中国近代矿业工程师

1. 实业家唐廷枢与开平煤矿

鸦片战争以后至 19 世纪 70 年代中期，外国资本家竞相在中国开办了 50 余家近代工业企业；中国通商口岸的开放，刺激了近代航运业的兴起；加之洋务派创办水师，引进大批新式舰船——所有这些，造成了煤炭的大量消耗。中国市场煤炭需求骤长，传统土法采煤已经远远不能满足供应。李鸿章等官员借筹办海防之机，多次上书朝廷，请求"开采煤铁，以济军需"，并最终获准。唐山近代煤炭开采业由此应运而生。

唐廷枢（1832—1892），生于广东香山县唐家村（今珠海市唐家镇）的一个农民家庭，自幼聪颖好学，曾在香港一所玛礼逊教会学校学习，练就了流利的英语。1848 年，唐廷枢 16 岁，到香港一家拍卖行做低级助手；1851 年进入香港巡理厅当翻译；1861 年出任怡和洋行金库管理，两年后升任怡和洋行总买办。

开平矿务局大楼

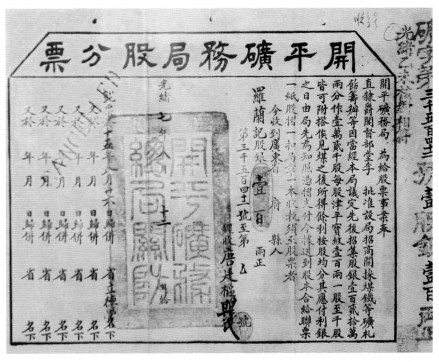

开平矿务局光绪七年（1881年）
发行的股票

1873 年，唐廷枢离开怡和洋行，参加了由直隶总督李鸿章主办的上海轮船招商局改组工作，并担任总办，唐廷枢靠出色的经营才干和在商界的广泛交谊，在商业经营中击败了外国竞争对手，奠定了中国航运业的基础。自步入实业界后，唐廷枢自营、合营或受清政府委托兴办了 47 家大小企业，其中居"中国第一"的企业就有 6 家。在这 6 家中，创办最艰难、成就最辉煌的就是开平矿务局。

1876 年 11 月，李鸿章将唐廷枢从上海调至天津，授命他筹建开平煤矿。接受任命的第二天，唐廷枢便偕英国矿业工程师马里斯来到开平镇一带勘察煤、铁资源，取得满意结果，并给李鸿章写了一份详细的勘察报告。李鸿章对唐廷枢的精辟分析和建议大为赞赏。1877 年 8 月，李鸿章经过缜密思考，权衡利弊，批准了唐廷枢的开矿报告。

1877 年 9 月，唐廷枢、丁寿昌、黎兆堂等三人会拟了在直隶境内创办近代大矿的招股章程十二条，准备在开平设矿务局，名为"开平矿务局"。章程规定了煤矿的性质、集资办法、经营方式、按股分成比例等内容。李鸿章十分赞赏这份渗透着资本主义经营色彩的股份制章程，几天后便批准照行。1878 年 7 月 24 日，开平矿务局正式在开平镇挂牌。

开平矿务局设立后，唐廷枢一方面在天津、上海、香港等地展开招商集股活动，一方面带领从英国雇来的几名工程师，以及从广东招募来的工匠在开平一带选址打钻探煤。经过反复比较，他们最后决定把开平矿务局的第一眼钻井放在距开平以西 20 里的乔家屯西南，这就是后来的唐山矿一号井（至今仍在使用）。几个月之内，井架、厂房、绞车房、工棚、供洋人居住的洋房及办公用房等在原本荒漠的乔屯一带平地而起。唐廷枢为这座中国近代第一矿起了个响亮的名字——唐山矿。

1881 年秋，唐山矿投产。煤矿在提升、通风、排水三个环节上实现了机械作业，为提高生产率及煤田的深部开发提供了有利条件。在经营上引进了西方国家的管理机制和方法，重金聘请英国工程师柏爱特指导监督生产，采用招商募股按股分成的方法募集资本，并按市场需要组织规模生产。投产当年产煤 3 613 吨；1883 年达到年产 7.5 万吨，超过先期投产的台湾基隆煤矿（最高年产 5.4 万吨）；1885 年产煤 24 万多吨，成为中国当时"官办"、"官督商办"的 10 余座煤矿中最成功的一个。

开平煤主要销售给上海轮船招商局、天津机器局和北洋水师等，香港及一些外国船只不久后也开始使用开平煤。1889 年至 1899 年十余年间，全矿盈利高达 500 余万两白银，相当于先后募集的 150 万两股本的三倍多。开平煤逐渐取代"洋煤"，占领了天津煤炭市场。

随着煤矿的正式出煤，运输成为瓶颈，而清政府却对修铁路仍持一贯的排斥态度，唐廷枢于勘察开平煤田时就提出的修建铁路计划，自然遭到朝中保守势力的反对。唐廷枢只好暂时放弃原来设想的从矿地至涧河口修建一条百里铁路的计划，改由胥各庄至芦台挖一条人工运河来运煤。在开凿运河时，他们发现胥各庄至唐山矿地一带地势逐渐升高，即使开通运河也难以储水通船，于是在 1881 年 6 月 9 日，建设工程队伍秘密动工，打着建"快车马路"的旗号，修建了一条唐山至胥各庄段的标准轨距铁路。同时，他们在开平矿务局胥各庄修车厂内，利用废旧材料，秘密地造出了一台蒸汽机车，取名"龙号"。1881 年 9 月 6 日，"龙号"机车一声长鸣，拉响了中国铁路运输的第一声汽笛。

开平煤矿修通铁路、造出机车的消息惊动了清廷，朝廷下令禁用。开平煤矿不得不拿掉机车车头改用骡马拉着车皮在唐胥铁路上运煤。后来，在李鸿章、唐廷枢的呼吁下，几经波折，又由一批清朝大臣亲自乘坐机车见证了安全可靠后，才允许机车正式行驶。

煤矿产量的增加，使运输矛盾日愈突出。唐廷枢再次给李鸿章上了一道禀折，又派开平矿务局总工程师英国人金达亲自去谒见李鸿章，面陈扩建铁路的重要性。李鸿章上奏朝廷，朝廷很快批准，从此开平煤可由矿地直接用火车运抵芦台。

1888 年，清廷将开平铁路公司改组为中国铁路公司（也称天津铁路公司），添招新股，将铁路扩展至天津，后又向东延伸至山海关，并以此为突破口，陆续开始了关内其他铁路的修建。此后，质优价廉的开平煤在不到一年的时间内就在华北一带占领了市场。

1888 年，唐廷枢购置 4 艘轮船，修缮或新建了天津、塘沽、上海、牛庄（营口）、香港等地煤码头，增开了林西矿，实现了两座现代大矿出煤、水陆运输并举的壮观景象。

1892 年 10 月，唐廷枢因病在天津逝世，当时朝野震动。李鸿章手书挽联，亲往吊唁。驻天津外国领事馆降半旗致哀。上海轮船招商局从招商局船队中选出一艘最好的轮船，命名为"廷枢号"，以示对他的永久怀念。

2. 中国近代矿业工程师群体

（1）吴仰曾

吴仰曾（1861—1939），第一批留美幼童之一。1872 年抵美，就读哥伦比亚大学一年后就被召回国，进开平煤矿工作，后被李鸿章送往英国伦敦皇家矿冶学院深造，精于数理化，通晓采矿工艺，编有《化学新编》。

1895 年，吴仰曾在南京的煤矿及铜矿担任局长兼总工程师。1897 年，他奉命查勘浙江、湖北的矿藏。1899 年，又回到开平矿务局担任副局长兼主任验矿师。八国联军侵华时，他组织"自卫队"保护矿产。一次与俄军将领力争，该将领恼羞成怒，竟用马鞭抽打这位 39 岁中国矿冶工程师。吴仰曾忍辱负重，使天津燃煤供应没有中断，更重要的是粉碎了帝俄掠夺中国矿产的阴谋。

工作期间，吴仰曾携带相机去热河等地实地勘查矿产，拍摄现场实况，为开发矿产提供了宝贵的第一手图片资料。他为中国的矿业工程奉献了一生。

（2）邝荣光

发现湘潭煤矿的邝荣光（1862—1962）是第一批留美幼童中最年轻的一位。他先是进入麻省的一所高中，之后考入哥伦比亚大学专攻矿工专业。毕业回国后，利用丰富的矿山开采经验，成功协助詹天佑修筑京张铁路。

1905 年，清政府成立直隶省矿政调查局，邝荣光担任总勘矿师。他通过实地踏勘，研究岩石和构造，探明并揭示了直隶省的地质状况，获得大量第一手资料，并根据这些资料，绘制出三份重要图件，于 1910 年前后发表。第一份图件为《直隶地质图》，比例尺约为 1：2 500 000，发表在《地学杂志》创刊号上，这是现今所见中国人自制的第一幅地质图。第二份图件为《直隶矿产图》，发表在《地学杂志》第 2 期上，图中标明了煤、铁、铜、铅、银、金等六种矿产资源在直隶省的分布状况。第三份图件为《直隶石层古迹图》，发表在《地学杂志》第 3—4 期上，绘有三叶虫、石芦叶、鱼鳞树、凤尾草、蛤、螺、珊瑚和沙谷棕树共 8 种化石，也是现在所见出自中国人之手的第一幅古生物化石图，成为中国地质学与古生物学的重要发端。

邝荣光还曾写过一篇关于直隶煤矿的报告书，于 1887 年在美国矿冶工程师学会上发表。晚年时，他还先后在东北本溪煤矿、临清煤矿担任总工程师。

以吴仰曾、邝荣光等为代表的留美幼童是中国第一批矿业工程师，他们开发了中国东北、华北、长江中下游等地区的矿产宝藏，为中国矿业的发展奠定了坚实的基础。其他对矿业发展有贡献的工程师有陈荣贵（第一批留美幼童）、曾溥（第二批留美幼童）、梁普照（第二批留美幼童）、邝贤俦（第三批留美幼童）等。

除此之外，在留美幼童之中还涌现出一批学有专长的工商管理人才，在上海江南制造总局、轮船招商局、北京海关总局、南京制币厂等处充任帮办、总办或经理。他们切实提高了近代企业的管理水平，加速了中国的近代化进程。

3. 中国近现代能源工业奠基人——孙越崎

孙越崎（1893—1995），浙江绍兴人，17岁考入绍兴简易师范学校，1913年考取复旦公学，1916年考入北洋大学，先学文科，后遵从父命，转学矿冶工程。五四运动期间，孙越崎参与领导了天津学生的反帝爱国运动，事后被开除学籍，在蔡元培先生的帮助下，转入北京大学矿冶系继续学习。

大学毕业后，孙越崎投身于中国近代能源工业。1923年，孙越崎以探矿队长的身份来到土匪和野兽经常出没的东北穆棱矿区，创办吉林穆棱煤矿（现属黑龙江鸡西矿务局）。次年该矿投产，产量逐年上升，年产量至1929年突破31万吨，成为当时北满地区唯一的一座产量高、效益好的新式煤矿。

孙越崎

1929年，孙越崎自费赴美留学，主攻矿冶专业。学成回国后，在南京国民政府国防设计委员会担任矿务专员，这期间，他对（天）

津浦（口）铁路沿线的煤矿进行了系统而深入的调查。1933 年，他又被委派到陕北地区调查石油资源，随后担任陕北油矿探勘处处长。

1934 年冬，孙越崎到河南焦作，先后担任中英合办的中福煤矿总工程师、整理专员、总经理等职。该矿是当时河南省最大的企业，拥有一万多名职工。孙越崎上任后，在精简机构、裁汰冗员的基础上，重点整顿工程，使积重难返、濒临破产的中福公司迅速扭亏为盈，该矿产量和销售量跃居全国第三位。1938 年 5 月，孙越崎被推选为四川天府矿业股份有限公司总经理，他上任后建立发电厂，实现了生产机械化；将矿洞截弯取直，扩大开高，铺设双轨运煤，更新通风设备；又改依靠包工头管理的"租客制"为"里工制"，由矿方直接招募、管理和支付工资，为生产发展提供了保障。1941 年，孙越崎被任命为甘肃油矿局首任总经理，负责创办玉门油矿。

1948 年底，国民党大势已去，孙越崎没有按照蒋介石的命令将工厂拆迁到台湾，而是带领资源委员会留了下来。在关系国家前途命运的 1949 年，他冒着生命危险，将资源委员会管辖的近千个大中型企业及三万多名科技、管理人员基本完整地移交给政府，为新中国成立后国民经济的恢复和发展起到了重要作用。

1949 年 5 月底，孙越崎辞去经济部长和资源委员会主任的职务离开广州，前往香港。1949 年，他被国民党开除党籍，并以叛国叛党罪通缉。1949 年 11 月 4 日，孙越崎携家眷经天津回北京。1950 年 3 月，他由邵力子介绍加入中国国民党革命委员会，任民革中央委员，并曾当选常委、副主席、监委会主席、名誉主席等职。1988 年 9 月，被选为中国和平统一促进会会长。

1995 年 12 月 9 日孙越崎病逝于北京，享年 103 岁。

五、中国近代造船工程师

1. 江南造船所与福州船政局

（1）江南造船所

1868 年 8 月，江南制造局制造的第一艘机器轮船下水，这是中国依靠自己的力量建造的第一艘新式轮船，马力 392 匹，载重 600 吨，该船先由曾国藩命名为"恬吉号"，后改名"惠吉号"。接着，江南制造局又陆续建造了"操江"、"测海"、"威靖"、"海安"、"驭远"、"金瓯"、"保安"等 7 艘较大的轮船。其中最大的是"海安"轮和"驭远"轮，载重都达 2 800 吨。

1905 年，清政府决定局坞分家，把船坞和造船部分从制造总局中划分出来，成立江南船坞。船坞采用商务化的经营方针，生产业务渐有起色，从 1905 年到 1926 年的 20 多年中，江南船坞共造了 505 艘轮船，平均每年造 23 艘。其中 1911 年建造的中国吨位第一、性能第一的长江客货轮"江华号"，船长 330 英尺，宽 47 英尺，吃水 7.5 英尺，排水量 4 130 吨，被当时航运界评为"中国所造的最大和最好的一艘轮船"。

1927 年，江南船坞改名江南造船所，归国民党海军部管辖，使用"海军江南造船所"名称。江南造船所仍采取商务化经营方针，造船业务逐渐赶上和超过当时造船工业中处于垄断地位的英商耶松船厂。1930 年，海军轮电工作所并入江南造船所。次年，福州船政局的飞机制造处并入江南造船所，并完成了"江鹤号"、"江凤号"等水上教练机和 5 架侦察机的建造。1949 年 5 月 27 日，上海解放。1953 年，江南造船所易名江南造船厂，从此，船厂进入生产建设迅速发展的新时期。

"江华号"

（2）福州船政局

洋务运动中，左宗棠开办的福州船政局也一度在国内大名鼎鼎。

左宗棠是洋务运动的积极倡导者之一，他很早就酝酿建造船厂。1864 年，他曾在杭州制成一艘小轮船，"试之西湖，行驶不速"。1866 年 9 月，左宗棠调任陕甘总督，赴任前推荐前江西巡抚沈葆桢任船政大臣。

左宗棠把建设船厂看成是富国强兵、得民惠商不可缺少的要务。经清廷批准，1866 年 8 月 19 日，左宗棠在福建设立福州船政局，因其位于闽江马尾山下，故也称"马尾船政局"（今马尾造船厂）。它于 1866 年 12 月开工，1868 年基本建成，占地 39.4 万平方米，主要由铁厂、船厂和学堂三部分组成，设有铸铁厂（翻砂车间）、轮机厂（动力车间）、合拢机器厂（机器安装车间）、钟表厂（仪表车间）、锤铁厂（锻造车间）等 18 个主要的车间，是当时远东最大的近代造船厂，日本横滨、横须贺铁工厂的规模无法与之相比。

船政局初期聘法人日意格、德克碑为正副监督，总揽船政事务，并雇用几十名法国技师和工头。1869 年 9 月，船政局建造成功第一艘兵商两用轮船"万年清号"，排水量 1 370 吨，主机功率 432千瓦，螺旋桨推进，功率和吨位都大大超过日本同期仿造的"千代号"或"清辉号"。1874 年前，船政局共造大小炮船 15 艘，用以装备福建海军。后来，日意格等外籍工程师去职后，船政局的工程管理单独由中国工程师来主持，至 1897 年船政局又造成小轮船 21艘，均系兵船。

福建船政局自 1866 年创建到清末，共建造 40 艘兵船，产量占同期国内 58 艘自制兵船的 70%。

2. 中国第一代造船工程师——魏瀚

1867 年，福州船政学堂创办。同年 2 月，17 岁的福州人魏瀚（1850—1929）成为这个新式学堂前学堂（造船专业）的学生。在此后 5 年时间里，他学习了代数、几何、几何作图、物理、三角、解析几何、微积分、机械学等课程。1875 年，船政局选派优秀毕业生出国深造，已在船政局担任技术工作的魏瀚遂被派往法国，最初学习轮船制造技术，而后又赴马赛、蜡逊等地的造船厂实习。清政府还聘请法国教师万达为魏瀚等人讲授数理、机械学等课程。1879 年 12 月，魏瀚学成回国，被委任为福州船政局工程处"总司创造"，相当于今天的总工程师。此后，以魏瀚为代表，包括陈兆翱、郑清濂等工程技术人员在内的工程处，逐渐取代了外国专家的办公所，成为船政局的技术指导中心。

1880 年，魏瀚等奉命主持制造巡洋舰，设计图纸购自法国船厂。他们按图测估，指导工人工作，历时两年有余。1883 年 1 月，军舰下水，命名"开济号"，这是船政局制造的第一艘巡洋舰。舰身长 88.6 米，宽 12 米，马力 2 400 匹，排水量 2 200 吨，被时人称为"中华未曾有之巨舰"。

中法战争后，魏瀚目睹中国军舰落后的状况，向左宗棠提议仿造法国制造钢甲兵舰，使外敌"不敢轻率启衅"。左宗棠极力赞同，在取得清廷批准后，即派魏瀚出国购买钢材，运回福建。1886 年 11 月，由魏瀚、陈兆翱分工主持的钢甲兵舰开工制造，该舰从设计、计算、绘图直至施工制造都由中国人自己完成，前后历时一年有余，于 1888 年 1 月 29 日顺利下水，命名"龙威号"。

1903 年，魏瀚升任船政会办，职位相当于副厂长。上任后，他对船政局进行了整顿，巧妙地运用国际法和外交知识，迫使法国政府撤走贪黩擅权的洋监督杜业尔，起用中国留学毕业生杨廉臣主持制造。他根据中国沿海防务的需要，向清政府建议先造快艇，得到各方认同。1905 年，魏瀚由于反对利用船政局铸造铜币，被清廷革职。此后，他先后担任广东黄埔造船所总办、广九路总理等职，1910 年被调到海军部担任造船总监，直至辛亥革命后的 1912 年 8 月，他又回到福州船政局担任局长。

作为第一代造船工程师，魏瀚为近代中国的造船事业做出了重大贡献。

六、中国近代铁路工程师

1. 中国近代铁路事业的发端

火车与铁路是西方工业革命的产物，在近代，伴随着西方列强的入侵而传入中国，因此，最初出现在中国的铁路几乎都是西方列强的专利，中国人很难插足。

19 世纪 80 年代初，随着洋务运动的深入发展，越来越多的人认识到自筑铁路是振兴民族经济、与外商争利的重要手段。迫于统治危机和舆论压力，清政府对铁路也从刚开始的拒办转为筹办，到 1881 年终于修建了中国第一条自筑铁路——仅长 9.7 千米的"唐胥铁路"。而近代铁路建设的真正崛起，还是要到詹天佑主持修建京张铁路之后。

1905 年，英、俄两国激烈争夺中国华北路权，为摆脱两国的纠缠，清政府硬着头皮决定由中国自己出资，自主勘测、设计、修筑和管理京张铁路，并任命詹天佑为总工程师兼会办。詹天佑毅然挑起重担。经过 4 年奋战，京张铁路于 1909 年 9 月全线胜利完工。这一全部由中国人自己完成的工程，当时令全世界为之震惊。

2. 中国自建铁路的先驱——詹天佑

詹天佑（1861—1919），祖籍安徽婺源（今江西），天资聪颖，自幼酷爱学习，得詹家好友谭伯村引荐，12 岁时考入第一批幼童赴美留学班。清同治十一年（1872 年），詹天佑随容闳由香港到上海，进入预备学校接受训练，由在刑部当了 20 年主事的陈兰彬教汉文课，容闳教授英文课。1872 年 8 月 11 日，30 名幼童登上轮船，启程赴美。

1881年6月，唐胥铁路建成，
李鸿章等乘车视察

詹天佑

詹天佑在美国读完小学和中学，17岁时考入耶鲁大学谢菲尔德理工学院土木工程系铁路专业。在三年的大学生活中，詹天佑刻苦攻读，两次获数学奖，并通过实地调查完成题为《码头起重机研究》的毕业论文，成为继容闳之后的又一名毕业于耶鲁大学的中国学生。不久，清政府下令撤回全部留美学生。1881年，詹天佑从美国回到上海，被派往福州船政局，到水师学堂学习驾驶。他学非所用，就这样消磨了整整7年的时光。

从12岁到20岁，詹天佑目睹的两个世界处在巨大的反差中。一边是发达的西方社会、每年修建一万千米铁路的美国，另一边则是愚昧、落后的满清王朝。在詹天佑看来，铁路事业的发展程度，直接影响整个国家经济发展的兴衰，对于大国尤其如此。1888年，经留美同学邝孙谋推荐，中国铁路公司总经理伍廷芳聘请詹天佑由广州到天津，在铁路公司任帮工程司。此后的31年里，詹天佑将自己的毕生精力和才能，毫无保留地奉献给了中国的铁路建设事业，并且在极其艰苦和困难的条件下取得了卓越的成就。

詹天佑一生参与、主持修建的铁路中，最著名的就是京张铁路。由于该线路需穿越最大坡度为33‰的军都山（又称南口山，其主峰为世界闻名的八达岭），一路崇山峻岭、千沟万壑，既要开凿坚硬的岩石，又需穿凿大量山洞，许多外国人公然宣称，中国工程师不可能完成如此艰巨的工程。当时詹天佑44岁，已拥有17年筑路经验。他从1905年5月开始，亲自率领相关人员骑着毛驴，背上标杆，勘测线路。在反复勘探京张全线的一山一丘、一沟一壑后，经过精密测算，他最终选定关沟段为最佳线路，比外国人原来提出的线路要少建2000多米的隧道。

京张铁路从1905年9月动工，到1909年9月正式通车，全长201.2千米，起于北京丰台，经八达岭、居庸关、沙城、宣化，至河北张家口止。为铁路铺设而修建的桥梁总长便达2300多米。

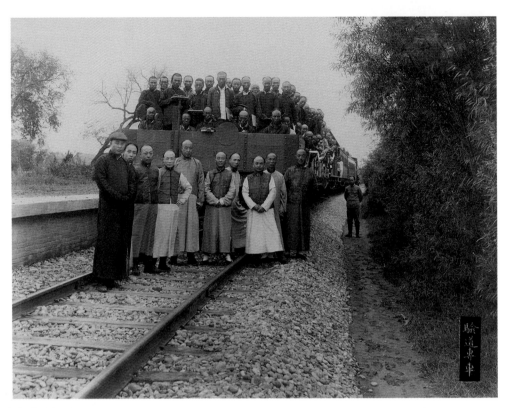

京张铁路修成时，修路人员在
验道专车前的合影

　　京张铁路建成通车后，由于朝野对詹天佑一致推崇，清政府授
予他工科进士第一名，这也是中国科考制中最后一年的进士。1912
年9月6日，踌躇满志的孙中山从北京乘坐火车视察京张铁路，在
张家口火车站发表演说，高度褒扬了詹天佑创造的这一为民族争光
的惊世之作。为纪念詹天佑对铁路事业作出的贡献，1922年，在
由北京至八达岭铁路线上的青龙桥站，建造了一座詹天佑的铜像；
1987年，附近又建了詹天佑纪念馆。

　　京张铁路之后，詹天佑除主持修筑张家口到绥远的铁路外，还
应邀担任川汉和粤汉等商办铁路的主要负责人，努力培养中国自
己的铁路技术人员。1911年，他投身保路运动，以实际行动支持
辛亥革命。他还积极参与和帮助孙中山提出建筑10万英里（约
161 000千米）铁路的宏伟计划，并制作详尽的规划与措施。

　　詹天佑还具有卓越的管理才能。早在1905年京张铁路修筑之
初，他便制定了各级工程师和工程学员的工资标准，并与考核制度
结合实行，这在当时无疑具有先进性和革命性。1916年，作为交
通部技监的詹天佑在主持全国交通会议时，制定了130项包括勘测
全国铁路、统一路政、制订标准、人才考绩管理以及整顿交通财政
等在内的决议案。1917年，香港大学因詹天佑为我国早期铁路标

准化和法规建设所作的巨大贡献，授予他名誉法学博士学位。

1919 年 4 月 24 日，詹天佑在极度紧张的工作中病倒，最终因操劳过度而不幸过世，享年 58 岁。

3. 中国铁路先驱者——凌鸿勋

凌鸿勋（1894—1981），字竹铭，广东番禺人。他是继詹天佑之后，将西方铁路科学技术引入到中国，并逐步实现铁路设计与建设自主化的又一重要人物。

1910 年，凌鸿勋考取上海高等实业学堂（上海交通大学前身）土木工程科，1915 年毕业后被选送到美国桥梁公司实习，并在哥伦比亚大学继续深造。1918 年 6 月回国，先后在京奉铁路及交通部考工科任职。1920 年 2 月回母校交通部上海工业专门学校任教，后任代理校长。

1929 年后，凌鸿勋被任命为陇海铁路工程局长，到 1945 年的 16 年间，他先后担任陇海、粤汉、湘桂等铁路工程局局长兼总工程师，1945 至 1949 年间又担任交通部常务次长。作为南京国民政府铁路建设的主持筹划者之一，他主持修筑的新路约有 1 000 千米，测量路线约 4 000 千米，其中大多数集中在西北和西南边疆地区。

1903 年，盛宣怀[1]向比利时国家银行团借款修筑陇海铁路时，预定线路由海州西达兰州，全程 1 700 多千米，但到凌鸿勋接任陇海铁路工程局局长时，仅完成全线的三分之一，向西止于河南灵宝。

国民政府成立后，即拟展筑陇海铁路。1927 年 12 月，北洋政府与比利时签订《中比退还庚款协定》，规定以其国庚款的 40%（200 万美元，折合 430 万银元）作为陇海铁路西展工程经费。1928 年 6 月王正廷担任陇海铁路督办，在郑州组建督办公署，接管北京的陇海铁路总公所，将营业监督局与营业总管理处合并为营业管理局，渐渐从比利时国家公司收回营业管理权，并增用本国人员，但材料

---

1 1897—1906 年，盛宣怀曾任铁路总公司督办。

陇海铁路观音堂车站

及工程技术方面仍由比籍总工程师掌握,设有工程监督局。1929年5月,国民党政府铁道部裁撤陇海督办公署,铁道部工务司直接负责路工。1930年11月,工程监督局改为陇海路灵潼段工程局,凌鸿勋任局长,他开始起用本国技术人员主持灵宝到潼关间的工程,收回技术大权,施工图纸及报表一律改用中文,不用法文。从此,管理权、财务处、材料购置权完全收回,陇海铁路的修建与原借款合同脱离关系,这条东西干线自此完全由中国工程师负责修建。

1931年年底,陇海铁路通至潼关(灵潼段),通车里程达920余千米,约为全路二分之一。接着,凌鸿勋又任潼西段(潼关至西安)工程局局长兼总工程师。1934年潼西段修至西安,次年徐州至西安正式通行。

在陇海展筑期间,凌鸿勋展现了新一代铁路工程师的卓越才能和坚韧品格。筑路中最具特色的是潼关线路的设计。潼关位于黄河南岸,城墙已近河边,城南又是高山,城东门也建在山上,取道城北则太靠近黄河,取道城南则需开几条隧道。最后凌鸿勋决定在城底下开一座长1 078米的山洞,直通城区。潼西段完工后,南京国民政府铁道部即有继续西展的计划。向西展筑有北南两线,北线循旧驿道经乾县、彬县进入甘肃省境,再经泾川、平凉至兰州;南线自咸阳经宝鸡、天水、定西至兰州。凌鸿勋向铁道部建议,先按南线方案修至宝鸡,将来向西可经天水至兰州,向南可入四川至成都,不仅回旋余地大,施工先后也可任意选择。这一建议很快被南京国民政府认可,批准先修西宝段(西安至宝鸡)。西宝段于1937年7月完工,全长174.1千米。抗战时期,西北的铁路建设基本上是以此线为基础延展的。

正当潼西段工程紧张进行时,铁道部又在1932年10月调凌鸿勋任粤汉铁路株韶段(株洲至韶关)工程局局长兼总工程师。456千米长的株韶段因资金缺乏和地形特别复杂,停工已达14年。

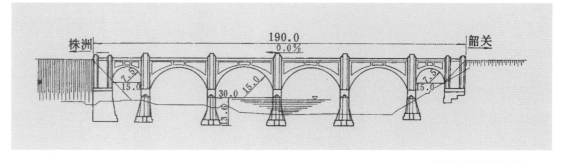

英国工程师曾作过多次测量并提出多种方案，但都因展长过多、升高太大、隧道又多而未成定案。凌鸿勋接任局长后，亲自到现场踏勘，并委派得力的测量队仔细勘测定线，最后确定的线路是自韶关以北越浈水大桥，溯武水北进。最终的方案将原来由英国人勘测，需建70多条隧道减为16条，最低越岭垭口的标高也比两洞湾低18.30米，且地点就在两洞湾西南仅4千米的廖家湾，保证了铁路的顺利贯通。

株韶铁路中高亭司至观音桥段，也曾由湘鄂段外籍工程师本格司和川汉铁路外籍工程师卡罗两次勘测，方案也不理想。凌鸿勋接手后进行复测，对原有方案作了较大改善。筑路过程中就地取材，在白石渡至坪石间6千米的路段内连续修筑新岩下拱桥、碓矶冲桥、省界拱桥、燕塘桥、风吹口桥等五座石拱桥，号称"五大拱桥"。设计载重等级为E250级，有3座桥跨径超过100米，其中新岩下桥达190米，属当时国内最长的铁路石拱桥，在6千米范围内桥隧相连，五跨白沙水，桥上线路高出河床面约30米，颇为壮观。

五桥设计前，设计团队就钢梁桥和拱桥不同方案进行了比选，因钢梁桥需向国外订货，工期无把握、造价高、运输困难且养护成本高，所以最终选择了可以就地取材、造价低、养护简便和工期短的拱桥。五大拱桥由我国工程技术人员自己设计和主持施工，当时以设计跨度大、施工注重质量和造价低廉而闻名于世。1936年4月28日，粤汉铁路提前1年3个月全线贯通，成为中国工程师自行设计和施工的又一条重要干线。次年，中国工程师学会将金质奖章颁给了凌鸿勋，以表彰其在铁路领域的杰出贡献。

1937年2月，凌鸿勋任湘桂铁路工程处处长和总工程师。湘桂铁路建筑之初只限于衡桂一段（衡阳至桂林），为抗战需要，国民政府拟将此铁路延伸到中越边境，使其成为国际路线。线路全长1000余千米，从衡阳经东安、全州至广西桂林，再经柳州、南宁、镇南关向南与越南境内的铁路衔接，可达越南海防港。铁道部计划分为四段进行，即衡桂段、桂柳段、柳南段、南镇段。衡桂段于 1939 年 9 月提前通车，桂柳段也于同年年底完工，这两段铁路在抗战初期发挥了重要作用。

1942 年之后，国民政府开始集中力量进行西北的交通建设，重建国际交通线。首先决定限期完成宝鸡至天水一段，交通部派凌鸿勋任天水工程局局长兼总工程师。宝天铁路沿渭水西行，而宝鸡以西的渭水在群山之中曲折穿行。在这 150 千米的路线中，共需建设隧道 120 多条，总长占全路线的七分之一。战争期间，筑路所用钢轨，除拆下陇海铁路多余钢轨外，大多是派人到河南前线乡间把从前撤退时拆下的轨条从地下挖出或自老乡手中一根一根收买回来；没有枕木，就采伐秦岭的树木代替；开隧道没有机器和炸药，就用双手和土制炸药代替；没有水泥厂，就自制代用水泥。就是在这样极端困难的情况下，宝天铁路在 1945 年 11 月顺利接轨，1946 年元旦通车。

由于凌鸿勋多年来献身祖国铁路事业，又培养了不少英才，他得到了国内外同行的赞扬和后辈的景仰。甚至在他身后，美国《纽约时报》曾专门报道他的事迹，称其为"中国铁路先驱者"。凌鸿勋还著有《铁路大意》《抗战八年交通大事记》《桥梁学》《铁路工程学》《工厂设计》《中国铁路志》《中国铁路概论》《铁路丛论》《现代工程》等书，被誉为"一代工程巨子"。

4. 早期铁路工程师群体

（1）留美幼童——中国早期铁路的主要建设者

第三批留美幼童邝景扬（1863— ？），1874 年抵美。高中毕业后考入麻省理工学院，主攻土木建筑专业，一年后被召回国。邝景扬回国后入开平铁路公司任总经理助理，1886 年到京奉铁路任助理工程师，1906 年任粤汉铁路总工程师，1911 年任京绥铁路总工程师，1921 年任平绥铁路总工程师兼平汉铁路顾问工程师，并曾担任中美工程师协会会长、中华工程师学会会长。

留美幼童钟文耀（第一批留美幼童）、黄仲良（第一批留美幼童）担任过沪宁路、津浦路总办；周长龄（第三批留美幼童）、卢祖华（第三批留美幼童）做过京沈铁路的董事和经理；杨昌龄（第三批留美幼童）曾担任京张铁路的指挥；罗国瑞从事过铁路的勘探工作，帮助修建大冶至青山的铁路，曾在贵州、云南、广东勘测铁路，还担任津浦路南段总办；黄耀昌（第四批留美幼童）做过沪宁铁路上海段的经理，并担任京汉铁路北京段经理。据统计，清代最早的官派赴美的幼童中就有 20 余名，归国后直接参与铁路建设，占总数的16%。由此可见，留美幼童是近代中国铁路建设的主要承担者，对近代中国自筑铁路有筚路蓝缕的开创之功。

（2）颜德庆

早期"中华工学会"的创办者之一颜德庆（1878—1942）也是一位近代著名工程师。他生于上海，毕业于上海同文馆。1895 年随胞兄颜惠庆一同前往美国留学，就读于里海大学，主修铁道工程学，1902 年获工程硕士学位回国，担任粤汉铁路及川汉铁路工程师。1920 年任华盛顿会议中国代表团专门委员。1922 年出任中国接收铁路委员长，协助王正廷接管胶济铁路，经过艰难的谈判，最终在12 月 5 日，中日签署了《山东悬案铁路细目协定》。1923 年 1 月 1 日，颜德庆在青岛主持胶济铁路移交仪式，此后任胶济铁路管理委员会委员长。1942 年，颜德庆病逝于上海。

（3）徐文炯

徐文炯是"铁路路工同人共济会"的创始人之一，也是著名铁路工程师。他 1900 年毕业于山海关北洋铁路官学堂（西南交通大学前身），为该校第一届毕业生。1905 年 5 月起随詹天佑进行京张铁路建设，担任京张铁路帮办。1906 年担任沪杭铁路总工程师。1909 年冬，随詹天佑前往河南，担任河南商办洛潼铁路（洛阳至潼关，230 余千米）总工程师。1912 年，在上海组设"铁路路工同人共济会"。1913 年 5 月至 1915 年，担任陇海铁路东段（开封至徐州）总工程师。

七、中国近代通信工程师

────────── ## 1. 中国电报总局建立

　　中国幅员辽阔，内陆更是纵深悠长。西方列强攫取中国沿海沿江的航运权后，意欲从通商口岸向广阔腹地伸展，以扩大商品输出市场，谋求更大利润。为此他们以"帮助"清朝发展现代通讯和陆上交通为由进入这一市场。

　　西方世界刚刚完成第二次工业革命，在技术上引入电报系统并非难事，关键是要取得清政府的同意。从 19 世纪 60 年代开始，各国纷纷要求在华设线，但都没得到批准。晚清的官员对开办电报大多持否定的态度，后来还是李鸿章相对清楚地认识到电报的实用价值，向清政府提出"自立铜线"的办法，以抵制外来势力入侵。但由于当时政府保守派势力过于强大，开办电报事业的时机尚未成熟。

　　1870 年，以英国为首的西方国家向清政府提出改陆线为海线的新要求，申辩说设置海线对中国主权并无窒碍。愚昧的清廷根本不知领海权的意义和利益内含，竟然同意了这一无理要求。自此西方列强纷纷在中国沿海设置海线。当时最活跃、力量最强大的是英国大东电报公司，他们先擅自在川沙、上海等地私铺电报线，1870 年后更有恃无恐，将业务范围从香港延至上海。受沙俄控制的丹麦大北电报公司也于 1871 年将海线由香港、厦门接至上海，并经营上海至吴淞陆线。法、美等国也争先恐后，不断向清政府条陈设置电报线，并擅自在通商口岸架线收发电报。如此一来，中国的海线电报利权就几乎全被外人把持。

　　数年后，洋务运动中我国自己兴办的军事工业和民用工业渐具规模，与外界经济联系日益增多，商业信息也愈显重要，而边疆危机日益严峻，在这种情况下，洋务派开始着手发展电线电报业。

李鸿章

1874年，日军侵犯台湾，洋务派代表人物沈葆桢率军往援，在军事实践中，他感到"断不可无电线"，提议创办电报并奉旨奏准办理，然而由于保守派反对和洋商借机敲诈，其建议未能被采纳。李鸿章并未放弃，继续上奏，但依然劳而无功。

直到1879年，李鸿章在天津鱼雷学堂教官贝德思的协助下，在大沽北塘海口炮台和天津之间架设了一条电报线，长约64.4千米，5月间开始使用。这条线路成为中国自建电报的开端。1880年9月16日，初尝新技术甜头的李鸿章以电报有利防务、便利通信为由，奏请铺设天津至上海的陆路电线，以使南北声息相通，提出所需费用由北洋军饷筹垫。这项提议终于得到清廷批准，李鸿章遂在天津设立电报学堂，培养训练电报专业人才。紧接着，李鸿章创立电报总局，委派盛宣怀为总办，并计划在大沽口、紫竹林以及苏州、上海等地设立分局，指派郑观应为上海电报分局总办。

为杜绝洋商侵蚀中国权利，李鸿章接受盛宣怀的建议，决定仿照轮船招商局的办法，募集商股，自建津沪陆线。1881 年 4 月，架线工程开工。同年 11 月，津沪陆线竣工，实现了南北两大城市讯息相通。

英国公使格维纳见津沪线开通，趁机请求添设上海至广东各口岸及宁波、福州、厦门、汕头等口岸的海底电线。李鸿章与总理衙门反复函商后拒绝。1882 年 11 月间，英、法、美、德各国公使向清政府请求在上海设立万国电报公司，打算增设上海至福建、香港等各口岸海线，甚至不待清廷批复，英商便径自装运材料前往各口岸准备架设。就此李鸿章提出"华商独造旱线，则外国海线必衰"，在得到总理衙门同意后，李鸿章委派盛宣怀至上海实施陆线架设工程。

其时，港粤商人已经组织了华合电报公司，从广州架设陆线到九龙连接香港。李鸿章便命上海电报局赶建苏浙闽粤陆线，以与华合公司的陆线相接，希望英国见无利可图自动放弃设线活动。该线1883 年 2 月开始兴建，从浙江动工，自北而南逐节架线，于 1884年春夏之交完成。这样一来，上海成为连接南北电线的枢纽，电报总局遂从天津迁到上海。

2. 中国电报工程的奠基者

当年留美幼童中的部分人才日后也成为中国电报工程的奠基者。刚归国之际，留美幼童中的 21 人就被派到中国第一条陆路电报线——津沪线学习和工作。第二年，中国第二条电报干线——苏浙闽粤线兴建，又有一批留美幼童参加了全线的勘探工作。此后不久，留美幼童参与兴建了湖北、四川、云南、陕西、甘肃等省的电报干线。

服务于电信局的回国留学生首推唐元湛。唐元湛 1873 年抵美，就读于新不列颠高中。回国后一直在电信界工作，前后 32 年，曾担任过电信界最高官职电信局总办。

在中国电报事业史上影响最大者要数周万鹏。周万鹏是第三批留美幼童，曾主持规划和勘测宁汉、桂滇等电报干线，由于非凡的工作能力以及所取得的成就，他得到了清政府的嘉奖：1895 年，电报总局督办大臣盛宣怀特奏报嘉奖朱宝奎（第三批留美幼童）、黄开甲（第一批留美幼童）、周万鹏、唐元湛等留学生对电报事业的贡献。周万鹏历任上海电报总局会办、提调、总办等职，邮传部成立后任技术监督。1907 年，周万鹏代表中国出席在葡萄牙首都里斯本举行的万国电约公会，会后不久，他将西方各国的电报政策、技术规范章程予以搜集、整理，辑成《万国电报通例》，由邮传部在全国颁行，对中国电报技术的规范化和与国际接轨做出了贡献。周万鹏还关注于世界电报业发展的最新成果，注重中国电报技术设备的更新。1909 年他在上海将电报局使用的旧莫尔斯机全部更新为当时世界上最新使用的韦斯敦机，努力向世界电报业的高水平看齐。民国初年，周万鹏担任邮政督办，他与 1907 年担任邮传部左侍郎的朱宝奎，"秉公执法，量才录用，审度理势，弭患无形，使近代电报业有了长足发展。"

方伯梁，1873 年赴美，高中毕业后入麻省理工学院学习理科，大一时被召回国，后入天津电报学堂，历任苏州、广州电报局局员，广州电报学堂教员，粤汉路电报部主任等职。冯炳忠（第四批留美幼童），负责广州电报局事务。孙广明（第三批留美幼童），回国以后一生从事电报事业。梁金荣（第二批留美幼童），江西电报事业的开拓者，一直担任江西电报局长。

中国邮电事业的起步及其向现代化方向发展，是与这些留美幼童的努力分不开的。

八、中国近代建筑工程师

1. 群英荟萃的第一代中国建筑师

中国近代建筑处于承上启下、中西交汇、新旧接替的过渡时期，这是中国建筑发展史上一个急剧变化的阶段。中国传统的建筑理念和工艺与西方的建筑学理论和方法不同，按西方的建筑学标准，古代中国只有"工匠"，而没有建筑师，真正意义上的中国建筑师是近代出现的。19 世纪中叶以前，除了北京圆明园西洋楼、广州"十三夷馆"以及个别地方的教堂外，中国土地上很少有西式建筑，直到鸦片战争后西式建筑才陆续出现。

中国自己的建筑工程师教育起步很晚。1895 年创办于天津的北洋大学是最早设立土木工程系的高等学校。当时中国的建筑师主要有三个来源：一是在建筑设计实践中积累成长起来的；二是由专业院校培养出来的，包括建筑学专业和土木工程专业；三是在华的外国建筑设计机构招收的中国年轻人，他们尽管并未受过正规的建筑学教育，但聪明肯学，在长期的实践中逐步掌握了一定的设计绘图能力，甚至有人创办了自己的建筑设计事务所。

（1）周惠南

在土生土长的中国建筑师中，周惠南是最为突出的人物。周惠南（1872—1931），江苏武进人，12 岁时孤身来到上海。当时英商业广地产公司成立不久，正在苏州河北侧的黄浦路大名路一带开发房地产，需要测量、绘图的实习生。周惠南被招进该公司后，白天刻苦用功，边学边记，晚上再把学到的技术传授给他刚来沪的两个弟弟，相当于每晚在复习，这使他很快掌握了建筑设计的基本知识。他先后在上海铁路局、沪南工程局和浙江兴业银行地产部工作，曾

任兴业银行地产部设计室主任。20世纪初，他创办了中国最早的土木建筑设计公司"周惠南打样间"。他虽然非科班出身，但在上海实行建筑师资格审核前，只要能按建筑章程设计图纸便可发照建房。

周惠南曾主持设计过剧场、办公楼、住宅、饭店等建筑，如一品香旅社（1913）、大世界游乐场（1917）、爵禄饭店（1927）等。有人称他为"打破洋建筑师垄断设计的中国第一建筑师"。他的作品以上海大世界游乐场最为著名。虽然在此前上海已有游乐场，但是都在室内活动，周惠南设计的游乐场与众不同，由两层砖木结构的建筑沿基地周边建造，中央露天为杂耍空地，在三层平台设几座亭子和瞭望楼。

王信斋也是此类建筑师中的佼佼者。他曾作为葡萄牙籍传教士建筑师叶肇昌的助手参加佘山大教堂的设计，并因在建筑工程中的杰出贡献而获得当时北洋政府的奖励。

（2）孙支夏

由于建筑学科的留学活动以及国内建筑学教育起步较晚，中国近代最早的建筑师大部分产生于土木工程专业，并在建筑实践中逐渐积累提高，孙支夏（1882—1975）就是其中的杰出代表。

1902年，近代实业家、教育家张謇创办民立通州师范学校。孙支夏的两位兄长先后入通师本科就读。当时孙支夏尚无入学资历，经推荐到通师当日籍教师木造高俊的助手，协助测绘校区平面图。

这期间孙支夏掌握了测绘技术，后来接替木造高俊完成了平面图的测绘，为张謇所赏识。1905年11月，孙支夏被破格录取入通师本科学习，1908年1月以第一名的优异成绩毕业，同年2月入通师新设的土木工科学习，1909年2月又以第一名的成绩毕业。测绘和土木工程专业的学习，为其后来成功转入建筑学打下了扎实的基础。

孙支夏的建筑设计活动始于1909年。当时，清廷预备立宪，张謇奉旨筹备江苏省咨议局，任议长。张謇推荐刚毕业的孙支夏设计江苏省咨议局大楼工程。为此孙支夏赴日本考察帝国议院建筑，并进行了实地测绘，归国后参考该建筑完成了咨议局的建筑设计。大楼不到半年即建成，这是中国近代建筑史上最早由中国建筑师设计建造的新型建筑之一，由此奠定了孙支夏的近代最早建筑师地位，此时他刚满28岁。

1911年，孙支夏回到南通，当时张謇对南通的城市规划全面展开，孙支夏参与的主要项目有：1911年设计南通博物苑北馆；1912年设计南通图书馆；1913年至1915年间建成县改良监狱、钟楼、张謇住宅濠南别业，完成博物苑中馆改建，还参与了南通医院、商业学校、五公园的设计工作；1916年建成张謇别墅林溪精舍、军山气象台；1919年建成更俗剧场；1920年至1921年间建成伶工学社校舍、87米长的跃龙桥、通崇海泰总商会大厦、淮海实业银行、女红传习所、南通俱乐部、联合交易所，并参与了南濠河至桃坞路的城市规划。

孙支夏的事业是与近代南通的建设联系在一起的。在张謇的直接领导与培养下，孙支夏在南通一地留下了大量具有鲜明特色的作品，面广量大，堪称高产建筑师。1922年南通以纺织为核心的实业体系出现危机，特别是1926年张謇去世以后，孙支夏的建筑事业也不再辉煌，南通建设的停滞使他无用武之地。另外，留洋科班出身的建筑师队伍迅速崛起，并已在建筑活动中居于主导地位。

孙支夏等开创了近代中国建筑师的先河，他们实现了从工匠到近代意义建筑师之间的过渡。尽管孙支夏后来的职业声望与社会地位与二三十年代涌现的建筑师们不能相比，但丝毫不影响他作为近代中国建筑师先驱者和早期建筑师杰出代表的历史地位。

2. 中国近代留美建筑师

在 1933 年出版的一本名人录中，列入上海的建筑师 6 人，其中外国建筑师 2 人（公和洋行的威尔逊和邬达克洋行的邬达克），中国建筑师 4 人（范文照、赵深、董大酉和李锦沛）。1936 年登记注册的建筑师事务所共 39 家，中国建筑师占 12 家。足见当时以留学归国人员为主体的中国建筑师无论在数量上还是声誉上均已和外籍建筑师势均力敌。

美国费城的宾夕法尼亚大学建筑系是中国留学生较集中的地方，可算是培养中国优秀建筑师的摇篮。范文照 1921 年在宾大毕业，获建筑学士学位。赵深 1923 年毕业，获建筑硕士学位。童寯和陈植 1928 年毕业，童寯先后获得全美大学生设计竞赛一等奖和二等奖，陈植获得美国柯浦纪念设计竞赛一等奖。梁思成、谭垣、吴景奇、黄耀伟、李杨安、卢树森、杨廷宝、哈雄文等人都先后在该校留学。

此外，也有在其他国家学建筑的中国学生崭露头角，如在日本东京高等工业学校建筑科留学的刘敦桢、柳士英，在法国巴黎建筑专门学院留学的李宗侃、吴景祥，在英国留学的黄锡霖、陆谦受、黄作燊，在德国达姆斯达特大学留学的奚福泉，在奥地利维也纳工科大学留学的冯纪忠，在意大利那不勒斯大学留学的沈理源等。

受过西方正规建筑教育的留学生回国后，大多开设了建筑设计事务所从事相关工作。他们绝大多数选择了上海这个当时中国最大、最开放、经济最发达的城市。最早有庄俊开设的庄俊建筑师事务所，吕彦直、过养默、黄锡霖合组的东南建筑公司，略晚一点有吕彦直开设的彦记建筑事务所，以及刘敦祯、王克生、朱士圭、柳士英组成的华海建筑师事务所等。此后，更多的中国建筑师陆续开业，形成了一支足以与当时上海的外国建筑设计机构相抗衡的队伍。

当时中国最大的建筑师事务所基泰工程司则由关颂声于 1920 年在天津创立。关颂声，1914 年留学美国，毕业于麻省理工学院，曾在哈佛大学进修，1920 年回国。朱彬，毕业于美国宾夕法尼亚大学，1927 年回国加入该公司，成为负责人之一。杨宽麟，毕业于美国密歇根大学，1919 年回国，是该公司负责人中唯一的结构工程师。基泰工程司的业务主要在北京、天津、南京等地，20 世纪 30 年代后拓展到上海，并在上海注册。基泰工程司在上海的作品不多，但其设计的大陆银行（建于 1933 年）、聚兴诚银行上海分行（建于 l937 年，今江西中路 250 号，1990 年被交通银行租用）和大新公司（建于 1936 年，今第一百货商店）都是对后世产生影响的作品。

（1）庄俊

庄俊（1888—1990），第一批留学西方学习建筑学的中国学生，1914 年毕业于美国伊利诺大学建筑工程系，获建筑工程学士学位，回国后于 1914—1923 年任清华学堂建筑师，协助美国建筑师墨菲设计和监造了清华学堂图书馆、大礼堂、科学馆、工程馆和体育馆等建筑。1923—1924 年受清华派遣，率学生赴美留学，他本人则在哥伦比亚大学研究生院进修，1924 年回国后来到上海。1925 年，庄俊在上海开设了私人事务所，成为回国留学生中最早在上海开业的建筑师之一。1927 年，庄俊与范文照等建筑师发起成立上海建筑师学会（次年改为中国建筑师学会）并担任会长。

庄俊早期的作品为西方复古风格，如 l928 年建成的金城银行大楼（今江西中路 200 号交通银行大楼），其设计手法之娴熟完全可以与西方一流的学院派建筑师相媲美。这是庄俊成立事务所后的第一个业务项目。四年后，他设计了大陆商场（即慈淑大楼，曾是南京东路新华书店，现更名为 353 广场），1932 年建成，该大楼的建筑风格发生了重大转变，建筑形象趋于简洁，复古装饰被彻底摒弃，立面上采用了大量装饰艺术风格的图案。同期建成的四行储蓄会虹口分会公寓大楼也有类似特征。他以后的作品还有汉口金城银行，济南、哈尔滨、大连、青岛、徐州的交通银行，汉口大陆银行，南京盐业银行，上海中南银行，中国科学院上海理化试验所，上海交通大学总办公厅和体育馆，上海孙克基妇产科医院（现长宁区妇产科医院），上海古柏公寓及上海四行储蓄会（虹口公寓）等。

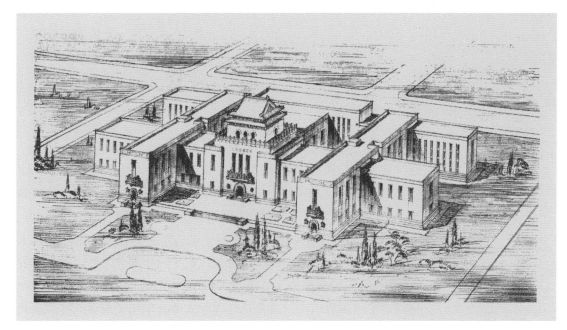

（2）董大酉

除宾夕法尼亚大学外，美国明尼苏达大学也是一所中国留学生较多的学校。董大酉（1899—1973），1924 年在明尼苏达大学建筑科毕业后，留校读研究生，1925 年获硕士学位，同年又去纽约哥伦比亚大学美术考古研究院攻读研究生课程。1928 年回国，在庄俊建筑师事务所工作，1929 年与美国同学 E. S. J. Phillips 合办建筑师事务所，后加入哈沙德洋行，1930 年开设董大酉建筑师事务所，担任上海市中心区域建设委员会顾问和建筑师办事处主任。

当时正值南京政府成立，南京国民政府暨上海市政府开始组织专家制定"上海市中心区域计划"，接着在此基础上提出了"大上海计划"。这是上海历史上第一个全面的、大型综合性的都市发展总体规划，旨在开发位于黄浦江下游和吴淞之间的港口，另辟一个可以与已有外国租界抗衡媲美的新市区，扼制租界的发展，使新市区以后可以成为包括租界在内的整个上海的中心。

董大酉在"大上海计划"及其主要建筑项目设计方面起了重要作用。规划的新市中心区域选取了江湾地区 7 000 余亩范围的土地，提出将市中心区域分为行政、商业、居住三个功能区。此外他还参与了道路系统计划、港口铁路计划等工作。1929 年 10 月，政府征集新市府大厦方案，赵深、孙熙明的合作方案获第一，但当局不太满意，于是请上海市中心区域建设委员会顾问兼建筑师办事处主任董大酉在得奖方案基础上另行设计。新市府大厦于 1933 年 9 月落成（现为上海体育学院主楼）。之后，上海市政府又主持了上海市图书馆（现为上海同济中学）、上海市博物馆（现为长海医院影像楼）、上海市体育场（即现在的江湾体育场，包括运动场、体育场、游泳馆）、上海市医院和上海市卫生试验所等 5 项工程的建设，全部由董大酉设计。除上海市医院只完成了一小部分之外，其余工程于 1935 年先后全部完工。这次大规模的建设活动在设计思想上同样以"中国固有形式"为原则，因此大部分采用了复古式样或简化复古式样，推动了当时 30 年代建筑界的"中国古典复兴"思潮。"大上海计划"规划和建设活动随着 1937 年"八一三"事变的爆发，日军侵入上海而被迫中断。

（3）杨廷宝

毕业于宾夕法尼亚大学建筑专业的另一位优秀建筑师，杨廷宝（1901—1982），1915 年考入清华学校，1921 年赴美留学，期间曾在全美大学生建筑设计竞赛中多次获奖，毕业后在美国克雷建筑师事务所实习 2 年，又去欧洲各国考察建筑 1 年，1927 年回国。

回国后，他加入关颂声创办的基泰工程司，开始建筑设计事业。1930 年，清华大学校长罗家伦请他为清华大学做建筑设计。当时清华学校改为清华大学，杨廷宝重新制定校园规划，先后设计了生物馆、化学馆、气象台、明斋宿舍等。30 年代初，北平地区一些重要古建筑维修工程委托基泰工程司主持，如天坛、祈年殿、国子监等，杨廷宝和建筑工匠们一起做了实地修缮。1936 年，杨廷宝至南京基泰工作，设计了国民政府外交部、南京中央医院、中央体育场、紫金山天文台、中央大学、金陵大学、中央研究院等著名建筑。

1936 年，杨廷宝（左）与另一位建筑大师童寯的合影

南京中央体育场
（摄于 2013 年）

（4）梁思成

　　同样留学宾大的还有著名建筑师梁思成。梁思成（1901—1972）是梁启超的长子，生于日本东京，原籍广东新会（今广东省江门市新会区）。1923 年，梁思成从就读 8 年的清华学校建筑科毕业，1924 年，赴美国宾夕法尼亚大学学习建筑，1927 年，以优异的成绩获宾夕法尼亚大学研究生院建筑硕士学位。接着他到美国哈佛大学研究生院学习，完成题为"中国宫室史"的博士论文。1928 年，梁思成回国后应东北大学之邀创办了该校的建筑系，1931 年至 1946 年任中国营造学社法式组主任。1946 年，梁思成赴美讲学，受聘为美国耶鲁大学教授，并担任联合国大厦设计的顾问建筑师。由于他在中国古代建筑研究方面的杰出贡献，被美国普林斯顿大学授予名誉文学博士学位。同年，梁思成回到母校清华大学创

1952 年，梁思成、林徽因夫妇在清华园家中会见英国建筑师斯金纳

1947 年 4 月，梁思成在美国担任联合国大厦设计委员会中国顾问时的工作照

办了建筑系，1946 年至 1972 年任清华大学建筑系主任，1948 年被选为中央研究院院士。

梁思成是中国古建筑研究的先驱者之一。他接受的是西方建筑教育，在东北大学授课过程中，深感建筑史不能只讲西方的，中国应该有自己的建筑史。从沈阳清东陵调查开始，他以毕生精力，对中国古建筑研究做了开拓性工作。梁思成编写了《中国建筑史》与《图像中国建筑史》，堪称当时第一部高水平的中国建筑史。基于这些成就，李约瑟在《中国科学技术史》中称他是"中国古代建筑史研究的代表人物"[1]。

中华人民共和国成立后，梁思成作为中国科学院学部委员，先后担任北京市都市计划委员会副主任、中国建筑学会副理事长、中国科学技术协会委员、建筑科学研究院建筑理论与历史研究室主任、北京市城市建设委员会副主任等职。20 世纪 50 年代，他还为保护北京古建筑不被拆除付出了不懈努力。

---

1 李约瑟，《中国科学技术史》第 3 卷，科学出版社 1976 年版，第 385 页。

3. 建造中山陵的建筑师

1925 年 3 月 12 日，孙中山先生逝世，根据他生前愿望，国民政府决定在南京紫金山茅峰南坡建造中山陵，并向海内外征集陵墓建筑方案。当时参赛的既有中国建筑师，也有西方建筑师。竞赛要求建筑具有民族性，"须采用中国古式而含有特殊与纪念之性质"，因此参赛的十多个方案大多运用了中国传统建筑的形式。评选结果揭晓，列入前三名的都是中国建筑师：吕彦直获一等奖；赵深、范文照获二等奖；杨锡宗获三等奖。最后中山陵的修建采用了吕彦直的方案。这是中国建筑师第一次在公众面前崭露头角。

（1）吕彦直

吕彦直（1894—1929）从小家贫，9 岁随姐姐远渡重洋侨居巴黎。他天赋聪明，悟性很高。在巴黎几年后，回国在北京五城学堂读书，1911 年考入清华学校。1913 年以庚款公费派赴美国留学，入康奈尔大学，先攻读电气专业，后改学建筑，1918 年获学士学位。毕业后他在纽约墨菲事务所任绘图员，当时墨菲正在设计南京金陵女子学院，他从中学到了墨菲融合中国传统宫殿与西方现代技术的手法。回到中国后，吕彦直就职于墨菲在上海的事务所，一年后开始独立工作，先后在上海东南建筑公

彦记建筑事务所时期的
吕彦直

司、真裕公司任职。1921 年，胸怀大志的吕彦直在上海开设了自己的设计师事务所，取名彦记建筑事务所。

1925 年，年仅 31 岁的吕彦直报名参加中山陵建筑设计竞赛并

竣工后的中山陵

中山陵今影

吕彦直设计的广州中山
纪念堂

获得第一名。吕彦直在中山陵建筑中的设计手法与其从业墨菲事务
所的经历，以及受巴黎、华盛顿、纽约等地纪念建筑的启发有关。
其方案融合了中国古代与西方建筑精神，特创新格，别具匠心，庄
严俭朴，墓地全局呈一座钟形，寄意深远。从 1927 年秋天起，吕
彦直一直住宿山上，负责中山陵全部工程的实施。其间他还参加了
国民政府于 1926 年 2 月发起的广州中山纪念堂设计竞赛，再次获
得一等奖。遗憾的是，1929 年 3 月 18 日，年仅 35 岁的吕彦直因
病逝世，他未能看到自己呕心沥血之作的最后竣工。[1]

　　吕彦直设计的广州中山纪念堂采用了"希腊十字"平面，中心
部分的鼓座为八角攒尖顶，四边加中式风格的屋宇，体现了西方学
院派传统和中国文化的融合。中山纪念堂坐落于孙中山先生当年的
总统府旧址上，于 1929 年 1 月奠基，1931 年 10 月 10 日竣工。

1　周健民，《从建筑档案看中山陵建筑》，《中国名城》，2010 年第 5 期。

（2）范文照

获得中山陵设计竞赛二等奖的范文照（1893—1979）也是著名建筑师。他出生于1893年，1921年毕业于美国宾夕法尼亚大学，获建筑学士学位，1927年回国开设私人事务所，并接受邀请与上海基督教青年会建筑师李锦沛合作设计了八仙桥青年会大楼（现西藏南路19号青年会宾馆），期间结识同在基督教青年会建筑处工作并参加了八仙桥青年会大楼设计的另一位中国建筑师赵深。1928年至l930年赵深作为合伙人加入范文照建筑师事务所。

范文照于l924年设计的中山陵方案，采用了中国传统重檐攒尖顶的复古风格。1928年他设计的南京大戏院（今上海音乐厅），则是一个从里到外都异常地道的西方复古主义建筑。1933年是范文照设计思想的一个转折点。这一年年初，他的事务所曾短期加入了一位提倡"国际式新法"的美国建筑师和一些留学生，坚定了他设计现代风格建筑的决心。位于西摩路（今陕西北路）福煦路（今延安中路）转角处的市房公寓即为该时期产物。

范文照设计的娱乐建筑中比较著名的如建于1941年的上海美琪大戏院，是他向现代主义转变的标志性建筑。建筑为钢筋混凝土结构，造型简洁、重点突出，设有长条窗的圆形门厅，屋檐处一圈典雅的图案饰带与底层大雨篷相呼应。门厅、楼厅、过厅、观众厅各部位布局合理，功能明确。美琪大戏院建成后，成为继大光明、南京大戏院之后上海的又一处顶级剧院。

九、中国近代道路和桥梁工程师

1. 滇缅公路的修建

1937 年 7 月，抗日战争全面爆发，日军从华北和华东两个战场向中国发动猛烈进攻。中国最高军事当局制定了"以空间换取时间"的长期抗战方针。日军为迅速使中国政府屈服，依靠其海空军优势，封锁了当时中国的重要港口和沿海地区，以限制海上援助，截断中国与国际的交往。西北公路和滇越铁路先后被切断。鉴于此，在中国的战略大后方西南地区开辟新的国际交通线成了当务之急。

1937 年 8 月，正在南京参加国防会议的云南省主席龙云向蒋介石建议，即刻着手修建滇缅铁路和滇缅公路，这样可以将中国西南与印度洋沟通。蒋介石当即采纳这个建议，并令铁道部、交通部与云南省协商修筑事宜，其中"滇缅公路"的修筑被放在了更优先的地位。

滇缅公路东起云南省会昆明，西行经下关到畹町出境，直通缅甸境内腊戌地区，在腊戌与通往仰光的铁路相连，成为一条直通印度洋的出海交通线。滇缅公路东段昆明至下关共 411.6 千米，原名"滇西干线"，早已于 1935 年通车，只是许多地段的路基宽度以及弯度和坡度不符合标准规定，所以修筑工程主要是在滇西干线的基础上，连通下关到缅境腊戌这一段。1937 年 11 月，国民政府与缅甸当局达成协议，中国方面负责修筑下关到畹町中国境内的路段；缅方负责修筑腊戌至畹町缅甸境内的路段。

滇缅公路西段由下关至滇缅边境的畹町河，全长 547.8 千米，沿途要翻越横断山脉的云岭、怒山、高黎贡山等大山，要跨越漾濞江、胜备江、澜沧江、怒江等大河。大山巨川连绵不断，海拔起伏巨大，每年夏季更有长达 4 个月的雨季，工程艰苦程度不言而喻。1937 年 11 月 2 日，滇缅公路西段路线方案最后确定。国民党行政

1945 年 3 月，美军补给车穿过
滇缅公路

院拨款 320 万元，云南省政府主席龙云负责限期修通。

1937 年 12 月，工程正式开工。云南省在保山成立滇缅公路总工程处，由云南省公路总局技监段纬工程师主持工作。沿线成立关漾、漾云、云堡、保龙、龙路、潞畹六个工程分处，分段负责管理和指导施工技术。事关国防军事及抗战前途，云南省政府不敢怠慢，各县长也亲临所划定路段督修。1938 年 1 月至 8 月是滇缅公路施工高峰期，全线施工人数平均每天 5 万多，最高时达 20 万。1938 年 8 月底，令全国甚至全球瞩目的滇缅公路终于通车。

但由于施工设备落后、生活待遇太差、劳保缺乏、地势艰险、气候恶劣等原因，中国修路人员付出了惨重的代价。全程死亡近 3 000 人，其中包括沙伯川、杨汝光、王纪伦、李华、潘志霖、杨汝仁、张文远和陈昭等 8 名工程技术人员。滇缅公路的快速建成通车，是云南各族人民和筑路员工的爱国热忱和艰苦劳动的结晶。

2. 白族道路工程专家段纬

抢修滇缅公路的工程总指挥、技术负责人段纬（1889—1956），白族，1889 年生于云南省蒙化县（今巍山县），1916 年考取公派赴美国留学，进入普渡大学学土木工程，毕业实习后，1921 年又入麻省理工学院航空科修业，学飞机制造，之后到法国里昂大学进修，获土木工程硕士学位，1923 年转赴德国学习飞机驾驶技术，毕业于老特飞行学校[1]。1925 年学成回国，受聘为东陆大学（云南大学前身）土木工程系教授。1928 年调任云南道路工程学校校长，为云南培训出第一批公路技术人才和汽车驾驶人员。同年底，云南全省公路总局成立，他担任该局技监（即总工程师），成为省公路总局最高技术负责人之一，也是云南籍的第一代高级土木工程师。

1935 年 12 月，段纬奉派参与勘定滇缅公路西段路线，自祥云起，经弥渡、景东、云县、缅宁（今临沧）至孟定，历时 3 个月，越过

1　一所享誉欧洲的著名航校，二战中德国空军的飞行员大多毕业于该校。

深山峡谷、瘴疠地区，渡过两岸险峻的澜沧江，为筑路掌握了第一手资料。1938 年 1 月，省公路总局在保山县设立滇缅公路总工程处，段纬被委派为处长，负责统一指挥、管理 7 个工程分处，并且担任第一技术责任人。他深入工地，日夜操劳，从踏勘、测量到设计、施工，事事过问。当时段炜已年近五旬，且患有高血压病，施工期间积劳成疾，危及生命，但他始终坚持就地医治，抱病工作。他和筑路民工及工程技术人员同甘共苦，用近乎原始的工具材料和施工方法，9 个月新修 547.8 千米干道公路，铺设或改善东段路面 400 余千米，消息传出，震惊世界。鉴于段纬在滇越铁路修筑过程中立下的特殊功勋，国民政府交通部特授予他一枚金质奖章。

1939 年，段纬兼任叙昆（宜宾至昆明）铁路顾问，并参与了该路昆沾段（昆明至沾益）的设计工作。次年，段纬又参加了滇越公路的修建，任工程处总工程师，并亲自踏勘了该路蒙河段（蒙自至河口）。抗战胜利后，段纬奉调到滇越铁路滇段管理处任副处长，参与了修复滇越铁路碧河段（碧色寨至河口）的筹划工作。1948 年，昆明区铁路管理局成立，段纬任副局长。1949 年 12 月云南起义后，他任代理局长。1951 年，他奉调到省人民政府担任顾问、参事。1956 年 5 月 1 日，段纬因脑溢血病逝于昆明，终年 67 岁。

3. 中国公路建设奠基人——陈体诚

陈体诚（1893—1942），福建省福州市人。早年毕业于福建高等学堂，后入交通部上海工业专业学校（交通大学前身），主修土木工程，1915 年毕业，获得工学士学位。后经交通部保送赴美留学，获得卡内基基金会资助，专攻桥梁土木工程，并在美国桥梁公司实习 3 年，掌握了许多实践知识。留学期间，与学习工程的留美同学共同发起组织成立了中国工程学会，他被公举为首届会长。

1918 年陈体诚回国，先在北京任京汉铁路工程师，参与黄河铁桥的修建，同时在北京大学兼课。1929 年初，被任命为浙江省公路局局长，积极推进全省公路网的建设。经过 5 年的努力，浙江省从原先互不联贯的商办公路 10 余条 200 千米，发展到可通车公路达 2 000 余千米，在建公路 1 000 余千米。在进行公路工程建设的同时，陈体诚对于公路的运行、管理，车辆的维护、修理等，都做了全面的筹划部署，行车设施基本配备齐全，驾驶员都经过训练培养，做到行车安全，管理有序，因此被誉为"浙江公路的奠基人"。

1933 年陈体诚调任全国经济委员会公路处处长，兼闽浙赣皖四省边区公路处副处长，1934 年任福建省建设厅厅长，后又兼任福建省财政厅厅长，四年间在浙江、福建修建公路数千千米，尤其是连接闽、赣两省的闽西北公路干线，在抗战爆发沿海公路遭破坏后，成为东南沿海通往内地的重要通道。

抗战爆发后，政府急于开辟西北和西南的公路系统，陈体诚于是年秋，调任西北公路特派员，负责开辟新疆一带的道路，兼任甘肃省建设厅厅长，同时仍兼任全国经济委员会公路处处长，将各省的公路建设纳入国家计划轨道。他广揽人才，任用适当，克尽其能，使公路建设发展迅速，数年间通车公路已达 10 万余千米，省与省之间都有公路干线贯通，陈体诚也获得"我国公路运输的奠基人"的美誉。

1938 年夏，为适应西南后方连通海外的需要，陈体诚又被调任西南公路运输处副处长、代处长。太平洋战争爆发后，我东南海运断绝，滇缅公路成了将外国援华物资运入国内的唯一运输线。1941 年 9 月，经美国方面建议，西南公路运输处改为中缅运输总局，归军委运输统制局领导。局长由军委后方勤务部部长、运输统制局副局长、上将军衔的俞飞鹏兼任，陈体诚任副局长。抢运抗战物资的工作主要由陈体诚承担。他不计个人安危，亲临第一线，辛勤工作。

1942 年 4 月，仰光失守，滇边告急。陈体诚亲赴腊戍，调度督运，连续 8 昼夜没有休息。运送最后一批物资归来时，过惠通桥，敌骑兵追至，他临阵不惧，奋力抢救物资无数，于敌人到来之前自毁大桥离去。6 月，他再赴保山督运，不幸触瘴染疫，于 1942 年 7 月 11 日与世长辞，年仅 49 岁。

4. 茅以升与钱塘江大桥

在北洋大学执教期间的茅以升

　　钱塘江是浙江省最大的河流，湍急的江水将富庶的浙江分成东西两部分，交通隔阻，甚至对全国的国防和经济文化发展也产生了限制。基于此，1933 年，国民政府决定建造一座跨江大桥。此前现代化的大桥几乎都是由外国人兴建：郑州黄河大桥是比利时人造的，济南黄河大桥是德国人造的，哈尔滨松花江大桥是俄国人造的，蚌埠淮河大桥是英国人造的，沈阳浑河大桥是日本人造的，云南河口人字桥是法国人造的。而这座跨江大桥的兴建改写了历史，造就了一位中国工程师的一世英名，他就是大名鼎鼎的茅以升。

　　茅以升（1896—1989），江苏镇江人。1911 年，16 岁的茅以升考入唐山路矿学堂预科，4 年后以第一名的成绩毕业，赴美留学，一年后获得康奈尔大学硕士学位，来到匹兹堡桥梁公司实习。1919 年 10 月，茅以升 30 万字的博士论文《桥梁框架之次应力》被全票通过，获得卡耐基梅隆理工学院（现为卡耐基梅隆大学）工学博士。1919 年 12 月，茅以升登上远洋轮船，返回祖国。

　　1933 年 3 月，正在天津北洋大学执教的茅以升，先后接到老同学浙赣铁路局局长杜镇远和浙江省公路局局长陈体诚发来的电报和长函，请他速回杭州商议建造钱塘江大桥事宜。这对茅以升来讲，真是千载难寻的机会。他毅然辞去北洋大学教授的职务，应邀南下杭州。茅以升的职业巅峰，正是主持建造了中国第一座自行设计、施工的铁路公路两用现代化桥梁——钱塘江大桥。

　　在茅以升之前，民国政府铁道部顾问、美国桥梁专家华德尔曾提出过一个公路、铁路和人行道同层并行的联合桥方案，桥面宽、桥墩大、稳定性差，投资需 758 万银元。茅以升经过一年多的勘察、设计、筹备，设计出了一个双层联合桥，外形美观，桥基稳固，投资只需 510 万银元（当时合 163 万美元）。

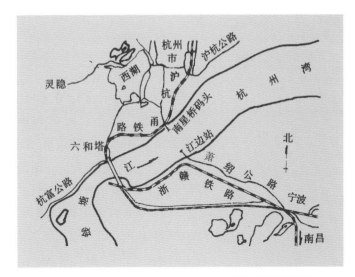

钱塘江大桥桥址地形图

1933年8月，浙江省建设厅成立"钱塘江桥工委员会"，茅以升任主任委员。次年4月1日，浙江省政府成立"钱塘江桥工程处"，茅以升任处长。茅以升邀请曾就读美国康奈尔大学的同窗好友罗英为助手，担任建桥总工程师要职，和自己一起实施建桥方案。

钱塘江以险恶闻名，上游时有山洪暴发，下游常有海浪涌入，如遇台风更是浊浪排空，势不可挡，钱塘江大潮高达5米至7米，令人生畏。而且江底石层上有极细的流沙，深达40余米，在上面打桩十分困难。建造钱塘江大桥首先要克服两大障碍，一是洪水和涌潮；二是流沙。有外国工程师妄言：能在钱塘江上造大桥的中国工程师还没出生呢！

大桥开工不久，困难接踵而来。茅以升遇到的第一个难题就是打桩，要把长长的木桩打进厚达40多米的泥沙层，令其站在江底岩石上才算成功。茅以升特制了江上测量仪器，解决了木桩定位问题，再用"射水法"打桩，即把钱塘江的水抽到高处，通过水龙带将江底泥沙层冲出一个洞，然后往洞里打桩。用这种方法一昼夜可打桩30根，工效大为提高。

沉箱是建桥的重要基础，长18米、宽11米、高6米的钢筋混凝土沉箱，像一个无顶的大房子，重达600吨。潮大水急，要把这样的庞然大物从岸上运到江里，然后准确地放在木桩上，难度极大。但沉箱站不住，桥墩就无法浇筑。其中3号沉箱，在4个月内就先后数次被冲到下游的闸口电厂、上游的之江大学等处。后来根据一名工人的建议，把原先6只各重3吨的固定沉箱的铁锚，换成了每只各重10吨的混凝土锚，在海水涨潮时放沉箱入水，落潮时赶快就位，结果一举成功，600吨重的箱子稳稳地立在了木桩上，以后沉箱也再没有发生移动。

建桥过程中，茅以升充分发挥 80 多名工程技术人员和 900 名工人的智慧，攻克了 80 多项难题。在总工程师罗英协助下，还打破先做水下基础、再做桥墩、最后架钢梁的传统造桥程序，采用上下并进、一气呵成的方法，即基础、桥墩、钢梁三种工程一起施工，并使全部工程做到了半机械化，大大提高了工程效率。

1937 年 8 月淞沪抗战爆发后，日军飞机空袭上海、南京、杭州，并轰炸了未建成的钱塘江大桥。淞沪将士赴死抵抗，为建桥赢得了时间。当时工程已近尾声，茅以升、罗英等几十人坚持在距水面 30 米深的沉箱气室内紧张施工。9 月 26 日，钱塘江大桥的下层单线铁路桥率先通车。茅以升带领工程人员日夜赶工，希望尽快将大桥上层公路桥桥面完成，但已经明显感觉到他已无力把握这座大桥的命运。11 月 16 日，他接到了一份军方绝密文件，称因日军已逼近杭州，要在明日炸毁大桥，以防敌人过江。炸桥所需要的炸药及电线、雷管等，都已运至工地。

钱塘江大桥是在抗日战火中诞生的，考虑到战争的需要，茅以升他们在设计施工时，就已预估到大桥可能遭到战祸，独具匠心地在南 2 号桥墩预设了毁桥埋放炸药的空洞。当晚，茅以升以一个桥梁工程学家严谨、精准的态度，将钱塘江大桥所有的致命点标示出来。这是茅以升一生中最难忘、最难受、最难捱的一天。17 日凌晨，炸药全部埋放好，茅以升又突然接到省政府通知，命令大桥公路立即放行。原来战事爆发后，撤退过江者剧增，靠船渡难以维持交通，情势严重，不得已只能开桥放人。从这天起，大桥全面开放 30 多天，逃难者走过的是埋着炸药的桥。

12 月 19 日，日军从安吉、武康、嘉兴三个方向进攻杭州。国民党守军失利后撤，杭州危在旦夕。12 月 23 日，炸桥令下达。随着一声巨响，钱塘江大桥被全部炸毁。总长 1 453 米、历经 925 个日日夜夜、耗资 160 万美元建成的钱塘江大桥，有了这样一个令人悲痛的结局。而日军占领杭州后，因大桥已炸，被钱塘江天堑所阻，滞缓了侵略的步伐。

桥炸之后，大桥工程处向浙江兰溪撤退，随行带走了全部的大

钱塘江大桥今影

桥档案，并派专人负责管理。来到兰溪后，茅以升投入最大精力组织人员绘制钱塘江大桥竣工图，赶制工程报告。竣工图共 200 多张，都画在描图布上，可以长期保存。

1938 年春，茅以升得到通知，由他担任院长的唐山工程学院已经撤退到湖南湘潭，准备在那里复课，于是他带领大桥工程处剩余寥寥无几的工作人员赶赴湘潭，将整理完毕的大桥工程档案装在 14 个木箱里，随行携带。

抗战后期，考虑到战后桥梁事业的发展，1943 年，国民政府在重庆成立了中国桥梁公司，由茅以升担任总经理。1946 年春，接受政府通知，茅以升带着 14 箱档案资料回到劫后的杭州，充实大桥工程处人员，准备修桥。他们对大桥进行了重新勘测，1947 年夏，委托中国桥梁公司上海分公司承办施工。

当时国民党统治已进入土崩瓦解的状态，人心涣散，兼之经济崩溃，修桥经费难以保障，工程进展异常迟缓。1949 年 5 月 3 日，杭州解放。在此之前，当局妄图炸毁大桥以阻止解放军南下，在杭州地下党和铁路工人的努力下，大桥主体没有受到太大破坏。其后上海铁路局接手继续施工，1953 年，钱塘江大桥恢复了昔日的面貌。

1989 年 11 月 12 日，茅以升因病在北京逝世，终年 94 岁。他被后人誉为"中国现代桥梁之父"。

十、中国近代纺织工程师

1. 近代纺织工业的发展

鸦片战争爆发后，中国成为西方国家的工业品销售市场和工业原料、农业土特产供给地。生丝成为中国最主要的出口商品之一，同时，便宜耐用的"洋纱"、"洋布"也大量输入，令国产的土布相形见绌，国内原有的传统手工纺织业受到很大冲击，逐渐衰落甚至走向解体。

为拯救民族纺织业，洋务派的一些代表人物以及开明的地方士绅们，打出了"振兴实业，挽回利权"的口号，先后筹集资金从国外引进纺织机械建厂，为我国近代纺织工业的兴起揭开了帷幕。从1880年左宗棠兴办的第一家采用全套动力机器的纺织厂甘肃织呢局，到之后的上海机器织布局、华盛纺织总厂、湖北四局再到华新纺织新局，我国的纺织业也经历了从官办到官督商办再到官商合办的发展过程。

19世纪末20世纪初，近代纺织工业快速发展，几乎每年都有较大规模的纺织厂开工。尤其是"一战"期间，中国民族资本得到发展契机，华商纺织厂有了很大的扩展。战争结束后，欧美国家逐渐恢复元气，再度向华倾销纺织品，而此时民族资本已具备一定实力，与之展开了激烈的竞争。抗战时期，沦陷区的纺织设备均被日军掠夺霸占，欧美等国的在华垄断势力也被日本取代。日本人控制了我国棉纺织总锭数的4/5。尽管在西南大后方，动力机器纺织生产有所发展，但许多地区不得不重新依靠手工机器及其改进形式进行生产，以弥补战时纺织品的严重不足。

2. 实业家张謇与近代纺织教育

张謇（1853—1926），江苏海门人。在父亲的教导下，张謇4岁起读私塾，15岁参加科举考试，16岁应院试，中第二十五名秀才，1885年，张謇应顺天（今北京）乡试，中第二名举人。1888至1893年六年中，张謇先后主持江苏赣榆选青书院、太仓娄江书院、崇明瀛州书院。1894年，慈禧六十岁生日，特设恩科会试，已届41岁的张謇，难违父命，赴京应试，中一甲第一名状元，任翰林院修撰。

张謇

这一年，甲午战争爆发，北洋水师惨败。甲午之耻激发了张謇的爱国之情，他决心放弃仕途，实践"父教育，母实业"的救国抱负。他在日记中写道："愿成一分一毫有用之事，不愿居八命九命可耻之官。"1895年秋，张謇筹办大生纱厂，开始了从士大夫向实业家的转变，其后他又创设一系列实业、文化、教育事业。1912年，张謇接受孙中山任命，担任实业部总长兼两淮盐政总理。1913年，加入熊希龄"第一流人才内阁"，任农林工商总长，兼全国水利局总裁。1915年，他因反对袁世凯称帝而辞掉所有任职，回到南通故里。张謇又创建南通纺织专门学校，培训纺织技术人才；筹办棉业试验场，推广棉花良种。1917年，张謇在上海发起成立华商纱厂联合会，并被推选为会长。

张謇一生的志趣在于教育和实业。他说："向来实业所到即教育所到"，"苟欲兴工，必先兴学"。这也是张謇在创办实业过程中总结经验教训后得出的结论。张謇在创办大生纱厂时，因缺乏技术，事事依赖洋人，于是立志培养自己的技术人员。1912年4月，张謇在大生纱厂附设纺织传习所。是年秋，规模扩大，改称南通纺织学校，聘请日籍教员和中国留美学生任教。中国纺织业以学校形式大规模培养专业技术人才由此而始。

1913年，张謇带头捐资，筹集经费，加上大生纱厂抽出的部分余利，用以新建校舍，将学校定名为南通纺织专门学校。这是中国第一所单科性纺织技术教育高等学校。张謇为该校手题"忠实不欺，力求精进"的校训，又撰写《纺织专门学校旨趣书》。至于学校经费，张謇规定由大生各厂按成负担，在每年的纱厂余利中支付。此例沿袭，保证纺织学校长久不衰。张謇对纺织专业教育提出了许多自己的理念，比如提倡"手脑并用"。1914年，他为该校筹设实习工场，购置全程设备，供学生实践纺织工程技术。此后，纺织专门学校陆续增设丝织专业班、电工专业班、机械专业班，还增设了针织技术课。1917年纺织本科毕业生已有两届50余人，毕业生大部分供全国各纺织厂充实技术力量，少部分为大生纱厂留用，还有少数人出国留学，以期回国后充实本校师资。

1927年纺织专门学校更名为南通纺织大学，1928年又与南通医科大学、南通农科大学合并成南通大学，1930年更名南通学院。抗战期间该校迁往上海，战后返回南通，1952年院系调整时并入华东纺织工学院，即现在中国纺织大学的前身。南通学院纺织科办学40年，桃李满天下，毕业的学生前后共1 750余名，分布于全国各主要纺织厂、印染厂、纺织院校、纺织科研单位和各级纺织管理机构，成为我国纺织工业的骨干力量。

张謇在发展棉纺织工业的同时，还兴办轮船公司、铁厂、面粉厂、缫丝厂等企业，组成以棉纺织企业为核心的大生企业集团。他的名字与中国民族工业的发展联系在一起。

1926年8月24日，张謇病逝，享年73岁。新中国成立后，毛泽东在谈到中国近代工业时曾经说过："讲民族轻工业，不能忘记张謇。"这是对张謇所做贡献的最好评价。

3. 近代纺织机械工程师——雷炳林

雷炳林（1882—1968），广东台山人，年少时在家乡就读私塾。其父早年赴美谋生，1899年雷炳林赴美帮助父亲经营洗衣业。1902年，母亲在台山病故，父亲回国料理后事，将其在纽约的业务交给雷炳林经营，这是他事业上的一个转折。当时国内发生抵制日货运动，华侨闻风兴起发展新兴工业之潮，香港华洋织造公司即为其一。该公司最初由华人在美国波士顿发起组织，随后扩充至纽约，雷炳林也是发起人之一。同时，雷炳林决心学习纺织，他是我国早年留美学习纺织的第一人。

1902 年至 1910 年，雷炳林在美完成中等教育，并从费城纺织学校毕业。1910 年，雷炳林学成回国，于 1911 年至 1913 年任广东东莞工艺局局长兼织染教员，1913 年至 1916 年任广东工艺局织染技师。1916 年，雷炳林受张謇聘任为南通纺织专门学校教授，执教 7 年。1923 年春，雷炳林转入永安公司任永安一厂布厂主任，并与骆乾伯共同管理该厂有关技术工作。1924 年冬，永安公司收购吴淞大中华纺织厂并改称永安二厂，调骆乾伯前往主持，永安一厂的厂务由雷炳林接任。1937 年抗战开始后，雷炳林调任永安三厂制造部主任（相当于总工程师）。

雷炳林为永安公司打出"金城"名牌棉纱、棉布。除了做好管理工作外，他一直以改良机器、降低成本和提高产品质量为己任，于 1936 年夏研究出精纺机弹簧销大牵伸机构和粗纺机双喇叭导纱装置两项发明，后者在 1937 年 4 月获当时南京国民政府实业部批准专利 5 年，同年 11 月发给第 97 号专利证书。他又对皮圈伸张器等牵伸部件不断加以改进，在 1939 年 10 月 31 日又得当时重庆国民政府经济部准予追加专利。雷炳林也以此项发明向国外申请专利，其中英国于 1938 年 2 月 17 日发给第 505457 号特许证书，准予专利 16 年，并推荐他为英国皇家学会会员。其他如印度、美、法、德、意和瑞士等国也批准了他的专利。

雷炳林的创造发明为纺织科研起了开拓作用。当时中外报刊多有报道和评论，对两项发明在理论及实践上都加以肯定。上海《申报》评论："雷氏的发明，一雪外国人讥笑中国人只能使用机器而不能发明机器之辱。"可惜当时中国局势动荡，除少数厂曾经采用或改装试验外，雷氏的发明未能及时深化、提高和推广应用。而国外直至 20 世纪 60 年代初期才逐步由西欧一些著名厂商开发出弹性销活络钳口牵伸机构，全面取代传统的固定钳口牵伸机构，使全球的纺纱工艺设备起了划时代的变革，比雷氏晚了 20 多年。

抗战胜利后，雷炳林针对实业界只求经济上的获利而忽略技术上的改进，为民族工业的前途担忧而发出"技术家的责任"的呼声，呼吁政府实施保护政策，号召技术人员努力改进技术，以期能与外国抗衡。

雷炳林于 1952 年从永安三厂退休。纺织工业部于 1955 年在上海组织了"综合式大牵伸装置"专题研发小组，雷炳林虽已退休，仍受命参与有关牵伸技术的研发。该项研究于 1956 年年中试验成功，以后曾推广了 70 万锭。

4. 近代色织工程先驱——诸文绮

诸文绮（1886—1962），原籍江苏武进，生于上海，商人家庭出身。1904 年在上海龙门学堂结业后，考入上海江海关任职员。1906 年东渡日本，先入语言学校补习日语，次年考入名古屋高等工业学校，改读化学并取得上海县劝学所助学金。1910 年学成归国，经清政府留学生考试，成绩优异，被授予进士衔，并派任农工商部部员。

诸文绮自日本归国后，目睹纺织品市场上外货充斥，深以为患。当时国内连日常生活必需的丝光线也无力生产，只能向日商洋行订购，利权外溢严重。1911 年，诸文绮在江苏省立工业学校任教期间，边教学边研究纺机设计和制造，自行设计、绘制棉线丝光机图样，并委托合众机器厂加工制造。棉线丝光机是丝光线生产的关键设备，因棉线漂、染都可以用手工操作，而碱液丝光必须用机器。该样机完成后他又设计丝光线生产工艺程序，以半手工方式，经多次尝试，终于试制成功了丝光线的生产工艺流程。

1913 年，诸文绮集资数千元，在上海北四川路横浜路创办启明丝光染厂，自任总经理。该厂采用西法丝光工艺，生产出质量可与进口货媲美的产品。这些产品除供应江浙市场外，还远销华南、华北各地，一时供不应求。在此期间，他经研究试验，获得了在丝光碱液中加入猪油，以增加渗透、提高质量的创新方案。1914年，他潜心创名牌产品，向北洋政府提出申请，获批准专利五年，使用双童牌注册商标，生产各种丝光线，并设立发行所。双童牌丝光线产品曾在巴拿马博览会上获特等奖，声誉日隆。染织同业公会特别制成银盾一枚授予诸文绮，誉之为丝光业鼻祖。

1916年，启明染织厂将提花木织机改进为铁木动力机。1924年诸文绮研制出色织布打样机，解决了长期以来在设计新的花色布样时因必须先上布机试织样品而造成大量布匹浪费的问题。这种打样机不仅在色织业中被普遍应用，在毛纺织行业中应用也很广。

诸文绮兴办染、织生产和染料制造工厂，设立发行所，经营银行，融产、销、金融于一体，为我国早期纺织工业的发展作出了贡献。他还用经营实业所得，建设学校，培育人才。1936年，他依照私立学校办学规定，筹足基金，聘请教育专家及染织工业界知名人士为校董，组织校董会，在上海闵行镇东、黄浦江边拓地三十余亩，筹建文绮染织专科学校，1946年该校建成开学。该校是一所三年制专科学校，设染织科，招收高中毕业生，传授纺织、印染技术。1949年7月第一届学生毕业。1950年该校并入私立上海纺织工学院，之后又经院系调整，并入华东纺织工学院（今东华大学）。

1947年，诸文绮又在上海闵行创办文绮高级中学。1948年11月，他和上海工商界人士章乃器、包达三等人，经中共党组织安排，从香港到北平。1949年5月上海解放，诸文绮返沪任上海工商联合会筹备委员，1950年离沪定居香港。1962年4月他因病逝世，终年76岁。

十一、中国近代化工与机械工程师

1. 实业家范旭东与中国近代化工业的发展

范旭东（1883—1945），湖南长沙东乡人。留学日本，1908 年考入日本京都帝国大学应用化学科。1912 年回国，在国民政府财政部任职，次年被派赴欧洲考察盐政。回国后，他深感中国盐业落后，决意从办盐业入手，进而以制盐、制碱来发展我国化学工业。1914 年，范旭东在天津塘沽创办了久大精盐公司，并于两年后制出国产第一批精盐，从而结束了当时国人以粗盐为食的历史。1919 年他又在塘沽创办永利碱厂。

办厂过程中，由于国外企业不肯转让技术，中国的工程技术人员不得不自行研制，备尝艰辛。这使范旭东意识到科学技术对发展中国民族工业的特殊重要性。1922 年，他将久大精盐公司和永利碱厂付给创办人的酬劳金全部用作科研经费，以久大精盐公司实验室为基础，创办了"黄海化学工业研究社"。这是中国私营企业设立的第一个科研机构，由此中国出现了一个被称为"永久黄"的工业团体（永利碱厂、久大精盐厂、黄海化学工业研究社）。1921 年，范旭东聘请美国专家托马斯帮助安装制碱设备，托马斯向中国工人和技术人员传授了制碱工艺，接受托马斯培训的人员中就包括著名化工工程师侯德榜。

从长远来看，培养、利用中国自己的人才力量解决问题，才是根本办法。范旭东从国外招聘来包括侯德榜在内的很多留学人才，其中包括余啸秋、刘树杞、吴承洛、徐充踵、李得庸等人。他又在国内聘用了李烛尘、陈调甫、孙学悟、阎幼甫、傅冰芝等一批有真才实学的实干家，这些工程师后来为永利碱厂的发展立下了汗马功劳。

经过 7 年的努力，永利碱厂生产的"红三角"牌纯碱畅销国内外，在美国费城万国博览会上荣摘金奖，这是中国的产品首次得到国外

的大奖。永利的成功使原本垄断中国碱品市场的卜内门公司黯然缴
械投降，它们与永利碱厂协商并签订协议，卜内门公司在中国市场
占有率不能超过45%。

创办盐、碱企业成功后，范旭东深知我国化学工业要想有较快
的发展，生产"酸"这一基础化学工业也一定要自立，只有这样才
不致受外人挟制。鉴于此，范旭东在1929年正式向国民政府提出
承办硫酸铔厂（硫酸铔即硫酸铵，铔是铵的旧称，现已不用），并
做积极准备。1933年10月，英、德两国的化工公司在与民国政府
实业部谈判合作中，提出"12年内中国不得在长江以南再建新的硫
酸厂，而且所建工厂的产品只能由英国卜内门和德国霭奇两家公司
包销"等苛刻要求，意欲完全垄断中国市场。谈判最终以流产告终。
范旭东在此时积极争取，实业部最终决定由国人自办硫酸铔厂，并
限动工后两年半内完成。

1934年3月，永利碱厂更名为永利化学工业公司，由范旭东任
总经理，李烛尘任副总经理，侯德榜任总工程师。范旭东以借贷抵
押方式筹措到资金，正式筹建永利化学工业公司南京永利铔厂。创
建南京永利铔厂之初，鉴于制酸工艺复杂、要求设备精良，为确保
铔厂工程质量，范旭东特派侯德榜等人赴美学习制酸技术和订购设
备。随后，侯德榜即带领杨云珊等工程师前往美国，解决设计、采
购设备等事项，并学习、掌握生产技术。1937年1月，堪称"远东
第一"的中国人自办的首座化肥厂——南京永利铔厂，在范旭东与
员工们的努力下，仅用30个月就如期竣工。

1937年2月，永利铔厂正式全面投产，它由三个分厂——硫酸
厂、氮气厂及硫酸铵厂构成，拥有日产合成氮39吨、硫酸120吨、

硫酸铵 150 吨和硝酸 10 吨的规模。该厂不仅为我国农业第一次制成了化学肥料，同时也为我国工业制造了大量的硫酸和硝酸。其"红三角"牌化肥在市场上供不应求，可与美国杜邦公司的产品相媲美，打破了英、德垄断中国市场的局面。铔厂建成后，范旭东非常激动地说："我国先有纯碱、烧碱，这只能说有了一只脚。现在又有了硫酸、硝酸，才算有了化工的另一只脚。有了两只脚，我国化学工业就可以阔步前进了。"

正值永利铔厂发展之际，1937 年，抗战全面爆发。为配合中国军队的作战需要，范旭东组织铔厂员工赶制军需原料硝酸，以供军方火药，支援抗日。其间，日军因该厂对军事、民用关系重大，多次威逼范氏，表示"只要合作，即可保全"范旭东断然拒绝了日本人的要求。他凛然陈词："宁举丧，不受奠仪！"日军恼羞成怒，于同年 8 月 21 日、9 月 27 日、10 月 21 日分 3 次轰炸铔厂，厂区中弹 87 枚，遭到严重破坏，生产被迫停止。同年 12 月 13 日，国民党卫戍部队撤出南京，铔厂被日军海军陆战队占领。

抗日战争胜利后，范旭东以极大的热情投身于中国化工事业的复兴，然而，命运多舛。1945 年 10 月 4 日，范旭东在四川重庆沙坪坝南园的狭小宿舍里，因脑血管病辞世，享年 62 岁。

20 世纪 50 年代中期，毛泽东在谈到中国民族工业的发展过程时说，近代中国有四个实业界人士不能忘记，其中之一就是搞化学工业的范旭东（另三人分别是重工业张之洞、轻工业张謇、交通运输业卢作孚）。

2. 近代化工工程师的楷模——侯德榜

侯德榜（1890—1974），生于福建省闽侯县一个普通农家。他自幼半耕半读，勤奋好学，1907 年就读于上海闽皖铁路学堂，1910 年毕业后在英资津浦铁路当实习生，1911 年考入北平清华留美预备学堂，1913 年被保送到美国麻省理工学院化工专业学习，1917 年毕业获学士学位，再入普拉特专科学院学习制革，次年获

侯德榜

制革化学师文凭，1918年又到哥伦比亚大学研究生院学习制革。1919年获硕士学位，1921年获博士学位。

1921年，侯德榜接受永利碱厂总经理范旭东的邀聘，离开美国启程回国，承担起续建碱厂的技术重任。在制碱技术和市场被外国公司严密垄断的条件下，侯德榜解决了一系列技术难题，使得1926年永利碱厂顺利投产，生产出优质纯碱。

1933年，侯德榜用英文撰写了《纯碱制造》（*Manufacture of Soda*）一书，在纽约出版。在该书前言中，侯德榜写道："本著作可说是对存心严加保密长达世纪之久的氨碱工艺的一个突破。书中叙述了氨碱制造方法。对细节尽可能叙述详尽，并以做到切实可行为目的，是本书的特点。书中内容是作者在厂十多年从直接参加操作中所获的经验、记录以及观察、心得等自然发展而形成的……"这本书的出版，结束了氨碱法制碱技术被垄断、封锁的历史，在学术界和工业界受到高度重视，被公认为制碱工业技术的权威著作。美国著名化学家威尔逊教授称赞该书为"中国化学家对世界文明所作出的重大贡献"。该书相继被译成多种文字出版，对世界制碱工业的发展起到了重要作用。为了表彰侯德榜突破氨碱法制碱技术奥秘的功绩，1930年哥伦比亚大学授予他一级奖章；1933年中国工程师协会授予他荣誉金牌；1943年英国皇家学会聘他为名誉会员，他是当时全世界仅有的12位名誉会员之一。

1934年，更名后的永利化学工业公司任命侯德榜为厂长兼技师长（即总工程师），全面负责筹建南京锭厂。侯德榜深知筹建这一联合企业的复杂性，且生产中涉及高温高压、易燃易爆、强腐蚀、催化反应等高难度技术，是当时化工技术之最，而国内基础薄弱，公司财力有限，工作难度大。他按照"优质、快速、廉价、爱国"的原则，决定从国外引进关键技术，招标委托部分重要的设计，选购设备，选聘外国专家。1934年4月，侯德榜带着6名技术人员赴美考察，购买设备，回国后即投入安装，仅用30个月的时间，

1937 年 1 月，这座重化工联合企业建成并一次试车成功，生产技术也达到了当时的国际水平。永利碱厂和南京铔厂两大化工企业的建立，为我国化学工业的发展奠定了基础。

抗战期间，永利化学工业公司决定迁到地处大后方的四川，重建中国化工基地。1938 年，在岷江岸边的五通桥，开始筹建永利川厂，后改名为"新塘沽厂"。在筹建永利川厂纯碱装置之初，侯德榜等人考虑到四川井盐昂贵，耕地少，不能沿用氨碱法，于是侯德榜率队到德国洽购察安法专利，谈判失败。回国后，侯德榜组织指导永利公司大批技术骨干开展了新法制碱的研究。次年春，侯德榜安排科研人员将试验迁到香港进行，他自己在纽约函电联系指导。通过 500 多次试验，研究小组分析了 2 000 多个样品，侯德榜和几位技术骨干基本掌握了察安法工艺。侯德榜决定研究碳酸氢铵水溶液与食盐粉直接复分解的方法（复分解反应是化学中四大基本反应之一），1940 年初，试验有了初步结果，研究小组随即在上海法租界安排进行扩大试验。同时，公司增派技术人员到美国深入进行补充试验，并着手进行碱厂设计。1941 年初，研究小组在美国的试验得到了准确的结论，并查明了察安法专利报告所谓"该法的关键在中间盐的加入"的虚妄论断。同时，上海的扩大试验也初步得到了近似小试的结果，表明新法制碱初步成功。永利川厂厂务会议决定将新法命名为"侯氏碱法"，这种联产纯碱和氯化铵的连续法联合制碱新工艺，是纯碱生产技术发展历程中继吕布兰法、氨碱法之后的第三次飞跃。

不久，太平洋战争爆发，上海法租界被日军占领，新法制碱的扩大试验被迫中断；同时永利化学工业公司在撤退中设备器材等尽陷敌手，川厂的建设前景受到了严重威胁。在范旭东的支持下，侯德榜仍继续进行他的第三步试验，即研究制碱流程与合成氨流程结合，连续生产纯碱与氯化铵的工业试验方案。侯德榜在美国购买了已受控制的液氨，空运四川，在川西五通桥建设了一套日产纯碱和氯化铵各几十公斤的连续法中间试验装置。中试运行顺利，确立了"侯氏碱法"的原则流程。该方法融合了氨碱法与察安法，使碱厂与氨厂密切结合，食盐利用率达 95% ~ 98%，没有废液排出，投资和产品成本比分别建厂大幅度降低。不幸的是，由于战争影响，条件困难，这套中试装置运转两个多月就停产了。

1945 年抗战胜利后，永利公司的精力转向了恢复塘沽碱厂与南京铔厂的生产。由于受到各方面的影响，永利川厂的建设和"侯氏碱法"的工业化实施一直未能继续。1949 年底，侯德榜受中央财经委员会和重工业部委托，率团到东北考察时，发现生产氨的大连化学厂与生产碱的远东电业曹达工厂隔墙为邻，是发展联合制碱的极好条件，他当即建议两厂结合，采用这一新工艺；同时，建议在恢复大连化学厂生产的过程中，建立联合制碱的生产试验车间。在侯德榜的指导下，试验车间开展了日产 10 吨的试验装置设计、设备制造、安装、试验等工作。1952 年底，由于苏联专家的反对，试验被迫中断。后在侯德榜的坚持下，化工部给予了支持，试验重新展开，随即开展了 16 万吨级生产车间的设计。在侯德榜的指导下，工厂进一步完善了联合制碱流程，确定了工艺参数、设备选型等生产所需数据。1961 年，第一条 8 万吨级生产线建成，投入试生产。1964 年，试生产达到了预定的各项指标，之后，这种新工艺陆续在全国 50 多家工厂推广，年产纯碱和氯化铵各达百万多吨，"侯氏碱法"成为我国生产纯碱和化肥的主要方法之一。

自幼树立"科学救国"、"工业救国"宏愿的侯德榜，热心于科技知识的传播与应用，注意爱护和培育科技人才，同时也十分重视科技社团在传播交流科学技术方面的作用。他是我国最早成立的科技社团——中国科学社的元老成员之一。他先后担任过中华化学工业会、中国化学工程学会、中国化学会、中国工程师协会、中国化学化工学会以及中国化工学会的理事、常务理事和理事长，并曾当选为中华全国自然科学专门学会联合会及中国科学技术协会的副主席。20 世纪 50 年代，侯德榜担任共和国化工部副部长、全国人大代表、政协常委等许多重要职务后，依然经常深入基层，主动为工厂和设计院所的技术人员讲课、做报告，介绍新技术、新知识，经常亲自处理、答复大量请教技术问题的来信，审阅发明建议资料，审改书刊稿件。病重住院期间，他在病床上坚持为一名技术员撰写的关于磷肥生产的书稿进行审阅、修改，直到病危，并为最终无力改完这本书稿而遗憾。

1974年8月26日，这位勤奋一生、功绩卓著的科学家、化工工程师与世长辞，在北京病逝，终年84岁。

3. 中国机械制造工程奠基人——支秉渊

支秉渊（1897—1971），浙江省嵊县人。他15岁丧父，依靠在沪杭铁路任土木工程师的异母长兄支秉亮资助完成学业。1916年7月他考入交通部上海工业专门学校（上海交通大学前身）电机科，1920年毕业，取得电机工程学士学位。毕业后，支秉渊被聘为上海美商慎昌洋行实习工程师、工程师，负责发电机组、内燃机、水泵、压气机等机器设备的销售业务，这一职业对他掌握实际经验提供了很大的帮助。

1925年五卅惨案爆发，激起了全国反帝怒潮，支秉渊萌发自己办厂的念头。他联络了大学同学魏如、吕谟承、朱福驷和校友张延祥、黄炎等人，在上海筹办新中工程股份有限公司（后改为上海新中动力机厂，2009年重组后改为上海齐耀发动机有限公司）。"新中"寓有"新中国"之意，反映了支秉渊等爱国知识分子强烈的民族自尊心和振兴民族工业的志向。支秉渊在公司运行伊始就计划制造内燃机。已经熟悉并研究过柴油机的支秉渊、吕谟承、魏如各自分别设计了一台。因自身尚未设厂，他们便将图样委托其他厂代做，但三台柴油机造出后没有一个能够发动。经过此次教训，支秉渊调整计划，先行仿制热销于苏南沪宁路沿线和杭嘉湖一带、适用于农业灌溉的几种外国产水泵，结果营业状况奇好。

1926年南洋大学举办了一届工业展览会，新中公司展示了自制的8英寸口径离心式抽水机，开车运行，证明产品轻巧坚实，较之舶来品有过之而无不及。新中公司迅速崛起，成立三年已称雄于上海水泵制造业。

1929年，第一台国产双缸柴油机由支秉渊主持在新中公司制成，功率为 36 马力，热效率高于其他种类的狄塞尔柴油机。尽管是仿制成功的，但显示了当时中国内燃机制造和应用与世界发展水平已趋于同步。1930 年，支秉渊着手制造 40 匹至 90 匹较大功率柴油机，以适应行船和组机发电，并在上海安亭镇与当地士绅合办电厂。新中公司为安亭以及萧山的永安电灯公司、嵊县的开明电灯公司、嘉定的南翔电灯公司提供的引擎装机容量达上海民营厂产引擎总装机容量的 30%。

此外，他们还于 20 世纪 30 年代初开始研究仿制国外 20 年代后期出现并很快用作汽车发动机的高速柴油机。当时国内尚未有人做此尝试，都认为其制造难度很大，实际难度在汽油机之上。但支秉渊等工程师并没有畏惧，1937 年仿制的机器顺利完成总装并初获成功。中国制造的第一台高速柴油机诞生。此后支秉渊继续与同仁研究内燃机，并由此开始构思和孕育中国汽车工业。

考虑到柴油汽车发动机在国内可能缺乏配套件难以生产，并受燃料供应短缺等因素影响难有销路，支秉渊在试制同期即着手柴油机改型为煤气机的工作。他们仿德国制造的 M.A.N. 煤气发动机试制，最终获得成功，支秉渊决定将 45 马力煤气发动机装上旧汽车底盘来驱动。该车经过一段时期的短途试运行后，支秉渊亲自驾驶该车往贵阳赴会兼作长途试验，行至广西境内因机械故障折返祁阳，后经整修于 1942 年初重新启程，该车翻越湘、桂、黔、川四省崎岖山路，顺利抵达重庆。煤气引擎驱动汽车长途运行成功后，支秉渊又向制造整部汽车的目标迈进，他委派初出校门的工程师陈望隆专职设计监造，历时两年终于制成一辆样车。

1943 年冬，中国工程师学会为表彰支秉渊领导制造内燃机的开创性成就，授予他金质奖章荣誉。支秉渊也成为继侯德榜、凌鸿勋、茅以升、孙越崎之后第五个获得这项中国工程技术界最高荣誉的人。

遗憾的是，随着 1944 年 5 月湘桂战役爆发，国民党战场第二次出现大溃败，无论是在建中的煤气机生产线，还是构想中的汽车制造计划都夭折了。直到中华人民共和国成立，中国才有了自己的汽车工业。

中国工程师史

第四章

自力更生
——新中国成立三十年间的
工程师

一、百废待兴的中国工程事业

1. 建国初期的国民经济恢复与工程建设

1949年，新中国成立。当时整个中国的经济处于极端落后的状态，可谓千疮百孔、百废待兴。当时的工业整体上处于手工作业阶段，设备落后，产品稀少；交通状况更差，数千年前就已经使用的畜力车和木帆船等民间运输工具仍然大量存在；邮电通信落后，电话电报还多是靠手工操作，约有一半的县没有自动电话，约有四分之一的县根本无条件使用电报和长途电话通信。不过，新中国的建设者们仅用了短短的三年时间，就成功完成了国民经济的恢复重任，主要工农业产品产量均超过了历史最高水平，人民生活水平有了很大提高。

兴修水利和改善交通是恢复工农业生产的基础。1950年，国家重点治理了连年泛滥成灾的淮河。三年内全国有 2 000 多万人参加水利建设，完成土方约 17 亿立方米，荆江分洪区和官厅水库等一大批水利工程都是在这一时期开工建设的，总工程规模相当于 10 条巴拿马运河或 23 条苏伊士运河，这是中国有史以来从未有过的大规模水利工程建设。在兴修水利的同时，中国还加强了以铁路为重点的交通建设。至 1952 年，全国共修复受战争损毁严重的津浦、京汉、同蒲、陇海等铁路近 1 万千米，新建了成渝、天兰、宝成等铁路 1 473 千米。三年间修复公路 3 万多千米，新建公路两千多千米。

上述工程每一步都凝聚着中国新一代工程师的心血。尽管新中国成立初期，中国的工程师还极其缺乏，更多的工程项目主要靠工人农民的长期经验和人海战术，但这样高涨的建设热情，为后来中国工程事业的发展和发展模式的形成奠定了重要的基础。

1956 年，党中央、国务院提出"向科学进军"的口号，制定了《1956—1967 年科学技术发展远景规划》，明确提出"四个现代化"的建设目标,极大地激发了广大科技工作者的积极性和创造性。在这个至今被认为最成功的 12 年科技规划中,技术科学和工程技术占据了绝大部分,为我国工程科技领域的发展打下了坚实的基础。这与我国当时重点加强重工业和军工技术的决策也是密切相关的,以后,尽管在反右、大跃进和随之而来的"文革"中,科技工作受到了很大的干扰,但在国防和尖端工程科技领域仍取得了大量成就。

2. "文革"期间中国工程事业的发展

在"文革"中,中国的工程师们自强不息,仍然在自己的岗位上顽强奋斗。1964 年我国第一颗原子弹爆炸试验成功;1967 年第一颗氢弹爆炸试验成功;1968 年第一座自行设计施工的南京长江大桥建成通车;1969 年首次地下核试验成功;1970 年"东方红一号"人造地球卫星发射成功;1971 年第一艘核潜艇安全下水并试航成功;1972 年第一条超高压输变电工程——刘家峡水电站建成输电;1973 年第一台每秒运算百万次的集成电路电子计算机试制成功;1974 年大港油田和胜利油田建成;1975 年第一颗返回式卫星发射成功,同年,第一条电气化铁路(宝成铁路)建成并交付使用……

以石油、煤炭、电力和钢铁、水泥为主的能源、原材料生产,代表着国民经济发展最基础性的工业,在"文革"时期都取得了最突出的发展。1967 至 1976 年间,国家对能源建设的投资超过 500 亿元。在石油工业中,不仅扩建了大庆油田,而且新建了胜利油田、大港油田、任丘油田、辽河油田、中原南阳油田、江汉长庆油田等。原油产量以每年平均 18.6% 的速度增长,1978 年原油产量突破 1 亿吨,原油加工量比 1965 年增加 5 倍多。如果没有当时石油工业的大发展,我国八九十年代甚至现在的石油自给都将面临较大的困难,与之相关的化工、化肥、化纤等工业也不会发展扩大。

在煤炭工业中,新建了山西高阳煤矿、山东兖州煤矿、河南平顶山煤矿、四川宝顶山煤矿、新疆哈密露天煤矿;在电力工业中,除各地兴建的众多中小型发电站外，仅大型发电站就有刘家峡水电站、丹江口水电站、龚咀水电站、黄龙滩水电站、碧口水电站、八盘峡水电站以及唐山陡河发电厂、山东莱芜火力发电厂等陆续建设和投入使用。

然而"文革"时期工程师的生存环境极为严酷，大批从海外回国的科技人员都面临着异常艰难的处境，学有专长的知识分子难以开展正常的研究工作。同时，"文革"造成了我国国民经济的巨大损失，有5年经济增长不超过4%，其中3年负增长。

3. 三线建设——我国经济建设战略布局的大转变

由于历史的原因，我国工业的70%集中在东南沿海一带，而占国土面积1/3的西南、西北内陆地区，因为交通闭塞，近代工业十分薄弱。1965年9月，在国家计委拟定的第三个五年计划安排草案中提出，根据当时复杂的国内外局势，第三个五年计划要把国防建设放在第一位，加快三线建设，逐步改变工业布局。

从20世纪60年代中期到70年代末期，在中国西南、西北内陆地区，开展了一场大规模的经济建设运动。根据当时从战略角度进行的划分，这一地区属于全国战略布局的第三线（第一线指东北及沿海各省，一线与三线之间为第二线），也称"大三线"。同时，各省又都划分了自己的一、二、三线，其中的第三线称为"小三线"。大、小三线的集中建设，在六七十年代我国国民经济发展中占有很大比重，史称"三线建设"。其投资之集中、地域之广大、持续时间之长，都为新中国建设史上所仅有。

我国在三线建设中投资达2 050亿元，建立起了攀枝花钢铁基地、六盘水工业基地、酒泉和西昌航天中心等一大批钢铁、有色金属、机械制造、飞机、汽车、航天、电子等工业基地，使国家的基础工业和国防工业状况大大改变。同时改善了国内生产力的不合理布局，进一步促进了内地资源的开发，带动了少数民族地区的社会进步。

4. 大规模引进西方技术设备

20 世纪 50 年代，中国处在工业建设的特殊时期，第一次从苏联大规模引进成套设备。得益于这次引进，中国在原材料、能源、机械、电工等工业领域形成较快的生产能力，中国的现代工业体系得到了初步建立。60 年代初期苏联专家撤走后，中国和苏联、东欧的经济贸易交往急剧减少，当时我国也曾考虑扩大同资本主义国家的经济交往，引进先进技术设备，但由于国际形势的持续紧张及"文革"运动，一直未能实施。

1971 年，中国恢复了在联合国的合法席位，加上美国总统尼克松访华，美国等西方国家的对华封锁被打破，这为中国引进成套技术设备创造了有利条件。20 世纪 70 年代，我国在坚持独立自主、自力更生的基础上，一直探索同西方发达国家开展经济技术交流的渠道，并形成了一个对外引进的新高潮。1972 年到 1973 年，国家计委先后四次向中央报送关于进口成套技术设备的报告，最后形成我国在三到五年内引进 43 亿美元成套设备的方案，即"四三方案"。

此后，以"四三方案"为中心，我国先后投资 50 多亿美元，引进了 26 个大项目。其中用于解决吃、穿、用问题的化肥、化纤和烷基苯项目就有 18 个，投资 136.8 亿元，占全部投资额的 63.84%。这次引进高潮是新中国建国以来第一次同西方发达国家进行大规模的技术交流与合作，不仅对西方国家有了初步的了解，还学习了发达国家的先进技术、工艺和设备，同时也接触了先进的管理理念和管理方法，对中国确立新的对外经济战略具有开创性的意义。

"文革"结束后，中国引进国外先进设备的步伐并没有停止。1977 年到 1978 年间，工业生产实现了较高增长，导致一些人产生了盲目乐观的情绪，许多大型科技和工程项目未经事先严格的审查和论证而纷纷上马。尽管这一时期的技术引进存在种种问题，但它突破了过去的引进模式，由片面强调自力更生发展到不怕大规模借贷，由单纯引进技术设备发展到吸引外资到中国开办合资企业。

5. 新中国石油工业的发展与大庆油田的诞生

新中国成立后，经济建设、国防建设、战略储备，新兴社会主义建设的各条战线，包括千家万户百姓的煤油灯都需要油。1953年，中共中央主席毛泽东、国务院总理周恩来就我国东部能不能找到油田的问题咨询了地质部长李四光。李四光分析了石油形成和储存的地质条件，深信中国具有丰富的天然油、气资源。

从1955年8月开始，地质部、石油工业部先后在松辽盆地勘探石油。1958年4月18日，在位于吉林省郭尔罗斯前旗的达里巴，松辽石油普查大队对浅钻孔南17孔进行钻探作业，工人在取芯中发现了含油砂层，这是松辽盆地第一口含油显示井，该井含油虽不饱满，却证明了松辽盆地有油。石油部立即成立了松辽石油勘探大队、5个地质详查队，分布在松辽平原的东北部，即黑龙江绥棱、绥化、望奎、青冈、兰西一带，勘探大队配备了13台手摇钻寻找储油构造。同年6月，松辽石油勘探局正式成立。

根据调查处116队的报告，专家将第一口发现井定位在黑龙江省大庆市大同区高台子镇永胜村（现永跃村）旁，该井被命名为松基三井（松基三井也是松辽平原第三口基准井、大庆长垣构造带上的第一口探井）。1959年9月26日，这里第一次喷出了工业油流。松基三井出油是发现大庆油田的基本标志。为纪念在国庆十周年的前夕出油这个喜庆日子，油田被命名为大庆油田，油田内的大同镇被改为大庆镇。中国石油工业从此掀开了崭新的一页。

1960年2月，中央决定在大庆地区进行石油勘探开发会战。全国石油系统37个厂、矿、院、校，由主要负责人带队，组织精兵强将，自带设备奔赴会战现场。当年退伍的万名解放军战士和3 000名转业军官也分别从沈阳部队、南京部队和济南部队开赴大庆。中央机关部门和黑龙江省支援会战的干部和工人也陆续赶赴大庆。到4月底，共有4万余人，设备40万吨，参加这一场声势浩大、艰苦卓绝的石油大会战。

20世纪60年代正值三年自然灾害时期，面对"头上青天一顶，

20 世纪 60 年代大庆油田的
钻井架

脚下荒原一片"的恶劣环境，在生产生活条件异常艰难的情况下，
大庆人依靠"铁人精神"，取得了会战的胜利。这些"铁人"中，
更是少不了中国工程师的身影。

　　大庆油田开发建设进展迅速，有力地支援了国家的经济建设。
到 1963 年底，大庆油田已初具规模，当年原油产量达到 439 万吨，
占全国原油产量的 67.8%，累计原油产量达到 1 166 万吨。

　　从 1964 年开始，大庆油田进入了全面开发阶段。在石油会战
的基础上，又经过两年多的开发建设，大庆油田成为年产千万吨以
上原油的大油田，使我国工农业生产和国防建设所需要的石油产品

达到全部自给。到 1985 年，大庆油田年产量占全国石油总产量的一半，我国原油年产量也跃居世界第六位。大庆油田成为世界上年产量达到 5 000 万吨的少数几个特大油田之一。

继大庆油田之后，1964 年，我国又建成胜利油田和大港油田。1973 年，我国开始向国外出口原油和石油制品，进入世界主要产油国行列。

6. 红旗渠精神——社会主义现代化建设的精神动力

人称"世界第八大奇迹"的"人工天河"红旗渠，蜿蜒盘绕在太行山南麓的悬崖峭壁上。这条水渠长约 1 500 千米，踏过 1 250 座山头，穿越 211 个隧洞，飞过 152 道渡槽，将山西省平顺县境内的漳河水引到了河南省林州市（原林县）。这一大型水利工程与南京长江大桥一道，被周恩来总理自豪地誉为"新中国的两大奇迹"。

原林县位于河南省西北角的太行山东麓，在"红旗渠"修建之前，它是一个山高坡陡、土薄石厚、水源奇缺、十年九旱的贫瘠山区。全县 98.5 万亩耕地，只有 1.2 万亩水浇地。550 个村庄，常年远道取水的就有 307 个。全县每年因担水误工达 480 万人，占农业总投工的 30% 以上。也就是说，当地人每年要把近 4 个月的时间花在那远而又远的取水道上。1959 年，林县遇到了前所未有的大旱，不仅使大秋作物无法下种，就连人畜饮水也陷入了困境。林县人认识到，要解决水源问题，必须把眼光放到周边县域甚至外省。

当时的林县县委书记杨贵亲自带领调查组去太行山考察，他们发现浊漳河流经山西省平顺县石城镇时长年有每秒 25 立方米的流量，到汛期更在每秒 1 000 立方米以上。杨贵兴奋不已，一个大胆的设想在他脑海里形成了，即"引漳入林"。林县的动议立即得到了河南省和山西省有关领导的支持，从平顺县"猴壁断"下引水这一工程方案被确定。

按照设计方案，工程将在"猴壁断"处把漳河截住，劈开太行山，将漳河水引到林县坟头岭，以此为起点，再向东、南、东北三

蜿蜒在悬崖峭壁间的红旗渠
（摄于 2015 年）

个方向修建三条水渠，用以灌溉林县境内的 50 多万亩田地。当时
正值国家经济最困难时期，财力、物力都极其紧张，然而林县人民
依靠艰苦奋斗的精神，团结协作，群策群力，终将困难一一解决。

从 1960 年红旗渠开工的第一声炮响，到 1969 年包括配套工程
的全线竣工，林县人民苦战了 10 个春秋，共投工 5 611 万个，动
土石方 2 200 多万立方米。建成的总干渠墙高 4.3 米，宽 8 米，支、
干渠总长达 1 525.6 千米，设计的最大流量达 23 立方米 / 秒。同时，
他们还沿渠建设了一、二类水库 48 座，小型水力发电站 45 座，库
容 6 000 余立方米。

随着以红旗渠为主体的灌溉体系的形成，林县从此告别了缺水
的日子。林县人这种自力更生、艰苦创业、团结协作、无私奉献的
精神后来被称为"红旗渠精神"，这种精神至今仍是激发后人进行
社会主义现代化建设的精神动力。

1950 年，鞍钢起运的大批
钢块

二、新中国的冶金工程师

1. 鞍钢——中国冶金工程师的摇篮

鞍钢最早建于 1916 年，其前身是日伪时期的鞍山制铁所和昭
和制钢所。1945 年 8 月，日本战败投降，苏联红军进驻辽宁鞍山，
将昭和制钢所的三分之二设备拆除，作为战利品押运到苏联。由此
鞍钢生产完全瘫痪。

1946 年春，国民党资源委员会接管鞍钢。1948 年 2 月，人民
解放军解放鞍山，同年 4 月，鞍山钢铁厂成立。同年 12 月 28 日，
鞍山钢铁公司正式成立，标志着我国第一个大型钢铁联合企业正式
诞生。

为尽快恢复生产，新成立的鞍山钢铁公司从沈阳、安东等地接
回了过去疏散的工程技术人员，并以技术专家王之玺为首组成专
家组，负责起草修复计划。1949 年春，鞍钢初步形成了修复设备、
恢复生产的高潮。1950 年，由于解放战争在全国取得全面胜利，

鞍钢的恢复建设规模进一步扩大，从 1949 年以恢复为主，转入边修复边生产及有计划的局部改建阶段。为将鞍钢早日建设成我国第一个现代化钢铁基地，中共中央还与苏联政府洽商，从 1949 年下半年起，陆续请来苏联专家，最多时达到 200 余名。苏联专家对鞍钢的恢复和建设作出了很大贡献。

经过 4 年的努力，鞍钢完成了修复时期的历史任务。1949 年至 1952 年，铁、钢、钢材等主要产品的产量迅速增长，鞍钢由此成为全国最大的钢铁生产基地。

2. 冶金专家——靳树梁

以鞍钢建设为起点，新中国的冶金工程开始了新的起步和发展，大批中国本土的工程师脱颖而出，著名冶金学家、炼铁专家、冶金教育家靳树梁就是其中的典范。

靳树梁（1899—1964），出生于河北省徐水县。他 9 岁随堂兄去河南读书，仅用 3 年半时间完成高小和中学的学习，13 岁考入河北公立工业专科学校应用化学科。通过学习，他认识到祖国地大物博，矿产丰富，应以先进技术开发宝藏，遂中途转学到天津北洋大学采冶系。

1919 年，靳树梁以优异成绩毕业，到汉口湛家矶扬子机器公司任化铁股（即高炉车间）助理工程师。当时该公司高炉尚未竣工，他被派往汉阳铁厂实习，他利用这个机会进一步学习了高炉结构和生产技术，扬子机器公司 100 吨高炉建成开炉后，靳树梁立即回厂工作。1924 年工厂易主，更名为六河沟煤矿公司扬子铁厂，靳树梁不忍舍弃冶炼事业，留厂维持高炉生产。他吃苦耐劳，勇于探索，努力钻研技术，逐渐成为炼铁能手。

1936 年，经当时钢铁界权威严恩械推荐，靳树梁到南京国民政府经济部资源委员会工作，后被指派到德国考察。1937 年初靳树梁等一行 8 人到达德国，先在柏林工业大学学习德语，同时学习钢铁冶金学。5 月，靳树梁被分配到克虏伯公司保贝克钢铁厂炼铁车间实习，不久参加了德国人为中央钢铁厂设计的方案和图纸的审查。半年后，靳树梁又到克虏伯公司莱茵村钢铁厂实习。

卢沟桥事变后，靳树梁与严恩棫、王之玺、刘刚一起申请回国参加抗战。1938年3月，他们启程回国，靳树梁被分配到由兵工署、资源委员会共同组织的钢铁厂迁建委员会，参加拆迁汉阳铁厂、大冶铁厂、六河沟铁厂等厂的设备到四川大渡口进行重建。

抗战初期，半壁江山沦陷，仅靠西南地区小规模的冶金生产厂，远不能满足战争的需要。当时拆迁到四川的是原六河沟铁厂的100吨高炉，由于当地炼铁原料产地分散、产量小、运输不便，短时期内无需重建100吨高炉。为应急决定先建一座20吨高炉。靳树梁在既无前人经验，又缺乏国外资料的情况下完成了设计。经过一年时间，该高炉于1940年3月2日正式开炉投产，较快为抗战提供了生铁。此外，靳树梁还为永荣铁厂设计了一座5吨高炉，为云南钢铁厂设计了一座50吨高炉，改造了威远铁厂的15吨高炉。1944年12月，靳树梁发表了《小型炼铁炉之设计》一文，这是中国第一篇较详细地总结小型高炉设计的专业论文。

1939年10月，靳树梁被调到云南钢铁厂任工程师兼化铁股（即高炉车间）股长，在此他完成了50吨高炉的设计工作。1940年12月，资源委员会接办威远铁厂，调靳树梁任厂长。威远铁厂位于边远山区，濒临倒闭。靳树梁到任后，一方面修筑公路，改善厂内外运输，另一方面购置材料，开采矿石，改造和修复高炉，兴建厂房，积极准备开炉工作。1942年12月25日，高炉正式开炉，在靳树梁的认真操作下，威远铁厂的炼铁生产指标一直高居当时同类型高炉之上。

抗战胜利后，资源委员会调靳树梁到东北接收日伪钢铁厂，1946年5月，靳树梁又被调到鞍山参加接收昭和制铁所等工厂并组建鞍山钢铁公司，任鞍山钢铁公司第一协理。1947年底，解放军围攻鞍山，厂内秩序紊乱，总经理逃入关内。靳树梁与其他协理多次筹划保厂措施，有效地领导了鞍钢警卫队的护厂工作，使设备、图纸、资料等能较好地保存下来，为解放后迅速恢复生产做出了贡献。

1949年上半年，靳树梁任本溪煤铁公司总工程师。当时解放战争正在进行，恢复生产、支援战争是当务之急，要求尽快修复高炉。靳树梁克服了大量技术难题，主持修复了 2 号高炉。1949 年 6 月 30 日，本钢 2 号高炉正式点火，为新中国流出了第一炉铁水。

20 世纪 50 年代以前，高炉冶炼强度低，风口前的焦炭层不活跃，炉料都从风口前燃烧区逐步下降，形似漏斗下料。50 年代以来，高炉冶炼强度增高，靳树梁认为："高炉风口区炉料运动是高炉全部炉料运动的先导，是决定炉内煤气行为的重要因素。适当调整其内部关系是强化高炉冶炼的关键，也是高炉顺行的基础，必须研究清楚。"于是他怀着强烈的责任心和紧迫感，精心地进行了"高炉风口区降料理论"的研究。从 1957 年起，他用近 4 年的时间完成了这一创新课题。

1949 年 1 月，东北大学解散，以老东北大学工学院和理学院（部分）为基础的沈阳工学院诞生。1950 年 8 月，沈阳工学院更名为东北工学院，隶属国家冶金工业部。靳树梁被任命为东北工学院第一任院长。经过十多年的努力，他把东北工学院建成为一座规模宏大的冶金类大学。靳树梁担任东北工学院院长 14 载，他主张冶金高等院校应培养善于创新、能独立解决科学技术问题、忠诚地为共产主义奋斗的人才。为此，他非常重视理论联系实际，学以致用。他亲自主持修订教育计划，增加了认识实习、生产实习、课程设计、毕业设计等实践性教学环节。

靳树梁提倡厂校合作，教学、科研、生产三结合，要求各系和厂矿建立密切的合作关系，厂矿工程技术人员到学校做兼职教师，做专题报告，学校教师深入工厂熟悉生产实际，帮助解决技术问题。由于靳树梁的提倡和身体力行，厂校合作迅速开展，至 1954 年 10 月，东北工学院就有炼铁、炼钢、钢铁压力加工等 9 个教研室与鞍山钢铁公司所属 10 个厂矿签订了合作合同。

1955 年，靳树梁当选为中国科学院技术科学部学部委员（院士），曾任中国科学院东北分院副院长、中国金属学会副理事长、辽宁省科学技术协会主席等职。1964 年 7 月 5 日，靳树梁在沈阳逝世。

1964 年，孟泰（右）和他的
徒弟们

3. 工人工程师——孟泰

鞍钢还活跃着一批工人出身的工程师，孟泰就是其中的典范。孟泰（1898—1967），生于河北省丰润县一个贫苦农民家庭。1917年，已经19岁的孟泰，在抚顺机车修理场干了10年铆工，练就了娴熟的技术。1927年初，他痛打欺侮自己的日本工头后连夜逃到鞍山，后经好友介绍考入鞍山制铁所做配管工。

1948年2月，鞍山解放。为避免战争破坏，鞍山钢铁厂组织一批政治可靠、有技术专长的工人向后方根据地抢运器材，孟泰就是其中一员，他带着全家随一批解放军干部辗转到达通化，在那里因抢修2座小型高炉立了一功。

1948年11月2日，东北全境解放，孟泰被调回鞍钢。他回到炼铁厂修理厂后，把日伪时期遗留下来的几个废铁堆翻了个遍，回收各种管件4 000多件，除垢后修复成能用的管件，建成了当时著名的"孟泰仓库"。修复炼铁厂2号高炉时，工人们所用的管件大部分取自"孟泰仓库"。中共鞍山市委和鞍钢公司以孟泰为榜样，发起了一场大规模的交器材运动，鼓励这种艰苦奋斗的精神。

孟泰几十年与高炉循环水打交道，积累了丰富的工作经验，创造了"眼睛要看到，耳朵要听到，手要摸到，水要掂到"的维护操作法。只要把手伸到流淌的循环水水流中，他便可准确地判断出水的温度、压力及管路流通的状况。凡是高炉循环水出故障，他都能手到病除，同行们送他一个绰号"高炉神仙"。1959年，铁厂因冷却水水量不足影响高炉正常生产，孟泰连续半个多月炉上炉下转了多次，经过反复思考，他提出将高炉循环水管路由并联式改为串联式方案。厂里组织各方面人员进行联合攻关施工，改造后铁厂高炉循环水节约总量达1/3，每年可节约费用23万元，且保证了正常生产。

这时，孟泰已与名扬全国的技术革新能手王崇伦结成一对忘年交。鞍钢在孟泰、王崇伦的带动下，形成了一支以各级先进模范人物为骨干的1 500多人的技术革新队伍。20世纪60年代初，苏联

1958 年，全国劳动模范
王崇伦（右一）在工厂做技术
指导

停止对我国供应大型轧辊，致使鞍钢面临停产的威胁。孟泰、王崇伦迅速动员和组织了 500 多名技协积极分子开展了从炼铁、炼钢到铸钢的一条龙厂际协作联合技术攻关，先后解决了十几项技术难题，终于自制成功大型轧辊，填补了我国冶金史上的空白。此项重大技术攻关的告捷，在全国冶金战线轰动一时，被誉为"鞍钢谱写的一曲自力更生的凯歌"。

多年来，孟泰自己设计和制造的双层循环水设备，使热风炉燃烧筒寿命提高 100 倍；试制成功的瓦斯灰防尘罩，既减少了环境污染，又增加了企业的经济效益；组织提高更换高炉风口、铁口速度的技术攻关，刷新了铁厂生产的历史纪录。为了表彰孟泰在技术革新中的特殊贡献，1960 年 5 月，孟泰由副技师被破格晋升为工程师。

1967 年 9 月 30 日，孟泰病逝，终年 69 岁。1986 年 4 月 30 日，鞍钢公司隆重举行孟泰塑像揭幕仪式，塑像基座上镌刻着时任中共中央总书记胡耀邦的题词："孟泰精神永放光芒"。

4.冶金工程专家——邵象华

邵象华（1913—2012），生于浙江杭州，从小因成绩优异，读小学和中学时多次跳级，大学毕业时年仅 19 岁。1932 年邵象华从浙江大学化工系毕业后到上海交通大学任教，1934 年考取第二届中英庚子赔款公费留学，同年入英国伦敦大学帝国理工学院学习冶金，1936 年获伦敦大学一级荣誉冶金学士。之后，邵象华又攻读硕士学位，在导师卡本特爵士的指导下，从事钢表面渗氮硬化机理的研究，1937 年获冶金硕士学位，同时荣获马瑟科学奖金，先后被授予英国皇家矿学院会员学衔和帝国理工学院奖状。

毕业后，邵象华受到资源委员会主任翁文灏召见，动员他回国参加中央钢铁厂的建设。素有工业救国思想的邵象华认为这是报效祖国的好机会，当即接受了邀请。他奉命考察了西欧几个国家的钢铁工业之后，按计划到德国克虏伯钢铁公司炼钢厂及研究所实习与进修。因抗战爆发，1938 年资源委员会宣布中央钢铁厂缓办，他被暂时分配到该会的中央机器厂负责建立理化实验室和耐火材料车间。

1939 年夏，邵象华应聘到正在筹建矿冶系的武汉大学（当时校址在四川乐山）任冶金学教授。1941 年，资源委员会调派他到四川綦江电化冶炼厂筹办炼钢厂并任厂长。当时西南大后方仅有几座小电炉和结构比较简单的 10 吨平炉，小型空气转炉也刚由杨树棠等试验成功。邵象华分析了当时炼钢设备的现状和四川省以至全国铁矿资源中杂质（主要是磷）含量和分布状况，参照西方发达国家钢铁工业发展的历史，认为不论是为解决当时当地的需要，还是为战后做准备，都有大力发展碱性平炉炼钢的必要。

当时国内已有的几座平炉基本是沿用 20 世纪初外国厂商在中国用过的设备稍加修改而建成的，生产效率低，发生事故也多。邵象华应用国外当时已发展起来的冶金炉热工和空气动力学原理，对包括煤气发生炉、炉体各部、烟道以至烟囱等整个系统进行了详细计算，在有科学依据的前提下做出了新型平炉设计。限于当时条件，在设计中仍不得不采取一些因地制宜的代用措施。最终建成的平炉，容量只有 15 吨，但这已是除沦陷区外的全国最大平炉，该平炉于1944 年底以当地的土法生铁为原料投入生产。

通过上述艰难条件下的建设与生产实践，邵象华和他所领导的一批年轻技术人员得到极大锻炼。1945 年，邵象华、靳树梁等人受派赴东北接收钢铁企业。1947 年邵象华被任命为鞍山钢铁公司协理兼制钢所所长。1948 年鞍山解放，邵象华等 6 名原协理和 30余名技术人员留在鞍山，参加了接管鞍山钢铁有限公司的工作。在新诞生的鞍山钢铁公司中，邵象华担任总工程师，并先后兼任炼钢厂生产技术副厂长和公司技术处处长。

1950 年，鞍钢在苏联专家协助下，建立现代化企业组织管理制度。邵象华作为技术处处长，负责制定公司各个基本生产工序的技术操作规程、各种产品检验标准和技术措施等，这些都是鞍钢这座大型联合企业步入正常运转的必要基础。为帮助转业到鞍钢的部分领导干部尽快熟悉钢铁冶金，邵象华曾为他们较系统地讲授技术课。为适应当时广大技术干部和技术工人的需要，他专门编写了一本《钢铁冶金学》，这是新中国最早出版的一部钢铁中级技术专著。他在技术期刊《鞍钢》上发表了许多针对工作需要的专业技术论文，组织炼钢厂技术人员共同翻译了美国 AIME 出版的权威名著《碱性平炉炼钢》，接着又单独翻译了苏联专家的著作《钢冶金学》，这本书后来成为冶金类高等学校的教材。

1958 年秋，邵象华被调到冶金部钢铁研究院（1979 年改为钢铁研究总院），先后担任炼钢及冶金物理化学研究室主任、院副总工程师、学术委员会副主任、学位评定委员会主席及技术顾问等职。他先后开发了超低碳不锈钢、含稀土和铌的钢种及新型合金的生产工艺，创立了从废钢渣和铁水中提取铌的独特工艺，开发了用氧气转炉冶炼中碳铁合金、转炉炼钢底吹煤氧等多项重大工艺，并开展了有关的应用基础研究。

2012 年 3 月 21 日，著名冶金学家、冶金工程专家、中国科学院院士邵象华因病在北京逝世，享年 99 岁。

三、新中国的纺织工程师

1. 建国后纺织技术与工程的发展

1949 年新中国成立时，纺织业总规模只相当于抗战前夕的水平，有棉纺 500 万锭、毛纺 13 万锭、缫丝 9 万绪和一批棉、毛、丝、麻纺织染整企业。虽然不多，但也成为新中国纺织发展的基础。经过三年的恢复调整，1952 年时，纺织业产值占全国工业总产值的 27.5%、利税占 19.3%、固定资产年回收率高达 45.6%，成为建国初期的支柱产业。

1951 年底，我国纺织机械工业成功依靠自己的力量制造出第一批成套棉纺织设备。1961 年初，我国第一批黏胶短纤维设备研究试制成功。1967 年，为配合第二汽车制造厂而建立的湖北化纤厂建成，标志着中国黏胶纤维的生产技术、科研、设计、设备制造及建设能力都达到了新的水平。

1970 年 7 月，原纺织工业部、第一轻工业部、第二轻工业部正式合并为轻工业部，钱之光出任部长。三部合并后，周恩来宣布："全国重点抓轻工，轻工重点抓纺织，纺织重点抓化纤。"我国在 1972 年 2 月中旬和 3 月初分派考察组赴日本和西欧进行考察，以了解世界石油化工及化纤工业的技术情况，同时选择引进对象。

1972 年中期，由轻工业部副部长焦善民带领的工作组到全国各地，展开石油化工以及化纤大企业的选址工作，通过多方调查对比以及讨论，工作组最终决定在上海市的金山卫、辽宁省的辽阳市、四川省的长寿县、天津市的北大港四地建厂。之后分别建成了上海石油化工总厂、辽阳石油化纤总厂、四川维尼纶厂、天津石油化纤厂。这四大石油化工项目的建成投产，使得我国的化纤产业提高到了一个新的层次。

2. 中国现代纺织科学技术奠基人——陈维稷

陈维稷（1902—1984），生于安徽青阳县，15 岁考入复旦大学附属中学，毕业后进入复旦大学化学系学习。1925 年考入英国利兹大学，学习染整专业。1928 年秋，陈维稷顺利从大学毕业，在德国实习一年后回国。回国之初，陈维稷怀着实业救国之心开办了一家小型针织厂。针织厂倒闭后，他应郑洪年校长的邀请，来到上海暨南大学任化学系教授。"一·二八"事变后，上海进入战争状态，陈维稷接受北平大学邀请，赴北平任职。半年后，随着上海的战事平息，他又回到上海暨南大学任教，同时被复旦大学化学系聘请为教授。后来相继又在南通学院以及江苏工业专科学校进行纺织专业教学与管理工作，这两所大学在中国纺织界都有着很大影响。

抗战胜利后，陈维稷任中国纺织建设公司第一印染厂厂长，1946 年成为总工程师，后又兼任上海交通大学系主任。新中国成立后，陈维稷任纺织工业部副部长，分管科学技术、纤维检验、教育、出版、援外等工作。他在任 33 年直至 1982 年，在我国纺织教育体系的建立、纺织科技的发展、纺织援外工作的进行以及相关出版和纺织史推进等方面都发挥了重要的领导作用。

3. 中国制丝工业先行者——费达生

费达生（1903—2005），江苏吴江人，我国著名的蚕丝教育家。她自幼受到良好的家庭教育，6 岁入同里丽则女校，后转入吴江爱德女校。14 岁入江苏省立女子蚕业学校学习，受到蚕丝教育家郑辟疆的薰陶，在五四运动的影响下，她立志献身祖国蚕丝事业。

1920 年夏，费达生从女子蚕业学校毕业，经校长郑辟疆推荐赴日本学习蚕桑和制丝，1921 年她考入东京高等蚕丝学校制丝科（东京农工大学前身）。1923 年毕业后，费达生回到母校，追随郑辟疆，在江苏省女子蚕业学习推广部工作，开始了她一边从事教学、科研，一边深入农村，推广科学养蚕制丝的事业。1924 年，

1982年1月,费达生(左一)、
费孝通(右二)等在开弦弓的
清河码头

费达生带领蚕业推广部,到濒临太湖的吴江县庙港乡开弦弓村,建立了第一个蚕业指导所。1925年春,费达生接任女蚕校推广部主任,继续带领技术人员到开弦弓村指导养蚕。

费达生在日本学的是制丝技术,回国后她看到国内的丝厂设备陈旧,管理落后,生丝品质低劣,下定决心改革我国的制丝工业。1926年女蚕校蚕业推广部改为蚕丝推广部,仍由费达生任主任。她先在吴江县震泽镇进行土丝的改良,举办制丝传习所,研制出木制足踏丝车,改良丝的售价比土丝提高四分之一。1929年8月,中国第一个农民合办的合作丝厂——开弦弓生丝精制运销合作社正式投入生产。

1930年女蚕校增设制丝科和制丝实习工厂,费达生任科主任和厂长。之后无锡瑞纶丝厂业主同意将设在无锡玉祁镇的丝厂租给女蚕校推广部管理,进行技术改造。女蚕校将厂名改为玉祁制丝所,费达生任经理后,带领一批技术骨干进厂工作,该厂"金锚牌"生丝在国际市场上获得畅销。

玉祁制丝所技术改造的成功,在江浙一带制丝业中产生了很大影响,推动了制丝技术的改进。此后,女蚕校推广部在吴江平望创办了平望制丝所,又租借吴江震丰丝厂改为震泽制丝所,费达生身兼三厂经理。这三个制丝所还与周围蚕业合作社建立了代烘、代缫业务联系,使绸厂获得优质的原料,也提高了蚕农的经济收入。这种经营方式以农村劳动力为基础,不仅有利于农村经济,且于国家、地方经济大有裨益,是振兴蚕丝业的道路之一。直到现在,蚕丝业仍是吴江县的支柱产业,在农村既有深厚的蚕桑基地,又有布局合理的乡镇缫丝厂。吴江县丝绸产品的出口和内销,均为全国之冠。

1935年,费达生的胞弟、社会学家费孝通教授来开弦弓村休养,他被生丝精制运销合作社所吸引,进行了为期一个多月的社会调查,写出了《江村经济》这一著名的调查报告。费孝通教授由此提出发展乡土工业的主张，在国内外产生了很大影响。

1937 年抗战全面爆发，女蚕校、蚕丝专科学校校舍，以及校办制丝实验厂大部被毁，开弦弓村生丝精制合作社及震泽、平望、玉祁制丝所都焚烧殆尽，令人万分痛心。1938 年费达生与一部分技术人员辗转跋涉到四川重庆。在四川，她把散居各地的师生、校友集中起来，创造复校条件，并发展蚕丝生产支援抗日战争。她建立蚕种场，指导科学养蚕，并改造旧式丝厂，改进土法缫丝。创办大后方唯一的蚕丝学术刊物——《蚕丝月报》，并发表《我们在农村建设中的经验》《复兴蚕丝业的先声》和《浅谈桑蚕丝绸系统工程》等文章。抗战胜利后，费达生等回到江苏，受中国蚕丝公司委托，协助接收日商苏州瑞纶丝厂，将该厂改名为苏州第一丝厂。

新中国成立初期，费达生在中国蚕丝公司任技术室副主任，以蚕校实验丝厂为基地，向全国推广制丝新技术，带动了各厂的技术革新和增产节约运动。1956 年她在江苏省丝绸工业局任副局长，主持制定了"立缫工作法"，向各地推广。1958 年她任苏州丝绸工业专科学校副校长，1961 年任苏州丝绸工学院副院长，主持把日本定粒式缫丝机改为定纤式缫丝机，提高了工效。在此基础上，又组织联合攻关，于 1962 年试制成功 D101 型定纤式自动缫丝机。这是中国第一台自行设计的自动缫丝机，经纺织工业部定型鉴定，推广到全国十多个省市。

费达生长期从事丝绸教育事业和管理工作，是我国早期采取近代科学育蚕方法、创办合作化制丝工厂的先行者之一，为改良蚕种、推广蚕丝新技术、革新缫丝机械和发展丝绸教育事业做出了卓越贡献。她从女蚕校做学生开始，深入农村，改良蚕种，推广科学养蚕，改进缫丝技术，奋斗终身，被誉为"当代黄道婆"。

4. 中国纤维科学的开拓者——钱宝钧

钱宝钧（1907—1996）是我国著名的纤维科学家、教育家，中国化纤工业、纤维高分子科学的开拓者，中国化学纤维专业教育的奠基人之一。

钱宝钧早年在金陵大学专攻工业化学，1929年，获理学学士学位。1935年被录取为英庚款公费留学生，1937年获英国曼彻斯特理工学院理工硕士学位。归国后历任金陵大学理学院助教、讲师、教授、系主任；华东纺织工程学院系主任、教务长、副院长；中国纺织大学名誉校长、教授。

新中国成立后，钱宝钧根据我国棉花和羊毛资源长期不足而需依赖进口的现状，提出了迅速发展化纤工业的主张，受到了有关方面领导的重视。同时，他自己也投入到黏胶纤维的研究工作，在我国首先研制成功以棉绒浆作为黏胶纤维的新原料，并阐明了纤维素吸铁的基本原理，从而为我国大规模生产棉绒浆准备了必要的条件。以后，他又摸索出一套适合我国实际的"五合机"生产黏胶工艺，并带领年轻教师下厂实验，从而推动了上海小化纤工业的发展。在此基础上，钱宝钧又进一步与同行单位一起进行了二超强力黏胶帘子线的研究，为我国自行筹建第一家年产万吨的襄樊黏胶帘子线厂解决了部分技术和工艺上的困难。

从20世纪60年代后期开始，钱宝钧了解到国际上化纤业发展的前沿，科研工作的重点开始从对纤维素的研究转向对合成纤维，特别是腈纶纤维的研究，并深入研究腈纶纤维的热机械性。为此，他决定创制一种纤维热机械分析的专用仪器。当时正值"文革"期间，钱宝钧顽强地顶着种种压力，克服困难从事各种试验。以后，他又同一位回沪知青一起，独立自主地创造了一种新型的纤维热机械分析专用仪器（1976年以扭力天平为测力机构的第I型，1983年改进为用电子分析天平为测力机构的、自动化程度较高的第II型）。这种仪器可用于连续测定在升温过程中干态和溶胀状态纤维的热收缩、热收缩应力，也能直接测定收缩模量和拉伸模量，在国际上为首创。

钱宝钧研制成功的新型纤维热机械分析专用仪为他深入进行纤维织态结构的研究提供了重要的测试手段。从1979年至1987年，他先后撰写20余篇论文，在国内外相关学术期刊上发表，并在北京中美双边高分子讨论会、奥地利唐平第廿三届国际化学纤维会议和在美国阿克隆、加拿大蒙特里尔、德国斯图加特等地召开的第一、二、三届国际聚合物加工会议上作了报告。

5. 新疆纺织工业的奠基人——侯汉民

侯汉民（1921—2000），上海人，从小读私塾，9岁进入上海工部局华童公学读书，18岁中学毕业。1939年就读于南通学院纺织工程系，同年进入上海申新二厂实习。1943年毕业后在其父所在的上海永安线厂任技术员。抗战胜利后，到上海第六棉纺织厂任技术员。1948年被派往中纺公司参加成本训练班学习，学习期满后留在该公司从事成本分析工作。在此期间受邀担任过上海职专纺织技术课教师。新中国成立前侯汉民返回棉纺织厂做试验工作，1950年该厂建立计划科，他出任第一任计划科科长。1951年响应中央支援边疆的号召，到新疆创办纺织企业。

新疆虽有丰富的棉花资源，但在新中国成立初期纺织工业几乎是空白，只有几家手工作坊，棉布要从苏联进口。包括侯汉民在内的各地专业人士赴新疆参加建设以来，从1951年6月到1952年7月1日，短短13个月时间，一座现代化的纺织厂——新疆七一棉纺织厂就在乌鲁木齐水磨沟落成并开工投产了。1952年，侯汉民在全厂评比中荣获三等功臣的奖励，成为新疆现代纺织企业的开创者之一。七一棉纺织厂的建成，为新疆纺织工业的发展奠定了基础。

建厂时，组织上把基建计划的重任交给侯汉民。当时，所选厂址、工艺图纸、设备选型都无正规文件资料，建设图纸仅靠示意图。侯汉民克服困难，组织人员完成设计图纸，协调水、电、汽、工艺设计、空调、除尘、供热问题，并且顺利完成了订购设备等各项任务。在生产上，为使企业尽快走上正轨，他亲自制定劳动工资（工资分改为实发工资）、生产计划、技术、财务、材料管理方面的管理制度，共约40项。1953年，该厂生产能力达到了上海纺织厂的平均水平，被誉为新疆最佳生产管理企业之一。1954年侯汉民在企业推行作业计划，使管理更为科学合理，在全国八大指标评比中与东北瓦房店纺织厂并列全国第一。侯汉民在生产管理中，对于人事、财务、供销、设备、生产技术、质量考核等都很精通，被厂里称为"活字典"。

随着纺织厂的建立和扩大生产，需要建设印染厂，侯汉民又承担了七一印染厂的筹建工作。他积极制定措施，合理安排工程进度，检查和解决设计施工中出现的问题，使印染车间和化工车间在1956年如期开工生产。

侯汉民从建设七一棉纺织厂开始到任新疆纺织设计院总工程师，足迹遍布天山南北。1955—1958年间，侯汉民先后去南、北疆实地考察。1955年，他参加了国家计委和自治区组织的考察组深入和田和喀什地区，确定了和田丝绸厂的扩建项目，并对喀什棉纺厂进行了厂址初选；1958年，他参加了伊犁毛纺织厂和石河子八一棉纺织厂的选址工作。此外，阿克苏大光棉纺织厂及库尔勒、尉犁、和田、沙雅、精河、奎屯、五家渠、红山等一批棉纺织厂，新南针织厂、新疆针织厂、新疆毛纺织厂、新疆第三毛纺厂、伊犁亚麻厂、新疆化纤厂的选址建厂，也都凝聚了他的心血。

侯汉民在设计、科研和技术服务中，强调"做技术工作一定要有新突破、新建树，不要拘泥于老框框"。在几十年的纺织工业建设中，他不死搬硬套内地纺织厂的建厂办法，而是结合新疆实际，积极推进先进的纺织设计技术，解决了一个又一个难题。在厂址的选择、厂房的型式、柱网的布置、空调和采暖、给排水以及设备选型等方面，都注意新疆特点。特别提出必须避开膨胀土，避免在断裂带上建厂等。在厂房的结构设计上，注意适应当地冬季寒冷、风雪大的气候特点，取得了较好的效果。

1982年，新疆轻、纺分家，新疆纺织工业的发展，急需一个正规的、专业的设计院。侯汉民抓住时机，积极争取主管局领导的支持，由他负责筹建。1982年7月，新疆纺织设计院正式成立，侯汉民任总工程师，多年来在设计院的工作实践中，培养了一大批纺织设计专业人才，直至1989年退休。

四、新中国的建筑工程师

1. 新中国的建筑工程

新中国成立以后，面对百废待兴的局面，中国建筑师有了大显身手的机会。近代留学回国的建筑师、近代中国自己培养的建筑师，以及新中国成立后培养的建筑师们，都在这些建设工程中作出了重要贡献。

20世纪50年代初，中国建筑师设计和建造了一大批住宅、医院、学校以及工业建筑，以满足社会主义建设初期的急需。此后，为迎接中华人民共和国成立十周年，有关部门组织了北京34个设计单位，同时邀请上海、南京、广州、辽宁等省市的30多位建筑专家进京，共同设计建设首都10个大型工程项目、改建天安门广场。

从1958年9月至1959年9月，人民大会堂、中国革命和历史博物馆、中国人民革命军事博物馆、北京火车站、北京工人体育场、全国农业展览馆、钓鱼台国宾馆、民族文化宫、民族饭店、华侨大厦共10座建筑顺利完成。这些建筑中既有大屋顶模式，如全国农业展览馆；也有参用西洋古典，如人民大会堂；同时带有对新结构和新形式的探索，如北京火车站采用的双曲扁壳结构、民族饭店的预制装配结构等，堪称一场建筑创作的盛会。

2. 人民大会堂总建筑师——张镈

张镈（1911—1999），祖籍山东省无棣县，1934年毕业于南京中央大学建筑系，之后又投奔清华大学，成为著名建筑大师梁思成的门生。毕业后长期跟随建筑大师杨廷宝工作，先后在香港基泰公司的津、（北）平、沪、宁、渝、穗诸事务所任建筑师，在天津工商学院建筑系任教授。1951年从香港辞职回到北京，1953年出任

北京市建筑设计院总工程师，全身心投入到建设首都的工作中。

1958年9月，各地建筑师云集北京，商讨人民大会堂的建筑方案。人民大会堂是制定国家大政方针及政策、法律的场所，同时也是全国各民族大团结的象征、人民当家作主的象征。人民大会堂的建筑艺术，在形象上，要求能够反映出中国人民的伟大气魄和国家美好的前景，庄重又活泼，朴素且壮观。设计师们为此倾尽全力，在短短的一个多月时间里，提出了84个平面方案，189份立体方案。评审组选择其中较有特点的8个方案向全国征求意见，然后再综合成3个方案，最后经周恩来总理审定，并经中央书记处和中央政治局讨论同意为现在建成的方案。这个方案是由当时北京市规划局总建筑师赵冬日和沈博等设计师完成的。

方案确定后，张镈被任命为总建筑师，辅以其他专业工程师开展工作。为在1959年9月"献礼"，建筑者们靠着高度的政治热情和责任心，在中央的直接指挥下，克服重重困难，仅用280天完成施工。因工期紧张，在设计方案没有完成时，施工人员已开进施工现场，设计人员只好在现场工作。当时，设计人员、施工单位和业主单位三方共同研究、协商，遇到问题共同想办法解决。这种未设计先施工的办法虽然不具备可参考性，但在当时不失为应急之法。

人民大会堂近貌

人民大会堂建成后，受到当时来访的各国友人及贵宾的盛赞，他们对如此巨大的建筑，在短短 10 个多月的时间内，以高质量建成表示惊讶、赞赏和佩服。

人民大会堂总面积达 101 800 平方米，包括 9 634 座的会堂、5 000 座的宴会厅、600 座的小礼堂，以各省、直辖市、自治区命名的 30 个大厅，以及大量人大常委会办公用房。建筑东西长 336 米，南北长 174 米。整体风格基于学院派西洋古典的意象，但在装饰上吸取了许多中国传统建筑元素：建筑立面的构图、比例和配置是西式的，周围的柱廊借鉴了西洋古典建筑，平面强调严谨的轴线、序列和对称手法；细节的处理上则体现我国传统建筑精神，如屋檐采用仰莲瓣琉璃制品，挑檐以上的女儿墙到阳角转弯处不是平直生硬的 90°角，使端头微微翘起，而在挑檐的翼角处也做了轻微的外摆出飞，产生类似木构造角梁的"翼角翘飞"的韵味，建筑底部也采用我国传统的须弥座平台，衬托出建筑高大磅礴的气势。

1978 年，张镈恢复工作后便参与策划和设计人民大会堂大修、改造、扩建工程，民族文化宫扩建工程，以及水产部大楼、钓鱼台国宾馆、国际大厦以及北京旧城区 62 平方千米的科研与规划等国家重点工程。

张镈在 50 年的职业生涯中，参与规划设计、辅导的大型建设工程有 120 余项，其作品遍布祖国大江南北。在首都的近百项工程中，有 5 项排在东西长安街上，有 3 项列入国家"50 强工程"前 5 名，有一项荣登全国建筑艺术奖项之榜首。1989 年，张镈获"国家建筑大师"称号。

1999 年 7 月 1 日，张镈病逝于北京，享年 88 岁。

五、新中国的道路与桥梁工程师

1. 建国后的铁路工程建设

（1）宝成铁路——新中国第一条电气化铁路

宝成铁路（宝鸡至成都）是沟通中国西北、西南的第一条铁路干线，也是突破"蜀道难"的第一条铁路。

1954年1月，宝成铁路从宝鸡正式开工。1956年7月12日，由宝、成两端相向而筑的铁路在甘肃黄沙河接轨。经过一段时间的试运营，1958年1月1日，宝成铁路全线正式通车，采用蒸汽机车牵引。1958年6月至1960年6月，宝鸡至凤州段90千米线路率先进行了电气化改造，中国第一条电气化铁路（区段）由此诞生。

1975年7月1日，全长676千米的宝成电气化铁路全线建成通车。至此，宝成铁路成为连接我国内地与西南的大通道，为解决运输难问题作出了难以估量的贡献。

宝成铁路电气化采用了单相交流25千伏、50赫兹的先进制式，其所研制的系列配套技术装备、制订的标准和培养的大批人才，在我国铁路后续大规模电气化中发挥了重大作用。

2015年4月8日，一列火车经过宝成铁路

20 世纪 50 年代，行驶在
宝成铁路上的列车通过大巴
口桥

2016年3月，一列火车行驶在成昆铁路岷江大桥

（2）成昆铁路——人类征服大自然的杰作

全长 1 100 千米的成昆（成都至昆明）铁路，有 500 多千米位于烈度 7 至 9 度的地震区内，因沿线地质和地形极为复杂，素有"地质博物馆"之称。

1958 年 7 月，成昆铁路开工。不久，新中国遭遇了第一次经济滑坡。中共中央发出紧急通知，一批重大建设工程下马，其中就包括开工不到一年的成昆铁路。此后的三年间，成昆铁路工程三次停工，又三次开工，到 1962 年底，工程彻底停了下来。

1964 年 10 月，"大三线"建设拉开帷幕。以四川为中心，众多与国防相关的工程纷纷启动。前期最重要的工程项目之一就是恢复修筑成昆铁路干线，以解决西南地区交通问题，满足工业的能源、原材料、零部件以及产品运输需求。然而就在施工如火如荼进行的时候，工程被来势汹汹的"文化大革命"再次打断。1967 至 1969 年三年间，工程进度仅为 1966 年一年的工作量，停工损失达 7 亿元，占工程总造价的 1/4。

1969 年 3 月，中苏边境爆发"珍宝岛之战"。在紧迫的国际形势下，成昆铁路通车势在必行。周恩来总理亲自命令新成立的铁道兵西南指挥部统一领导施工。经过 10 个月的突击抢建，成昆铁路南北段终于如期在四川省西昌礼州实现了铺轨对接。1970 年 7 月全线试通车，1971 年 1 月 1 日正式交付运营。

成昆铁路可谓处处险山恶水。全线平均每 1.7 千米就有 1 座大桥或中桥，将近 1/3 的长度都是隧道。由于工程异常艰巨以及当时的施工条件限制，施工人员付出了巨大的牺牲。

1970 年 7 月 1 日，是成昆铁路通车日，也是攀钢的出铁日。直到今天，整个川西地区的交通已经非常发达，但攀枝花 60% 以上的货物运输还要依靠成昆铁路来完成。依托成昆铁路，我国最重要的航天基地——西昌卫星发射中心也在 20 世纪 70 年代末建立起来。成昆铁路创造了令世人瞩目的奇迹，对沿线乃至整个中国的政治、经济、军事、外交产生了巨大的影响，已经成为我国民族自豪感和民族精神的象征。

2. 通往世界屋脊的公路

1936 年，我国公路通车里程已达 11.73 万千米。此后，由于战争影响，新中国成立初期全国公路通车里程数减少为 8.07 万千米——这个数字成为新中国公路工程建设的基础和起点。

当时，西藏是中国境内唯一没有近代道路和近代交通工具的地区。从四川雅安或青海西宁到西藏拉萨，只能步行或乘骑骡马，爬山涉水，需走几个月的时间。

20 世纪 50 年代，行驶在康藏公路上的车队

（1）康藏公路——中国第一条进藏公路

1949 年底，除西藏地区外，全国大陆悉数解放。为实现祖国统一大业，增进民族团结，建设西南边疆，中央授命解放西藏，修筑进藏公路。"康藏公路"就成了第一条进藏公路。

康藏公路 20 世纪 50 年代初开始修建，起于西康省的雅安，止于

西藏的拉萨，长达 2 255 千米。1955 年西康省撤销建制归并四川，康藏公路的起点移至成都，改称川藏公路，里程也增加到 2 405 千米。

康藏公路蜿蜒翻越横断山脉的二郎山、雀儿山、达马拉、色霁拉等 14 座大山，除二郎山垭口海拔 3 212 米外，其余均在海拔 4 000 米以上；先后跨越青衣江、大渡河、雅砻江、金沙江、澜沧江、怒江、尼洋河、拉萨河等河流；横穿龙门山、青尼洞、澜沧江、通麦等 8 条大断裂带。高山激流，更间有冰川、塌方、流沙、滑坡、泥石流、泥沼、地震地带，地质结构复杂，地质灾害频发，可想而知，筑路工程异常艰难。

1950 年 10 月 1 日，中国人民解放军第十八军后方司令部康藏工程处在重庆成立。工程处一边恢复国民党时期废弃的雅安至德格

川藏公路今貌

县马尼干戈段公路，一边着手开始康藏公路的筹建工作。1951 年
5 月 12 日，西南军区成立康藏公路修建司令部，组建了入藏测绘队，
调归十八军建制。这支工程师和技术人员大军经受了风雪严寒和高
原缺氧等各种困难的考验，参加了机场、公路路线勘察、道路测绘，
出色地完成了任务。

从 1951 年 9 月底开始，共 1.2 万筑路大军陆续进入雀儿山路
段施工。雀儿山是海拔 5 000 多米的高原，空气稀薄。在冰封雪裹
的冬季施工，艰难程度难以想象。冻土层与冰雪融成一米多厚的泥
浆，指战员们在冰雪和泥浆中施工，奋战 116 天，将公路通到了昌都。
1953 年的重点工程是突破怒江天堑、凿通然乌沟石峡。怒江为进
入西藏的天险，江面宽 100 多米，水深 20 多米，西岸冷曲河流入
怒江，有连绵不断长达 7 千米的悬崖。经过艰苦奋战，筑路大军终
于建成了一座长达 87 米，距江面 33 米高的钢架桥。

康藏公路是我国交通建设史上最艰巨的工程之一，耗资 2.06 亿元，军民牺牲 2 000 多人。1955 年，康藏公路更名为川藏公路。川藏公路现在分南北两线，川藏南线从成都出发，全长 2 100 多千米，最高点是海拔 5 013 米的米拉山垭口。川藏北线即整条 317 国道，全长 2 414 千米。川藏北线于 1954 年 12 月 25 日与青藏公路同时建成通车。

（2）青藏公路——青藏高原的物资渠道

青藏公路从西宁起，经乌兰、德令哈、格尔木、安多、那曲至拉萨，全长 1 937 千米（另说 1 980 千米）。该线翻越昆仑山（海拔 4 600 米）、风火山（海拔 5 010 米）、唐古拉山（海拔 5 320 米）和头二九山（海拔 5 180 米）等高山，全段海拔在 4 000 米以上。

青藏公路最初的建设标准较低，并且穿行在青藏高原上，沿线气候条件恶劣，地质条件特殊、不良，因而通车后病害严重。1974 年开始全面改建，并将标准提高为二级公路，加铺沥青路面。西宁市至格尔木市段于 1978 年先期完成改建工程，至 1985 年 8 月，青藏公路全线沥青路面铺筑工程竣工。这条路是多条进藏公路中路况最好、流量最大的公路，在进藏铁路修通之前，是西藏主要的物资运送渠道。

新藏公路沿途风光（摄于
2013年，新疆喀什地区）

（3）新藏公路——世界平均海拔最高的公路

除康藏和青藏公路外，数十年来国家还投以巨资，建设了新藏公路、中尼公路、滇藏公路、丙察察线等多条联通西藏的公路，从根本上改变了过去世界屋脊没有公路的状况。

由新疆叶城至西藏拉孜与中尼公路相交的新藏公路，是继川藏公路、青藏公路之后，进入西藏的第三条公路。新藏公路北起新疆叶城，经西藏噶大克（噶尔），至与印度、尼泊尔接壤点边疆城镇普兰。新藏公路于1956年3月动工，1957年10月6日通车，全长1 500多千米，后续又从普兰延伸到了西藏拉萨。因此，新藏公路又称叶拉公路，即219国道，全长2 140千米。

新藏公路的主体工程位于帕米尔高原的昆仑山脉、喀喇昆仑山脉和青藏高原的冈底斯山脉、喜马拉雅山脉，沿途翻越5 000米以上的大山5座，冰山达坂16个，冰河44条，穿越无人区几百千米，途经区域平均海拔4 500米以上，氧气含量不足海平面的50%，是世界上平均海拔最高的公路。

蜿蜒曲折的滇藏公路

（4）滇藏公路

滇藏公路于 1950 年 9 月动工，至 1974 年 7 月 6 日建成通车。

因起止点的不同，对于滇藏公路的长度有诸多说法。一说全长 710 千米，起点为云南大理下关，沿 G214 经丽江、香格里拉、德钦、盐井，在芒康与川藏南线交汇；一说全长 714 千米，起点为中国云南景洪，即昆畹公路（前称滇缅公路），经过西藏芒康、左贡、昌都、类乌齐至青藏界多普玛，与川藏公路南线连接；一说全长 1 930 千米，南起滇西景洪，穿过横断山区原始森林，横跨金沙江，翻越海拔 4 300 余米的百芒雪山和洪拉山，经西藏芒康、左贡、昌都、类乌齐至青藏界多普玛，抵甘肃兰州，西藏自治区境内 803 千米；一说起点为昆明，到拉萨全长 2 252 千米；还有说是由昆明市经下关、大理、中甸、德钦、盐井到川藏公路的芒康，然后转为西行到昌都或经八一到拉萨，由昆明至芒康路程 1 112 千米，由芒康经八一至拉萨 1 214 千米，全程 2 326 千米。

所有这些进藏公路担负着联系祖国东西部交通的枢纽作用，无论在军事、政治、经济还是文化上都具有不可替代的作用。它们不但是藏汉同胞通往幸福的"金桥"和"生命线"，而且是联系藏汉人民的纽带，具有极其重要的经济意义和军事价值。

3. 长江天堑第一桥——武汉长江大桥的兴建

（1）武汉长江大桥的工程建设

武汉三镇位居中国腹地、长江中游，汉水由此汇入长江，地理位置优越，曾被孙中山誉为"内联九省、外通海洋"的大商埠。清末，武昌为湖北省会，汉口为商埠，汉阳为工业基地。1906 年，京汉铁路全线通车，粤汉铁路也在修建当中。建桥跨越长江、汉水，就可以连通京汉、粤汉两路，形成中国的南北大动脉，这一直是当时中国民众和工程师的梦想。

新中国成立后，武汉长江大桥的建造被正式提上日程，列为苏联援华的 156 项工程之一。铁道部于 1950 年 2 月着手进行该桥桥址的勘测工作，为此在设计总局下成立武汉长江大桥设计组专司其职。1953 年 4 月，铁道部设立武汉大桥工程局，负责武汉长江大桥的设计和施工。著名桥梁专家茅以升任总设计师，28 人专家组为技术指导。1955 年 2 月，召开武汉长江大桥技术顾问委员会会议，聘任茅以升为主任委员。1955 年 9 月 1 日，武汉长江大桥正式开工建设，从全国各地抽调大批建桥职工，组成了全国第一支以桥梁为专业的建桥大军。1957 年 9 月 25 日，武汉长江大桥全部完工，并于当天下午正式试通车。1957 年 10 月 15 日，5 万武汉人民参加了大桥落成通车典礼。

建成后的武汉长江大桥是一座公路铁路两用桥，铁路桥全长 1 315.20 米，公路桥全长 1 670.4 米，正桥 8 墩 9 孔，每孔桥跨 128 米。桥下通航水位净空 18 米，可通行 3 000 吨轮船及 6 艘 3 000 吨驳船组成的船队。

武汉长江大桥的建成，不但接通了我国南北大动脉京汉及粤汉铁路，而且与先期建成的江汉桥一起，将武汉三镇连成一体，对武汉的交通和发展起到了巨大作用。1956 年 6 月，毛泽东从长沙到武汉，第一次游泳横渡长江，当时武汉长江大桥已初见轮廓，毛泽东即兴写下《水调歌头·游泳》一词，其中广为传诵的一句"一

武汉长江大桥（摄于2014年）

桥飞架南北，天堑变通途"，正是描写武汉长江大桥的气势和沟通
交通大动脉的重要性。

（2）军人工程师——彭敏

著名桥梁工程师彭敏对武汉长江大桥做出了重要的贡献。

彭敏（1918—2000），生于江苏省徐州市，毕业于扬州中学土
木工程科。"九一八"事变后，受鲁迅的爱国进步思想的影响，他
积极参加反帝反封建和抗日救国的运动，抗战中更带领部队出生
入死浴血奋战，并且参加了百团大战。抗战胜利后，彭敏成为我
党第一支铁路队伍的领导人，指挥了北满铁路的抢修、维护工作，
为全面接收东北提供了基本物资保证，为接管全中国的铁路奠定
了基础。

建国以后，彭敏任铁道兵第三副司令员兼总工程师。他参加
了抗美援朝，任志愿军铁道兵团总工程师，中国人民志愿军铁道

兵团、中朝联合军运司令部抢修指挥所司令员。在美军的狂轰乱炸中，他指挥的团队铸造了一条永摧不毁的"钢铁运输线"，保证了朝鲜战场的物资供应。

1953 年 1 月，铁道部委派因伤休养的彭敏为武汉大桥工程局代理局长兼总工程师，他带病只身来到汉口。4 月，武汉长江大桥工程局正式成立，彭敏为局长。他把全国有名的桥梁专家都设法调到大桥局，这批专家不仅有坚实的理论基础，也都有实践经验。在大桥建设中，彭敏与苏联专家密切配合，充分发挥和调动了中国桥梁专业技术人员的积极性，采用新创造的基础结构和施工方法，战胜了 1954 年百年不遇的特大洪水，用两年零一个月时间建成了长江第一桥。

在这之后，彭敏又参与组织修建了郑州黄河大桥、重庆白沙陀长江大桥、湖南湘江大桥、广州珠江大桥等工程。1958 年 9 月，任南京长江大桥建设委员会副主任委员。此外，他还参与领导了成昆铁路、川黔铁路、滇黔铁路、桂昆铁路、坦赞铁路的建设。

4. 南京长江大桥——中国建桥史上一座丰碑

南京长江大桥是我国建成武汉长江大桥、重庆白沙沱长江大桥之后，自行建造的第三座长江大桥。

1908 年沪宁铁路修到南京，1911 年津浦铁路建成通车，因受长江之阻，这两条南北铁路干线未能贯通。1937 年，国民党政府重金聘请美国桥梁专家华特尔，对南京至浦口江面进行实地勘察，这位美国专家得出的结论是："水深流急，不宜建桥。"新中国成立后，随着大规模经济建设的开展，建设南京长江大桥之事又被提上了议程。

南京长江大桥的设计和施工单位是铁道部大桥工程局，结构工程由中铁大桥勘测设计院承担。1960 年 1 月 18 日，南京长江大桥正式施工。相比武汉长江大桥，南京长江大桥桥墩之间的跨度更大，因此正桥基础工程更为艰巨。这里江面宽阔，水深流急，覆盖层厚，

基岩构造复杂。建造者因地制宜地采用了四种类型的桥墩基础：1号墩为重型混凝土沉井基础，沉井穿过复盖层达 54.87 米；2 号、3号墩为钢沉井管柱基础，这是管柱与沉井相组合的新型基础结构；4 号、5 号、6 号、7 号墩则采用浮运钢筋混凝土沉井基础；8 号、9 号墩为钢板桩围堰管柱基础。

那时，浮式沉井技术只在美国旧金山金门大桥的建设中被使用过，南京长江大桥的设计师们都只听说而没有见过。他们不断摸索，反复实验，精心设计，最终将技术难关一一攻下，解决了江心部分的 4 号、5 号、6 号、7 号桥墩在基岩强度低、有严重挤压破碎带情况下的建设问题。直径 3.6 米预应力钢板桩围堰混凝土管柱、钢沉井围堰直径 3 米预应力混凝土管柱和深水浮运沉井基础等三项技术，都是南京长江大桥设计中的首创。

大桥每孔上的三联跨合金钢梁的钢材原是向苏联订购的，浦口岸 0 号墩至江中 1 号桥墩的第 1 孔 128 米简支钢梁，用的就是苏联供给的钢材。后来由于苏联供应中断，自主研发钢材的重任落在了鞍山钢铁公司身上。鞍山钢铁公司的职工突击"攻关"，及时炼出了 16 锰合金钢，轧长比苏联的还长，不需拼接就能满足单根钢梁杆件的长度。其后的三联三等跨 9 孔、每孔 160 米的连续钢梁，都是由鞍钢生产的。与此同时，山海关桥梁厂也最终克服了焊接低合金钢的困难，制成了大型钢梁，再不需要依靠国外供应。

南京长江大桥现貌

　　南京长江大桥的建设一波三折，除了饱受自然灾害侵害外，还遭遇了"文革"的冲击，工地一度陷入混乱。而作为新中国重点工程，南京长江大桥也受到了国际社会的很多关注，所以在当时紧张的国际关系中，南京长江大桥还承担着一定的战备使命，曾在军队的管制下进行施工。

　　1967 年 8 月 15 日，南京长江大桥合龙。1968 年 9 月 30 日，南京长江大桥铁路桥通车。1968 年 12 月 29 日，南京长江大桥全面建成通车。在举行通车典礼前，公路桥经受住了坦克车队的重压考验。

　　历时近 9 年建造完成的南京长江大桥，耗用钢材 10 万吨，木材 15 万立方米，混凝土 40 万立方米，耗资约 2.88 亿元。建成后的南京长江大桥是一座铁路和公路两用特大桥梁，铁路桥面全长 6 772 米，公路桥面全长 4 588 米，其中江面正桥全长 1 576 米。矗立两岸的桥头堡建筑高达 70 余米，使正桥和引桥有机地联成整体。

　　南京长江大桥建成后成为南京市的地标性建筑，而最吸引人们目光的，无疑是那巍峨矗立的南北桥头堡。桥头堡的设计非常富有时代特点，象征着当年总路线、大跃进和人民公社"三面红旗"的造型成了南京长江大桥的一大特色。当时曾为此组织过全国范围的设计竞赛，共收到 100 多份设计方案，"三面红旗"方案便是从中选出的。

南京长江大桥代表了当时中国桥梁建设的最高水平，开创了我国依靠自己的力量修建特大型桥梁的新纪元，是我国桥梁建设史上的一座重要里程碑。

5. 著名桥梁专家李国豪

与南京长江大桥的建造联系在一起的，是我国著名桥梁专家李国豪。

李国豪（1913—2005），生于广东省梅县一个贫苦农家，16 岁时离开梅州，只身来到上海，考入当时以医科和工科闻名的国立同济大学。在为期两年的德语预科班后，升读同济本科时，他选择了工科。到大学三年级时，他又从机械专业转到土木工程专业，并于 1936 年以全优成绩毕业。毕业前夕他在杭州钱塘江大桥建设工地实习了一个月。毕业后，他留校担任结构力学和钢筋混凝土结构助教。一年后，抗战全面爆发，他代替离校的德国教授讲授钢结构和钢桥课程，这成为他此后几十年桥梁科研、教学与工程实践之路的起点。

1939 年，留学德国时期的李国豪

1938 年秋，李国豪获德国洪堡奖学金资助，前往德国达姆施塔特工业大学进修。他的表现与潜能很快引起土木系新到任的教授克雷伯尔的注意。克雷伯尔是德国钢结构协会负责人，身兼著名的《钢结构》杂志主编一职，当时刚来工业大学担任结构力学和钢结构教研室主任。爱才心切的克雷伯尔破例将李国豪招至门下攻读博士学位。1939 年春，李国豪结合当时拟在汉堡修建的一座主跨800米的公路铁路两用悬索桥工程，开始博士论文研究工作。

他从二阶理论的弹性弯曲微分方程悟出，悬索桥的受力相当于一个受竖向荷载的梁同时受一个轴向拉力。由此他完成了从概念到方法都有所创新的博士论文《悬索桥按二阶理论实用计算方法》，并用模型试验加以验证，最终以优异成绩获得工学博士学位。他的论文在《钢结构》杂志发表后，同样在桥梁工程界引起极大反响，"悬索桥李"的美名不胫而走，这一年，李国豪刚刚26岁。

"二战"结束后，李国豪偕同妻子踏上了回国归程。他回国不久，同济大学也从四川迁回上海，李国豪重返母校，出任土木系主任。1952年，同济大学院系调整，李国豪被任命为同济大学教务长，他领导同济的专业建设，创办了桥梁工程专业，并先后出版了该专业最早的中文教材《钢结构设计》和《钢桥设计》。3年后，他开始培养桥梁工程研究生，后来又出版了专著《桥梁结构稳定与振动》。1956年，他担任副校长，不久又创设工程力学专业，亲自授课培养学生。

1954年，李国豪受聘为武汉长江大桥技术顾问委员会成员。一年后，他成为首批中国科学院技术部学部委员（今中国科学院院士）。不久，南京长江大桥开始筹建，国家决定完全由自己的工程技术人员设计、施工，45岁的李国豪出任南京长江大桥技术顾问委员会主任，中国桥梁第一人的位置由此奠定。此后，几乎中国所有的标志性桥梁——上海南浦大桥、江阴长江大桥、虎门珠江大桥、汕头海湾大桥、长江口交通通道、杭州湾交通通道、琼州海峡交通通道等，都与这位大师的名字紧密相连。

1966年7月，"文革"祸起，李国豪被关进了10平方米的"牛棚"。南京长江大桥胜利通车的消息，使他感到既高兴，又内疚。当年武汉长江大桥建成举行通车典礼的时候，几十万群众拥上桥头，造成大桥突然左右晃动，表明设计存在稳定性的问题，而南京长江大桥设计时这一问题尚未解决，为了防止晃动，被迫加宽桁梁，多用了几千吨钢材。李国豪因正承担着工程抗爆研究任务和成昆铁路的桥梁技术工作，一时无法研究横向振动问题，他就把这个题目作为学校研究生和毕业班的科研课题。

被关在"牛棚"的那段日子，李国豪缺少纸和笔，他将每天唯一的一张报纸的空白中缝作为演算的稿纸，一连计算了三个多月，手头没有任何数学资料，凭借扎实的基础和惊人的记忆，完成了大桥振动的理论研究雏形。撤销隔离后，他用 4 个月时间在家里自己动手制作了一个精致的桁架模型。用这个模型，获得了详尽的数据……1974 年，在全国钢桥振动科学协作会议上，李国豪精辟地阐释了他的振动理论，并指出"武汉长江大桥的稳定没有问题，南京长江大桥多用钢材没有必要"。与会专家们激动地说："我们在这个问题上徘徊了整整 17 年，现在终于解开了这个谜。"

1977 年，李国豪劫后复出，出任同济大学校长，这所百年名校也在他任内焕发了青春。上任后，李国豪重点做了两件事：其一，提出要将同济大学从 1952 年院系调整之后定位的土建型专门大学，转变为以土建为主的综合型大学；其二，提出恢复同济大学过去的特色之一，即与德国高等学校和科研机构的传统联系，采用德语作为主要教学语言之一。为提高教学质量，他还提出八项措施，如学生可自主选择教师设置的课程、率先实行学分制等，这在当时都是开风气之举。

2005 年 2 月 23 日，一代桥梁大师在上海逝世，享年 92 岁。早在 1981 年，李国豪就当选世界十大著名结构工程专家之一，1987 年又获国际桥梁和结构工程协会功绩奖。而他一手打造百年名校的教育家风范，同样令后人敬仰不已。

六、新中国的机械制造工程师

1. 万吨水压机——新中国机械工业起步的标志

水压机是液压机的一个分支，可分为自由锻造水压机和模锻水压机两种。其中自由锻造水压机主要用自由锻方式，来锻造大型高强度部件，如船用曲轴、重达百吨的合金钢轧辊等。模锻水压机则用坯料在近似封闭模具中实现胚料的锻压成型，主要用来制造一些强度高、形状复杂、尺寸精度高的零件，如飞机起落架、发动机叶片等航空零件。锻造液压机不仅是金属成型的一种方法，同时也是锻合金属内部缺陷、改变金属内部流线、提高金属机械性能的重要手段。

自从 1893 年世界第一台万吨级（1.26 万吨）自由锻造水压机在美国建成以来，万吨级液压机作为大型高强度零件锻造核心装备的地位，就一直没有动摇过。随着近代工业技术发展和两次世界大战的推动，大型液压机更是成为各工业化国家竞相发展航空、船舶、重型机械、军工制造等产业的关键设备。到"二战"结束前，俄罗斯已经拥有 4 台超过万吨的大型水压机，美国更是超过 10 台，重型锻压设备已成为一个国家工业实力的象征。

新中国成立以后，重工业和国防工业体系建设开始加速，这些领域都急需大型锻压设备。1953 年，沈阳重型机器厂首先将日本赔偿、散存在鞍山的 2 000 吨自由锻水压机修复并安装投产，成为我国第一家能够生产大型锻件的企业，后来也成为我国自己设计制造锻造水压机的第一家企业。

1953 年至 1957 年，我国先后从苏联和东欧进口自由锻造水压机约 8 台，其中最大的有 6 000 吨，并派出一批工人、技术人员和管理干部到苏联乌拉尔重机厂、新克拉马托重机厂学习大型自由锻件的生产工艺和管理经验。国内最早建立起来的一批专业重机制造厂，依靠苏联的技术资料，仿制出 10 台 2 500 吨自由锻造水压机，但是 6 000 吨级以上的大型水压机依然稀缺，大锻件仍需进口。

1958 年 8 月，我国正式开始研制两台 1.2 万吨级水压机，其中一台安装在第一重型机器厂，以沈阳重型机器厂和第一重型机器厂为主来设计制造，由二机部副部长刘鼎负责组织实施；另一台安装在上海重型机器厂，以江南造船厂为主设计制造，由煤炭工业部副部长沈鸿负责组织实施。

上海很快成立了设计班子，以上海江南造船厂为主，上海重型机器厂等几十个工厂参加大协作。以沈鸿为主的设计组人员做了大量准备工作，四处搜集关于水压机的资料和情报，自己制作模型，然后在模型试验基础上绘制图纸，仅总图就绘制了 15 次。总共 46 000 多个零部件，绘制了大小 10 000 余张图纸，仅这些图纸就重达 1.5 吨。为保证试制成功，沈鸿还提出以一比十的比例，先造一台 1 200 吨的试验样机作为正式生产的准备。

1959 年 2 月 14 日，江南造船厂举行了万吨水压机开工典礼。研制小组首先要解决的问题是如何制成特大型铸钢件，为此他们尝试使用国外的"电渣焊"新技术进行整体焊接，试制 1 200 吨试验样机，并为安全起见，又先造了一台 120 吨的样机。试制获得成功，这一改革，不仅使万吨水压机横梁总重量从原来的 1 150 吨减轻到 570 吨，同时使机械加工和装配工作量也减少了一半以上。

1962 年 6 月 22 日，经过 4 年的努力，江南造船厂自制的 1.2 万吨自由锻造水压机在上海重型机器厂试车成功，并投入试生产，它能够锻造几十吨重的高级合金钢锭和 300 吨重的普通钢锭。这一成功标志着我国重型机械的制造进入了一个新的历史阶段。

当沈鸿在上海以非常规方式建造万吨水压机时，二机部副部长刘鼎主持的 1.25 万吨水压机由沈阳重型机器厂和第一重型机器厂为主设计制造。由于东北地区机械制造力量比较雄厚，研制组均采用正规的生产方式制造。从 1958 年开始，为积累经验，负责建造的工程师们先试制出一台 2 000 吨水压机，接着花了一年多时间进行设计，这台水压机采用 3 缸 4 柱铸钢件组合梁结构。由沈重铸造出上中下三个横梁等 10 个大型铸钢件，然后用机械方法组合起来。底座中侧部的铸钢件最大，重达 95 吨，第一次采用四包钢水合浇的方式，共用 145 吨钢水合浇而成。这种工艺方法，在中国铸锻工艺史上是一个创举。

这台万吨水压机于 1962 年制成，因为厂房没有及时建成，直到 1964 年 12 月才在一重正式投入使用。2002 年 2 月，这台水压机在锻造 30 万千瓦低压转子时，一根立柱发生裂断。利用这一契机，一重决策者决定投资 1.5 亿元，新建一台当时世界最大的 1.5 万吨自由锻造水压机，并于 2006 年 12 月 30 日建成投产。

上海重型机械厂的万吨水压机自 1962 年投产以来，在上海重型机器厂服役了近半个世纪。由于部件老化，1990 年工厂对其进行了一次大修改造，至 1992 年 7 月 2 日改造工程完工。维修人员对 40 余个超大型主辅机部件进行维修改造，用去修补焊条十余吨，重新制造更换了活动横梁，恢复了万吨水压机的原设计能力。2003 年锻件年产量超过了 1 万吨，并承担起锻压船用曲轴的任务。

2004 年底，上海重机厂为适应市场发展，决定再建造一台世界最大的 1.65 万吨自由锻造油压机，并委托中国重型机械研究院等单位负责结构设计，由上重自行建造，于 2009 年 6 月建成投产，这是中国重型装备的又一个突破。

2. 中国第一代汽车制造工程师

1953 年 7 月 15 日，在长春市西郊，一个代号为 652 的工厂，即中国第一汽车制造厂，举行了奠基典礼。1956 年 7 月 13 日，第一辆解放牌 CA10 四吨载货汽车诞生，从此结束了中国不能制造汽车的历史。

CA10 型是以苏联莫斯科斯大林汽车厂出产的吉斯－150 型载重汽车为蓝本制造的。第一辆国产解放牌汽车的诞生，是一汽汽车生产的起点，也是中国汽车工业发展的起点。

经过五十多年的发展，一汽的企业面貌发生了翻天覆地的变化。

从生产单一的中型卡车，发展成为中、重、轻、微、轿、客多品种、宽系列、全方位的产品系列格局；产量从当初设计年产 3 万辆生产能力，发展成为百万量级企业；企业结构基本实现了从工厂体制向公司体制的转变；资本结构实现了从国有独资向多元化经营的转变；经营市场实现了从单一国内市场经营向国内、国外两个市场经营的转变。逐步形成了东北、华北、西南三大基地，形成了立足东北、辐射全国、面向海外的开放式发展格局，已成为中国最大的汽车企业集团之一。中国的第一代汽车制造工程师也在这一过程中起步和发展。张德庆、饶斌、孟少农等专家就是其中杰出的代表。

（1）张德庆

张德庆（1909—1977），汽车专家，上海吴淞县人。1933 年毕业于国立交通大学机械工程系，获学士学位。1936 年至 1939 年赴美国、德国留学和实习，毕业于美国普渡大学，获硕士学位。1952年任重工部汽车工业筹备组汽车实验室主任、第一机械工业部汽车拖拉机研究所所长、长春汽车研究所所长。参与了中国汽车工业的初创，领导创建了中国第一个汽车科研机构，积极支援第一汽车制造厂的建设，重视规划和标准化工作，重视产品开发和发展柴油机，结合国情，潜心研究汽车代用燃料，主持研制"代用机油"，主持领导了液化石油气、天然气（主要是甲烷）作汽车燃料的研究。

（2）饶斌

饶斌（1913—1987），吉林省吉林市人，中国汽车工业的创始人之一。他成功领导建成了两座大型汽车厂——一汽和二汽。带领一汽的第一代创业者，用三年的时间，高速度、高质量建成中国第一座汽车制造厂，结束中国不能生产汽车的历史。在任一机部部长期间，主持并推进了汽车工业的技术引进、中外合资经营，提出了汽车工业调整改组和发展规划方案，加速产品换型，结束了汽车产品几十年一贯制的局面。退居二线后，仍然为推进中国汽车工业的改革和发展，深入基层，实地考察，调查研究，直到生命的最后一刻。

（3）孟少农

孟少农（1915—1988），汽车专家，湖南桃源人。1940年毕业于西南联大机械系，后获美国麻省理工学院硕士学位，曾任美国福特汽车公司工程师。1946年回国，在清华大学机械系任副教授、教授，创办了汽车专业。新中国成立后，在一汽主持和组织引进前苏联技术和消化吸收及人员培训，为解放牌汽车性能改进和质量提高，为一汽新产品的开发，特别是为军用越野车的研制，为"东风"、"红旗"高级轿车的开发做出了贡献。在二汽，以渊博的常识和丰富的经验，大胆决策，攻克了产品质量、产品滞销和工厂组建三大难题，总结出世界汽车工业发展的许多共性规律，为中国汽车工业发展方向提出许多精辟的见解，对中央决策起了重要的作用。

3. 新中国造船工业的发展

新中国成立之初，由于工业基础薄弱，我国造船工业几乎是空白。它的起步是从修旧利废、改造旧船开始的。20世纪50年代，造船工程师和工人开始改造"江新"、"江华"等20世纪初期建造的行驶在长江中下游的货船。1954年，我国设计建造了从上海到重庆航段的客货船"民众号"，载客936人，载货500吨。该船的设计师为我国著名造船专家张文治，他在设计中首次采用了我国自己设计的电动液压舵机。

1955 年，我国的海洋船舶设计建造也有了进展，当年建成了自行设计的沿海小港货船"民主 10 号"，1956 年该船投入大连到天津之间的航线运输中。由于当时的天津港在海河上，要保证在海河上掉头，船的长度只能有 80 米。该船由上海船舶产品设计处第二产品设计室设计，这个设计室就是今天中国船舶与海洋工程研究设计院（简称 708 所）的前身。1958 年建成的航行于上海和青岛之间的蒸汽机客货船"民主 14 号"，1960 年建成的柴油机客货船"民主 18 号"等也都是由这个设计室设计的。在货轮的设计和建造上，我国的造船业也开始了跃进式发展。大连造船厂和上海江南船厂分别设计和建造了载货量都是 5 000 吨的"和平 25 号"和"和平 28 号"蒸汽机货船，两船同时出海试航，成为当时轰动国内的大事。

建造万吨轮一直是中国造船工程师的梦想。1958 年，采用成套苏联图纸和设备的万吨级远洋货轮"跃进号"在大连下水，该船的设计、钢材以及主要机电设备均引进自苏联，大连造船厂的工人和工程师为之付出了巨大的努力。结果，1963 年 5 月，"跃进号"在首次航行中触礁沉没，令全国人民感到震惊和痛心。此后，自行设计、建造万吨轮的计划被列为当时国家科学发展十年规划重点项目之一。这一任务仍落在了第二产品设计室肩上。当时，正是我国"大跃进"时期，为了完成任务，设计人员每天工作十五六个小时，他们仅用了 3 个半月就拿出了施工设计图纸，比之前 5 000 吨级货船的设计周期缩短了 3/4 以上，创造了设计大型船舶用时最短的纪录。

1960 年，由中国自行设计、计划全部采用国产设备的首艘万吨级远洋货轮"东风号"在江南造船厂开工。江南造船厂虽然早在 1921 年就成功地为美国建造了"官府号"、"天朝号"、"东方号"和"震旦号"等 4 艘万吨轮，但是，承建国内自主品牌的万吨轮却还是头一回。据统计，他们围绕万吨轮生产技术关键，共实现了 300 多项重大技术革新，改进工艺和设计 180 余件，工厂机械化程度从 1959 年的 37.9% 提高到了 97.8%。这些技术革新项目的实现，为万吨轮顺利下水创造了良好条件。1960 年 4 月 15 日，万吨轮下水，它被正式命名为"东风号"。从严格意义上来说，虽然"东风"轮还只是一个船壳，但船体的建造速度也同样令人吃惊，这艘船从开工投料到下水，仅用了 88 天。

"东风"轮下水后，开始了其长达 5 年多漫长的"内部建造"过程。在此期间，虽然试制与安装工作几经陷入停滞状态，但是得到了来自全国各地的大力支持。设计建造国产万吨轮的核心配套设备被列为国家第二个五年计划的重点工作。于是，由一机部和交通部联合组织的涉及设计、科研、工厂、航运等部门，开始了一场从规划、调研、协调到研制的联合行动。

柴油机是船舶的"心脏"。自宣布建造国产万吨轮以来，一机部九局产品设计四室、沪东造船厂、上海船舶修造厂、上海交通大学、新中动力机厂等 5 家单位就开始合作进行设计和技术攻关，历时 48 天就完成了图纸设计。设计完成后，分别由沪东造船厂、上海船舶修造厂和新中动力厂三家单位同时投入生产，并最终选定由沪东造船厂进行试制。经过技术人员的不断修正、改进，反复试验分析及整机调试，研制人员克服了许多意想不到的困难，1965 年 6 月，8 820 匹柴油机及所属辅机和设备的性能，经相关专家评估已基本满足设计要求，可以正式安装到"东风"轮上。这不仅填补了中国船用柴油机的空白，也为后来国产机的研制和国际先进船用重型低速柴油机的引进生产打下了坚实的基础。

电罗经又称陀螺罗经，它能自动、连续地提供船舶航向信号，并通过航向发送装置将航向信号传递到所需的各个部位，是船上必不可少的精密导航设备，涉及技术门类众多，制造难度非常大。一机部早在 1958 年就安排了当时最具实力的四局 119 厂进行试制，1960 年初又改了上海航海仪器厂。由于 119 厂的大力支持以及 3 名苏联专家的帮助，试制工作开展得相当顺利。在苏联专家的指导下，技术科室专门成立了设计、工艺、加工以及翻译 4 个职能部门，并抽调厂内所有大学生、业务骨干及青年技术人员参与到试制工作中，使参加试制工作的人员迅速扩大到 1 000 人。然而，不久由于中苏关系紧张，苏联就撤走了全部专家，我国自己的工程技术人员从收集整理资料开始，重新研究，经历了无数次失败才最终成功。

应用到"东风"轮上的"第一"远不止低速重型柴油机和电罗经两个重要设备。据统计，参与安装研发"东风"轮船上辅机、仪表仪器等配套设备的协作单位涉及全国 18 个部委、16 个省市以及所属的 291 个工厂和院校。这些协作单位为"东风"轮提供了多达 2 600 项设备和器材，其中新试制船用产品达 40 余项。

1965 年 12 月 31 日，"东风"轮正式宣布竣工交船。建成后的"东风"轮，总长 161.4 米，型宽 20.2 米，型深 12.4 米，能连续航行 40 个昼夜，船上的重型柴油机使全船的发电量可供一个 10 万人的小型城市照明一天使用。继"东风"轮之后，大连、天津、广州等地也都纷纷上马，开始批量建造我国万吨级远洋货轮，我国造船工业由此开始了新的征程。

4. 新中国航空工业的发展

（1）我国制造的第一架喷气式歼击机——"歼 5"

1951 年 6 月 29 日，担负飞机修理任务的沈阳飞机制造公司（简称 112 厂）在抗美援朝的烽火中诞生。1952 年 7 月 31 日，为了贯彻中央关于航空工业从修理发展到制造的方针，政务院[1] 会议决定将 112 厂扩建为喷气式飞机制造厂。

1956 年 7 月 19 日，我国第一架喷气式飞机成功地飞上了祖国的万里蓝天。试验证明，该飞机在最大速度和最大高度时，特种设备、发动机等的各项

中国人民革命军事博物馆展出的"歼 -5"歼击机（摄于 2007 年）

1　中央人民政府政务院是 1949 年 10 月 1 日中华人民共和国建立至 1954 年 9 月 15 日第一届全国人民代表大会召开前中国国家政务的最高执行机构。

1935 年徐舜寿（后排左三）
在清华大学

性能、数据全部达到试飞大纲要求。9 月 8 日，国家验收委员会在 112 厂举行了验收签字仪式，并命名该机为"56 式机"（该机后来又按系列命名为歼 5）。

歼 5 飞机的试制成功，掀开了我国航空工业发展史上崭新的一页，表明我国已经开始掌握喷气式飞机的制造技术，标志着 112 厂已经完成了由修理走向制造的历史使命，从此向掌握新型飞机制造技术、组织正规成批生产，进而向自行设计制造的道路前进。

（2）新中国航空工程师先驱

1956 年 9 月初，我国第一个飞机设计室在 112 厂正式成立，在这里工作的技术人员成为了新中国航空工程师的先驱。

徐舜寿（1917—1968），浙江省吴兴县人，1937 年以优异的成绩毕业于清华大学机械系，后考取中央大学机械特别研究班进修航空技术，毕业后任成都航空研究院助理研究员。1944 年 8 月，他被录取为公费留美实习生，赴美国韦德尔公司学习塑料零件制造。半年后转麦道飞机公司任雇员，参与 FD-1、FD-2 飞机的设计工作。1946 年初又考入华盛顿大学主攻力学，同年 8 月回国，在南京国民政府空军第二飞机制造厂从事空气动力研究和飞机设计，担任中运 2 号飞机的总体设计和性能计算工作，并被破格提拔为研究课长。1949 年春，他毅然举家辗转来到已经和平解放的北平。此后历任中国人民解放军东北航空学校机务处设计师，华东军区航空工程研究室飞机组副组长，第二机械工业部航空工业局飞机科科长、总工艺师等职。

黄志千（1914—1965），江苏省淮阴县人，1937 年毕业于上海交通大学机械系，毕业后他怀着抗日救国的梦想加入了南京国民政府空军，在航空机械学校受训。1938 年 4 月毕业后，辗转于云南垒允、昆明，缅甸八莫，以及四川新津等飞机制造厂，负责并参加了国外战斗机的修理及机场服务工作。1943 年 10 月赴美国康维尔飞机制造公司任雇员，参加了 B-24 轰炸机的设计、制造和 240 型双发运输机——"空中行宫"的应力分析工作。1945 年 8 月进入密歇根大学航空研究院攻读力学。1946 年 9 月转赴英国参加设计工作，在此期间黄志千认真研究了英国先进的"流星"战斗机和 E-144 喷气式战斗机的技术资料，直接参加了机身后段的结构设计。

1949 年 6 月黄志千回国，先是在华东军区航空工程研究室负责建国初期航空工业建厂计划的草拟工作，不久调任沈阳飞机制造厂设计科代理科长，负责抗美援朝作战飞机 МИГ-9 和 МИГ-15 的修理工作。1954 年 9 月，他受任航空工业局第一技术科设计组组长，参与具体组织、领导和管理各飞机制造厂的设计工作。1956 年初，作为航空工业专家，他参加了我国科学技术 12 年发展规划的制定。

（3）第一架教练机的研制

112 厂的飞机设计室成立后，经过走访和了解空军的现实需求，设计室主任徐舜寿提出设计一种亚音速喷气式歼击教练机，以培养中国自己的设计队伍。经过反复斟酌，飞机设计室决定为其取名为"歼教 -1"，即歼击教练机 1 型（又称 101 号机）。

几个月后，飞机设计室拿出了歼教 -1 设计方案，并于 1957 年 1 月 4 日正式向国家航空工业局呈报，很快得到批准。飞机设计室随即展开了歼教 -1 飞机的草图设计，我国首次自行设计喷气式教练机的工程正式启动。尽管当时 112 厂已经仿制成功苏联设计的歼击机，同时也掌握了制造喷气式飞机的技术，但仿制毕竟不同于自行设计。自行设计飞机必须首先经过设计定型阶段，而设计定型是一个极为复杂的过程，其试飞试验周期也很长。通常新设计的第一架飞机首飞成功后，飞机设计部门还得做总设计工作量的 50% ~ 70% 的后续工作，才能进入批量生产。当时，苏联飞机设计的成功率约为

48%，美国飞机设计的成功率才约为 42%。

在设计歼教 1 的具体方案时，设计师们没有沿袭苏式飞机现成的传统机头气动布局，而是大胆突破，决定选用当时只有美国和英国掌握的两侧进气方式设计方案，安装的发动机也是由沈阳黎明发动机厂研制的离心式涡轮喷气发动机——"喷发 1A"。这种设计方案最大的优势是，可以让出机头部位的全部空间，用于安装机载雷达，而先进的机载雷达对于现代化作战飞机来说至关重要。虽然教练机不必安装复杂的机载雷达设备，但如能掌握这种两侧进气设计技术，可以为将来设计高性能的歼击机打下良好的基础。为保证试制成功，设计人员先做了一个两侧进气的低速飞机模型，由副总设计师黄志千亲自到哈军工 [1] 进行了两个多月的风洞试验，终于取得了满意的结果，解除了担心出现气道喘振的困扰。

1957 年 12 月，飞机设计室开始设计歼教 -1 的生产图纸。1958 年 3 月，生产图纸设计完成，加上前期准备，整个设计周期仅 530 天。1958 年 4 月，国家军工产品鉴定委员会正式批准研制歼教 -1 飞机，并计划在 1959 年实现首飞，但在全国"大跃进"高潮的鼓舞下，首飞时间又被提前到 1958 年"十一"，作为标志性成果向国庆节献礼。

为了缩短研制周期，飞机工厂的工艺部门突破常规，在设计绘制飞机生产图纸的同时，就同步开始工艺性审查和工艺装备设计工作，以随时发现和解决生产图纸和生产工艺之间出现的新问题。在接到生产图纸后，工厂组成生产突击队，仅用 148 天就完成了飞机的制造任务。1958 年 7 月 23 日，第一架歼教 -1 飞机顺利完成总装下线，创造了新型喷气式飞机生产用时最短的纪录。

1958 年 7 月 26 日，新中国自行设计制造的第一架喷气式教练机首飞成功。歼教 -1 飞机不仅开创了中国独立自主研制喷气式飞机的先河，更为新中国造就了一大批飞机设计专家和航空工业精英，见证了我国航空工业向世界水平迈进的历程。

---

1 哈军工全称中国人民解放军军事工程学院，因校址在哈尔滨，简称哈军工。

七、新中国的"两弹一星"工程师

1. 原子弹与导弹工程

1942 年 9 月,美国开始实施制造原子弹的"曼哈顿工程"计划。1945 年 7 月 15 日,美国首次核试验成功,成为世界上第一个拥有核武器的国家。

新中国成立后,如何构建我国的国防、谋求国家安全、提高国际地位,成为党和政府面临的重要问题之一。抗美援朝战争结束后,美、苏、英、法等几个大国都争先发展以核武器和导弹为代表的尖端武器,美苏之间的争霸越来越体现在尖端武器的研制上。在此背景下,中国根据国内需要,决定发展自己的尖端武器。

1951 年 10 月,留学法国的中国放射化学家杨承宗博士学成回国,临行前他去拜访了诺贝尔奖获得者约里奥·居里(著名的居里夫人的女婿)。约里奥·居里非常赞同杨承宗的爱国行动,并请他给毛泽东主席带一句话:"中国要反对原子弹,就必须拥有原子弹。"毛泽东很快听到了这句话,更加坚定了他发展尖端武器的信心。

1957 年 10 月,中国和苏联签订了《关于国防新技术的协定》,苏方同意在核技术方面给予中国援助。根据这一协定,中国将从苏联得到一枚原子弹的教学模型,苏方还要为中国提供核试验研究基地的全套技术图纸。但是后来中苏关系紧张,苏联撤走了全部专家,苏联承诺援助中国的 30 项核工程项目,当时还有 23 项没有完成。苏联专家临走前说:"离开我们,你们 20 年也搞不出原子弹。"

1959 年 7 月,周恩来向二机部部长宋任穷、副部长刘杰传达了中央"自己动手,从头摸起,准备用八年时间搞出原子弹"的重大决策。二机部将苏联来信拒绝提供原子弹教学模型和图纸资料的日期——1959 年 6 月,作为第一颗原子弹的代号"596"。

从此,研制原子弹的重任自然就落在有担当的中国科学家和工程技术人员的肩上。从这一重大科技项目，走出了中国研制原子弹的团体，包括钱三强、邓稼先、王淦昌等几位领军人物。

2. 新中国原子弹专家

清华大学毕业时的钱三强

钱三强（1913—1992），生于浙江湖州一个书香世家，1936年毕业于清华大学物理系，1937年9月，在导师严济慈教授的引荐下，他来到巴黎大学镭学研究所居里实验室攻读博士学位。1940年，钱三强获得博士学位后，又继续跟随他的导师——第二代居里夫妇当助手。1946年底，钱三强荣获法国科学院亨利·德巴微物理学奖，1947年升任法国国家科学研究中心研究导师。1948年夏天，钱三强怀着迎接解放的心情回到了祖国。

从新中国建立起，钱三强便全身心地投入到中国的原子能事业中。他先后担任过中国科学院近代物理研究所（该所后来更名为原子能研究所）的副所长、所长，1955年被选聘为中国科学院学部委员（院士）。他与钱伟长、钱学森一起，被周恩来总理称为中国科技界的"三钱"。1958年，他参加了苏联援助的原子反应堆的建设，他还将邓稼先等优秀人才推荐到研制核武器的队伍中。

1960年，中央决定完全靠自力更生发展原子弹后，已兼任二机部副部长的钱三强担任了技术上的总负责人、总设计师。他像当年居里夫妇培养自己那样，倾注全部心血培养新一代学科带头人。在"两弹一星"的攻坚战中，涌现出一大批杰出的核专家，并在这一领域创造了世界上最快的发展速度。人们后来不仅称颂钱三强对极为复杂的各个科技领域和人才使用协调有方，也认为他领导的原子能研究所是"满门忠烈"的科技大本营。1992年6月28日，他因病去世，终年79岁。国庆50周年前夕，中共中央、国务院、中

央军委向钱三强追授了由 515 克纯金铸成的"两弹一星功勋奖章"，
以表彰这位科学泰斗的巨大贡献。

1958 年 8 月的一天，时任二机部（核工业部）副部长的钱三强，
对一个 34 岁的青年人说："中国要放一个大炮仗，要调你去参加这
项工作。"这个大炮仗，指的就是原子弹。而这位青年人接到钱三
强交与的任务后，就消失在亲戚朋友的视线外，开始了长达 28 年
的隐姓埋名。甚至连他的妻子都不知道他在哪里工作，每天都在做
什么。同时，这个人，也和中国的第一颗原子弹，和中国从无到有
的核武器的发展，紧紧地联系在了一起。直到 1986 年 6 月的一天，
他的名字突然同时出现在全国各大媒体的报道中。一个埋藏了 28
年的秘密才随之浮出水面。这个人就是邓稼先，我国第一颗原子弹
及氢弹的理论设计负责人，核武器研制工作的奠基者和领导者之一。

邓稼先（1924—1986），出生于安徽省怀宁县，1941 年考入西
南联大物理系，1946 年毕业后受聘到北大物理
系当助教。1948 年 10 月，他赴美国普渡大学
留学，1950 年获物理学博士学位，之后回国，
在中科院近代物理研究所默默地工作了近 8 年，
直到 1958 年 8 月，钱三强交给他任务的那一天。

当时在中国一共进行的 45 次核试验中，邓
稼先参加过 32 次，其中有 15 次都由他亲自现
场指挥。28 年的默默无闻，隐藏着不为人知的
艰辛，换来的是中国在世界上应有的大国地位。
邓稼先在一次实验中，受到核辐射影响，得了
直肠癌，1986 年 7 月 29 日，邓稼先在北京逝世。
这之后，两弹解密，媒体大张旗鼓宣传，邓稼
先的名字才被世人所知。

邓稼先

王淦昌（1907—1998），出生在江苏常熟，
1929 年毕业于清华大学物理系，1930 年入德国柏林大学，1933 年
获博士学位，1934 年 4 月回国，先后在山东大学、浙江大学任教授。
1950 年 4 月，王淦昌应钱三强的邀请，到新成立的中国科学院近

王淦昌

代物理研究所任研究员。1956 年秋天，他作为中国的代表，到苏联杜布纳联合原子核研究所担任高级研究员，后来又担任副所长，并且亲自领导一个实验小组，开展高能实验物理的研究。

当时苏联撤走原子弹研究专家时，一位友好的苏联专家离开前，曾安慰中国专家说："我们走了不要紧，你们还有王淦昌。"苏联专家撤离中国时，王淦昌正在苏联杜布纳联合原子核研究所从事基本粒子研究。1960 年 3 月，他领导的物理小组发现荷电反超子—反西格马负超子。这一发现震惊了世界，也使王淦昌在苏联名声大噪。

苏联专家撤走后，王淦昌成为中国研制原子弹的不二人选。1961 年 3 月，钱三强把刚刚回国的王淦昌调入他组织的研究团队中。从此，王淦昌从世界物理学界消失了，而中国的核研究基地多了一个化名王京的老头。有人向王淦昌的夫人打听，王淦昌到哪儿去了。他老伴儿幽默地说："调到信箱里去了！"因为她只知道王淦昌的一个信箱。1998 年 12 月 10 日，王淦昌在北京去世，也被授予中国"两弹一星元勋"。

2003 年 11 月 16 日，彭桓武（右二）出席中国科技馆"梦系太空——人类航天事业历程与成就"科普展览。图中右一为"两弹一星"元勋之一的朱光亚院士

与王淦昌同时被请到研究团队中的还有著名物理学家彭桓武。彭桓武（1915—2007），1938 年留学英国，师从量子力学创始人之一的马克斯·波恩，美国的"原子弹之父"奥本海默就是彭桓武的同门师兄。1947 年，拿了两个博士学位的彭桓武回国执教。邓稼先、黄祖洽等人，都是彭桓武的学生。

制造原子弹需要浓缩铀的提炼。从铀矿石里能提出的铀—235 的含量只有千分之几。苏联单方面撕毁协议撤退专

家后，受影响最大的是浓缩铀厂，因缺少关键材料氟油。上海有机化学所经过艰难探索，终于研究出自己的氟油，使得浓缩铀厂的机器能够运转。

1964 年初，兰州的铀浓缩工厂分离出了浓缩铀，但铀矿石中铀 –235 的含量只有 0.7%，通过非常复杂的抽炼过程才能得到纯度 90% 以上的铀 –235。钱三强选中了回国不久的女科学家王承书（1912—1994）承担这一工作。从接到任务的那天起，王承书的名字就从国际理论物理学界消失了，她告别了丈夫、孩子，背起行囊，来到大西北，在集体宿舍一住就是 20 年。1964 年 1 月 14 日 11 时 5 分，闸门打开，中国得到了纯度 90% 以上的浓缩铀 –235。

2014 年，中国邮政发行的一套纪念邮票，其中一枚为空气动力学家郭永怀

原子弹爆炸的现场观测，主要是中国科学院地球物理研究所、力学所、物理所、声学所、光机所等承担的任务，与核试验基地研究所共同商定各个类型的 15 项测量技术方案，都是我国自己制造的仪器，各所派技术骨干到现场参加核爆试验，全部按时完成了任务。到 1962 年底，科研人员基本掌握了以高浓铀为主要核装料的原子弹的物理规律，完成了物理设计和爆轰物理、核弹飞行弹道、引爆控制系统台架等三大关键试验。

当年在原子弹研究团队中，王淦昌主管爆轰实验，彭桓武主攻原理研究，力学方面的带头人却还没有人选。钱三强对力学领域的专家不太熟。他便去找中科院力学研究所所长钱学森商量。由于当时钱学森也在与时间赛跑，研制第一颗国产导弹——东风 –2 号，在无法分身的情况下推荐了他的挚友郭永怀。

郭永怀（1909—1968）与钱学森是同门师兄弟，他们都是著名物理学家冯·卡门的高足。1956 年，在钱学森回国一年后，郭永怀也冲破重重阻挠，从美国回到了祖国。回国前，他烧掉了自己十几年的手稿。王淦昌、彭桓武和郭永怀三名大科学家来到九所后，邓稼先激动地说，钱三强为九所请来了三尊"大菩萨"。

3. 新中国导弹专家

钱学森

（1）钱学森

钱学森（1911—2009），生于上海，祖籍浙江省临安县，1929 年考入上海交通大学，1935 年进入美国麻省理工学院航空系学习，1936 年转入美国加州理工学院，成为世界著名空气动力学教授冯·卡门的学生。回国前，他曾在美国从事空气动力学、火箭、导弹等领域的研究。1949 年，听说新中国成立后，钱学森辞去了美国国防部空军科学咨询团和美国海军炮火研究所顾问的职务，准备回国。当时美国海军次长金布尔拍着桌子说："钱学森无论走到哪里，都抵得上 5 个师，我宁可把他毙了，也不能让他离开美国。"为了阻止钱学森回国，美国政府在长岛软禁了他 5 年之久。1954 年，在瑞士的日内瓦举行会议期间，中国政府释放了 11 名美国飞行员，才最终换回了钱学森。

1964 年 10 月，我国第一颗原子弹爆炸成功，中国核武器研制的步伐进一步加快，加强型原子弹和氢弹、导弹的研制，特别是"两弹"结合试验成为下一步工作的重点。导弹不仅是原子弹的运载工具，也是国防力量中不可缺少的重要武器。在钱学森的带领下，1960 年 11 月，短程弹道导弹"1059"成功发射；1964 年 7 月 9 日，"东风-2 号"导弹成功发射。这一步走在了原子弹爆炸之前，也为发展战略核武器创造了有利的条件。

1964 年 10 月 16 日，《人民日报》号外：我国第一颗原子弹爆炸成功

　　实现原子弹与导弹结合，并不是简单的事。这一艰巨的任务再次落在钱学森的肩上。1966 年 3 月，中央专委批准进行原子弹、导弹"两弹"结合飞行试验。1966 年 10 月 27 日 9 时，我国第一颗装有核弹头的地地导弹发射升空，导弹飞行正常，9 分 14 秒后，核弹头在预定的位置距发射场 894 千米之外的罗布泊弹着区靶心上空 569 米的高度爆炸，准确命中目标，试验获得圆满成功。

　　从原子弹爆炸成功到核导弹试验成功，美国用了 13 年，苏联用了 6 年，中国只用了 2 年。"两弹"结合飞行试验成功，使中国有了可用于实战的核导弹。这一年，我国组建了战略导弹部队——第二炮兵。

　　1967 年 6 月 17 日，中国第一颗氢弹空爆试验成功。从第一颗原子弹爆炸到大当量氢弹爆炸，美国用了 7 年 3 个月，苏联用了 6 年 3 个月，英国用了 5 年 6 个月，落在中国之后试验氢弹的法国则用了 8 年 6 个月。而我国只用了 2 年 8 个月的时间，便以世界上最快的速度完成了从原子弹到氢弹两个发展阶段质的跨越。

（2）黄纬禄

　　黄纬禄（1916—2011），生于安徽芜湖，1940 年毕业于中央大学电机系，1947 年获伦敦大学无线电硕士学位。黄纬禄在英国完

工作中的黄纬禄

成学业后当即回国，并抱定"科学救国"志向，开始在上海无线电研究所从事相关工作。从 1957 年进入刚刚成立一年的中国导弹研制机构——国防部五院，到 2011 年 11 月溘然辞世，黄纬禄以一腔爱国情怀和全部心血智慧，书写了壮美的"导弹人生"。早在英伦求学期间，他就目睹了德国 V-1、V-2 导弹袭击伦敦的巨大威力并幸运地躲过劫难，还在伦敦博物馆参观过一枚货真价实的 V-2 导弹实物。通过仔细观察和分析，这位无线电专业学子基本了解了 V-2 导弹的原理，成为最早一批接触导弹的中国人，也为他后来与导弹相伴、参加并主持多种不同型号导弹的研制奠定了重要基础。

20 世纪 50 年代，中国导弹研制从仿制开始起步。正当仿制工作进入关键时刻，苏联单方面撕毁协议，撤走全部专家，给中国导弹科研工作造成无法想象的困难。黄纬禄与同事们下定决心，一定要搞出中国自己的"争气弹"。

60 年代，中国已先后研制成功原子弹和液体地地战略导弹，但液体导弹准备时间长且机动隐蔽性差，缺乏二次核打击能力。面临超级大国的核威胁和核讹诈，中国亟需有效的反制手段，研制从潜艇发射的潜地固体战略导弹势在必行。

黄纬禄临危受命，出任中国第一枚固体潜地战略导弹"巨浪一号"的总设计师。他的工作也由此产生重大转变：从液体火箭转向固体火箭、从地地火箭转向潜地火箭、从控制系统走向火箭总体。黄纬禄率领"巨浪一号"年轻的研制团队，向困难发起挑战，克服研制起点高、技术难度大、既无资料和图纸又无仿制样品、缺乏预先研究等诸多困难，充分利用现有资源，创造性地开展大量各类试验验证，反复修正设计。为准确掌握具体情况，他带领团队走遍祖国大江南北、黄河上下、大漠荒原和戈壁深处，开创性地提出符合国情且具中国特色的"台、筒、艇"三步发射试验程序，大大简化试验设施，大量节约了研制经费和时间，取得中国固体导弹技术和潜射技术的重大突破。

1999 年 9 月 18 日,黄纬禄荣获"两弹一星功勋奖章"。

4. 首颗"人造地球卫星"上天与奠基人赵九章

1957 年 10 月 4 日,苏联成功发射了世界第一颗人造地球卫星"斯帕特尼克 1 号",一时震惊世界。在中国,人造地球卫星研制在 20 世纪 50 年代末也被列入了国家计划。

赵九章(1907—1968),中国人造卫星事业倡导者和奠基人。他 1933 年毕业于清华大学物理系,1935 年赴德国攻读气象学专业,1938 年获博士学位,同年回国。历任西南联大教授,中央研究院气象研究所所长。新中国成立后,赵九章任中国科学院地球物理所所长、卫星设计院院长,中国气象学会理事长和中国地球物理学会理事长。

从 1957 年起,赵九章积极倡议发展中国自己的人造地球卫星。1958 年 8 月,中国科学院将研制人造地球卫星列为重点任务。为

2014 年,中国邮政发行的一套纪念邮票,其中一枚为大气物理学家赵九章

此,中国科学院成立人造地球卫星研制组,赵九章成为主要负责人。在他的领导下,我国科学家和工程师开创了利用气象火箭和探空火箭进行高空探测的研究,探索了卫星发展方向,筹建了环境模拟实验室和开展遥测、跟踪技术研究,组建了空间科学技术队伍。

1958 年 10 月,由赵九章、卫一清、杨嘉墀、钱骥等组成的"高空大气物理代表团"到苏联考察,通过对比苏联和中国情况,考察团队意识到发射人造卫星是一项技术复杂、综合性很强的大工程,回国后考察团建议根据实际情况,先从火箭探空做起。

由于缩短了战线,研制团队很快在探空火箭研制方面有了突破性进展。1960 年 2 月,中国试验型液体探空火箭首次发射成功。

1970 年 4 月 24 日，长征一号火箭把东方红一号卫星送入太空。图为火箭发射时的控制台现场

此后，各种不同用途的探空火箭相继上天，有气象火箭、生物火箭等。1964 年 6 月，中国自行设计的第一枚中近程火箭发射成功，中国在卫星能源、卫星温度控制、卫星结构、卫星测试设备等方面都取得了单项预研成果。

1964 年 12 月，赵九章再次提出建议开展人造地球卫星的研制工作，钱学森也随之上书提出相同建议。1965 年 5 月，负责卫星总体组的钱骥，带领年轻的科技工作者很快便拿出了初步方案。人造地球卫星工程的研制工作，大部分都是在"文革"动乱的年月里进行的。在周恩来总理与聂荣臻副总理关心下组建的中国空间技术研究院集中了分散在各部门的研究力量，实行统一领导，保证了科研和生产照常进行。

1970 年 4 月 24 日 21 时 35 分，中国第一颗人造地球卫星"东方红一号"随"长征一号"运载火箭在发动机的轰鸣中离开了发射台，顺利进入轨道，并清晰地播送出"东方红"乐曲。

中国第一颗人造地球卫星的成功升空，不仅反映出中国科学家和工程师们的志向和能力，也从此拉开了中国空间科学和空间工程的序幕。1971 年 3 月 3 日，"长征一号"运载火箭发射"实践一号"科学试验卫星获得成功。1975 年 8 月 26 日，中国用"长征二号"

运载火箭首次发射成功返回式遥感卫星，该卫星于当月 29 日按预定计划返回地面。1977 年 9 月 18 日，中国首枚试验通信卫星发射成功。

5. 中国的"两弹一星功勋"

"两弹一星"，是对核弹、导弹和人造地球卫星的简称。作为新中国改革开放前三十年科技发展的标志性事件，"两弹一星"也时常被用来泛指中国那个时期在科技、军事等领域独立自主、团结协作、创业发展的系列成果。"两弹一星"的成功，对于我国巩固国防，打破超级大国的核垄断和核威胁，提高国际地位具有重要意义。

"两弹一星"更是培养和造就了一支高水平和作风优良的科技队伍，塑造了"热爱祖国、无私奉献，自力更生、艰苦奋斗，大力协同、勇于攀登"的民族精神。1999 年 9 月 18 日，在庆祝中华人民共和国成立 50 周年之际，党中央、国务院、中央军委决定，对当年为研制"两弹一星"作出突出贡献的 23 位科技专家予以表彰，并授予他们"两弹一星功勋奖章"。这 23 位获奖的科技专家是（按姓氏笔画为序）：于敏、王大珩、王希季、朱光亚、孙家栋、任新民、吴自良、陈芳允、陈能宽、杨嘉墀、周光召、钱学森、屠守锷、黄纬禄、程开甲、彭桓武、王淦昌、邓稼先、赵九章、姚桐斌、钱骥、钱三强、郭永怀。

八、新中国的电机与电信工程师

1. 电气工程的开拓者

与土木、纺织等传统工程技术相比，中国近代的机械和电气工程技术一直处于落后、模仿和追赶之中。1875 年法国巴黎建成第一家发电厂，标志着世界电力时代的来临。1879 年，中国上海公共租界点亮了第一盏电灯，随后 1882 年由英国商人在上海创办了中国第一家公用电业公司——上海电气公司。1904 年比利时商人与北洋军阀在天津签约成立了电车电灯公司，并于 1906 年开始了中国交流电的历史。第一次世界大战期间，欧美国家忙于战事，无暇东顾，中国电气工业得以发展，并迅速崛起了一批民族电工制造企业。

1914 年，无锡人钱镛森在上海闸北开办中国第一家电器铺，称为钱镛记电器铺（后改为钱镛记电业机械厂）。开始仅仅是修理，或收购小型电动机、电风扇和小电器翻修后出售。1916 年，上海裕康洋行司账（即会计）杨济川等人集资在上海虹口创办了华生电器厂，生产电风扇、电表、开关和变压器，并于次年成功研制出中国第一台直流发电机。钱镛记电业机械厂也于 1918 年成功研制出小型电镀用直流发电机。真正的第一家国家资本电工制造企业是 1911 年北洋政府在上海开办的交通部电池厂。

第一代中国电气工程师中，在电机、电器等领域出现了一些杰出代表，中国电机工程界元老恽震、褚应璜，中国电器专家丁舜年就是其中的典范。

恽震（1901—1994），生于江苏常州，是革命家恽代英的族侄。1921 年夏，恽震毕业于上海交通大学电机系，获学士学位。之后在伯父的资助下赴美国威斯康辛大学攻读硕士学位，主修热力电厂和瞬变电流理论。1922 年他赴美国匹兹堡的西屋电气公司实习，

恽震

任电机实验员。同年，获美国威斯康辛大学电机硕士学位。

新中国成立前，恽震曾主持筹建和运营国民政府资源委员会中央电工器材厂，全面负责与西屋公司的技术合作事宜，参与筹建并主持中国电机工程师学会，培养了大批电工技术人才和管理人才，对中国电机工程事业发展起到了至关重要的作用。早在 1932 年 10 月，恽震受命组织长江三峡水利勘察队，次年于《工程》杂志发表《扬子江上游水力发电勘测报告和开发计划》，提出三峡电站坝址可在葛洲坝和三斗坪两处中比较选定。后来，他又草拟《中国电力标准频率和电压等级条例》，并于 1954 年修订后公布实施，该文件成为了新中国第一个国家电气标准，为统一全国纷繁混乱的电压、频率做出了重大贡献。

褚应璜（1908—1985），生于浙江嘉兴，高中二年级就考取了上海交通大学电机工程学院电力系。1931 年，褚应璜取得学士学位，并考取上海电力公司，但由于上海交通大学电机工程学院钟兆琳教授的挽留，他毅然放弃了上海电力公司的优厚待遇，甘愿在母校当了一名助教。两年后，钟兆琳教授推荐他参加上海华成电器厂筹建工作，并负责设计制造交流异步电动机及其控制设备。为了与洋货竞争，褚应璜夜以继日、废寝忘食，与技术人员和工人集思广益、共同研究，克服了一个又一个技术难题，终于研制成功中国首个交流异步电动机系列产品及其控制设备，打破了帝国主义的封锁，为祖国经济建设做出了重大贡献。

1942 年 7 月，国民政府资源委员会派他赴美国西屋电气公司工程师学院进修。先后在该公司电动机厂、发电机厂、工具厂、冲压厂、绝缘材料厂、铸造厂实习，学习产品标准、产品设计、工艺技术、工厂管理和车间管理。他建议选派国内有一定实践经验的工程技术人员到国外学习新技术。解放前夕，在中共地下党安排下，褚应璜前往北平向周恩来等中央领导人汇报西屋公司培训人员情况，建议把这批人才集中到东北参加电工基地建设，该建议被中央采纳，对新中国电机工业发展起到了重要的推动作用。解放后，褚应璜历任华东工业部电器工业管理局副局长、一机部电工局总工程师等职，是中国科学院技术科学部学部委员（现中国科学院院士）、第一至第三届全国人大代表、第五届全国政协委员。

丁舜年（1910—2004），生于江苏泰兴县。1928 年高中毕业，考入上海交通大学电机工程系。1932 年毕业并取得工学学士学位，因学业优异留校任教。为实现"实业救国"的愿望，1934 年毅然辞去大学助教职务，受聘于华生电器厂任工程师。这是他走向工业界的一个重大抉择。

丁舜年到华生电器厂接受的第一项任务是改进变压器设计，经过多次试验改进，他以较短的时间完成了任务。1935 年华生电器厂南翔新厂建成，丁舜年调任新厂技术科主任，负责设计制造发电机、直流电动机、变压器、开关、电表等产品。

1936 年，华生电器厂接受南京国民政府建设委员会三个月内制造一台 2 000 千伏安、2 300/6 600 伏三相电力变压器的任务。在 2 300 伏降压变压器的任务中，除高压断路器和高压瓷套管由国外进口，其余设备都由丁舜年主持设计研制完成。

1953 年，丁舜年被任命为一机部上海第二设计分局局长。1954 年前往苏联参加审查苏联援建中国的 156 项建设工程。年底回国后调任一机部设计总局副总工程师。1956 年组建一机部工艺与生产组织科学研究院，任副院长兼总工程师。

1958 年 1 月，丁舜年调任一机部电器科学研究院院长。在他的努力下，该院迅速发展成为专业配套、条件完备、技术力量雄厚的电工科研基地。在电机方面，研制生产了国防工业及科研单位、高校、工厂急需的控制微电机、高精度测速发电机、多种型式的高性能伺服电动机，以及整套的测试设备。在电气传动与自动化方面，研制生产了中国第一套体积小、性能高的磁放大器，为空对空导弹提供了配套用的磁放大器。在电工绝缘材料方面，研制成功并推广生产粉云母绝缘材料、硅有机绝缘材料，以及以环氧树脂、聚氨酯树脂和聚酯树脂为基础的 F 级和 B 级成套绝缘材料，有力地提高了中国电机、电器的电气性能和技术水平，促进了电器工业的发展。在电工合金材料方面，研制成功银氧化镉触头、银铁触头以及铝镍钴永磁材料。在半导体材料方面，从锗硅提纯，拉制单晶到制成各种可控硅元件，并推广生产。

1959 年，丁舜年开始研制晶闸管，这比制成世界上第一个晶闸管的美国只晚两年，与日本几乎齐头并进。1960 年，在丁舜年的直接组织和指导下，一机系统第一个电子计算机站建成，当时全国变压器统一设计都是在这个站计算的。1964 年秋，丁舜年调任一机部电工总局总工程师，负责全国电器工业的技术组织与领导工作。到任不久就承担了研发 10 万和 20 万千瓦大型汽轮发电机的任务，这是当时国内从未研制过的最大容量的发电机。丁舜年从调查研究和技术论证入手，进行研究、设计与计算，提出设计任务书，经一机部和水电部联合审查批准。1966 年，完全由中国自行设计制造的第一台采用氢冷的 10 万千瓦汽轮发电机诞生，配套的汽轮机和锅炉也同时制成。该机组在北京高井电厂安装后运行情况良好，与 60 年代末 70 年代初试制成功的双水内冷和改型为水氢冷的 20 万千瓦发电机组，一度成为中国发电设备的主力机组。

中国电机工业还有一些代表人物，在不同领域做出了重要贡献。火电设备电机工程专家姚诵尧，主持上海电机厂闵行新厂区的建设，以及 12.5 万千瓦、30 万千瓦双水内冷汽轮发电机研制工作。热能动力工程专家杨锦山，率团赴捷克斯洛伐克谈判，引进火电设备设计制造技术，领导中国第一台（套）6 000 千瓦汽轮发电机组的研制，组织创建了国内第一个火电设备研究所（原一机部汽轮机锅炉研究所）。电机工程专家孟庆元，主持研发世界第一台 1.2 万千瓦双水内冷汽轮发电机，先后研制成功 5 万千瓦、12.5 万千瓦和 30 万千瓦双水内冷汽轮发电机。电机工程专家沈从龙，主持研制哈尔滨电机厂大中型交直流电动机和 10 万千瓦氢内冷汽轮发电机。此外，还有程福秀教授，专于电机设计和特种电机的研究，历任同济大学电机系代主任，上海交通大学电机系、电工及计算机科学系主任，中国电工技术学会常务理事，上海电机工程学会第五届副理事长等。

2. 中国工业自动化专家

沈尚贤与学生们在一起

工业自动化是机器设备或生产过程在不需要人工直接干预的情况下，按预期的目标实现测量、操纵等信息处理和过程控制的统称。自动化技术涉及机械、微电子、计算机等技术领域，是探索和研究实现自动化过程的一门综合性技术。自动化工程有力地促进了工业的进步，已被广泛应用于机械制造、电力、建筑、交通运输、信息技术等领域，成为提高劳动生产率的重要手段。我国的工业自动化领域出现过许多的开拓者，其中包括沈尚贤、张钟俊、蒋慰孙等人。

沈尚贤（1909—1993），浙江嘉兴人。从事自动控制与电子技术方面的教学与研究，学养深厚、经验丰富、治学严谨、在学术界有很高的威望，是我国自动控制与电子工程领域的奠基者。1931年，沈尚贤毕业于浙江大学电机系，同年留学德国。留德期间，他渴望振兴中华，发展民族工业，提出"德国有西门子，我们要办中国的东门子"的宏伟设想。1934年回国后，沈尚贤从事高等教育工作，年仅三十岁就被聘为教授，先后在清华大学、西南联大和浙江大学任教。1946年，他任上海交通大学教授，1951年，因历史原因，我国医院X光管坏后无法补充，当时的上海医药局要求交大组织研制X光管。物理系周同庆教授和沈尚贤先生在电讯实验室领导成立研制班子，从真空泵到吹玻璃工艺，再到研制感应加热炉，从头到尾摸索前进，最终试制成功X光管。沈先生在电真空方面的经验对试制的成功起到了决定性的指导作用。

1952年他主持筹办"工业企业电气化"专业，任教研室主任，并与苏联专家组织培养研究生，迈出了解放后交通大学研究生教育的第一步。1956年，曾参与起草了我国十二年科技发展远景规划，参与中国科学院自动化研究所以及中国自动化学会的筹建工作。1957年，沈先生提议建立新的工业电子学专业，并投入直流输电、大功率整流器和电子单元组合控制系统的研究。1958年，他响应国家的号召，与张鸿、陈大燮、钟兆琳、赵富鑫、周惠久等交通大学许多知名教授一起，举家随交通大学校西迁，成为西部大开发的先行者。历任西安交通大学教授、教育部工科电工教材编审委员会主任委员、陕西省第四至六届政协副主席、九三学社陕西省委第四届副主任委员、中国电工技术学会电力电子学学人副理事长。主编有《工业电子学》《模拟电子学》，著有《电子技术导论》等。在沈先生百年诞辰之际，江泽民同志特地为恩师题词："举家西迁高风尚，电子领域乃前贤"。

张钟俊（1915—1995），出生于浙江嘉善，自动控制学家，电力系统和自动化专家，中国自动控制、系统工程教育和研究的开拓者之一。他于1935年获美国麻省理工学院硕士学位，1938年获美国麻省理工学院科学博士学位。他的博士学位论文解决了电机学上一个多年悬而未决的难题，这一切得益于他对微分方程和傅里叶级数的透彻理解与灵活运用。

张钟俊

1942年，中国抗战军事通讯及后方经济建设迫切需要大批具有独立研发能力的高级电信专门人才，为了培养高层次应用型人才，时任交通大学校长的吴保丰向国民政府的交通部电信总局、中央广播事业管理处、中央电工器材厂、中央无线电器材厂等单位提出合作培养电信专业研究生的意向，得到赞同，教育部随即批准成立电信研究所。在国民政府交通部等单位资助下，学校委托张钟俊教授筹建电信研究所。1943年，我国第一个电信研究所在交通大学成立，张钟俊任主任，正式招收研究生，课程设置参照美国麻省理工学院和哈佛大学。

电信研究所培养研究生的方案，与现代研究生教育的发展趋势及高层次科技人才成长规律相符合，许多经验值得继承借鉴。从 1935 年 4 月国民政府教育部颁布《学位授予法》，到 1949 年的 14 年间，全国授予工学硕士学位 39 名，而交大电信研究所从 1944 年至 1949 年，培养的工学硕士目前有案可查的就有 19 名，几乎占到了全国总数的一半。

张钟俊等一批教授把教学和科研紧密结合起来，课程内容新颖而深入，能反映该领域的世界前沿知识和最新研究成果。电信研究所对基础理论高度重视，与张钟俊的学术经历与学术思想密不可分。1948 年，张钟俊写成世界上第一本阐述网络综合原理的专著《网络综合》，同年在中国最早讲授自动控制课程《伺服机件》。他在网络综合理论中所取得的开拓性成就，受惠于他在复变函数方面的精深造诣。"网络综合"是当时电路理论领域刚刚兴起并迅速发展的一门学科，也是张钟俊在麻省理工学院任博士后研究员时所从事的工作。在主持电信研究所期间，他不仅自己从事这一新兴学科的研究，还指导学生一同探索。

中华人民共和国成立初期，他建议并参与建立了统一的电力系统，实现了集中管理和调度。1956 年，张钟俊参加全国十二年科学规划工作，编写了电力系统规划，并作为电力系统组组长，参加了长江三峡水力发电站的规划论证。1980 当选为中国科学院学部委员。

蒋慰孙（1926—2012），上海嘉定人。中国化工自动化工程的开拓者。解放初期，我国的化工生产过程自动化程度几乎为零，除为数不多的计量仪表与调节器外，各种控制基本上都需依靠繁重的体力劳动。1953 年后，我国开始从苏联成套引进化工装置，兴建了吉林、兰州、太原三大化工基地，并分别于 1957 年、1958 年、1961 年投产。但即使这样，企业的自动化水平仍然很低，各种仪表重复使用，装置繁琐而复杂，仅能对一些辅助参数做到简单的定值调节，对变换炉温度、合成塔温度等主要参数仍以人工调控为主，基本谈不上自动化。

随着化工厂规模的扩大和产品种类的增加，亟需化工自动化及仪表方面的专业技术人才。在华东化工学院的化工原理教研组和化

蒋慰孙（中）指导博士生

工机械专业教研组工作的蒋慰孙，业余时间积极自学化工仪表及自动化专业知识，成为这方面的专家。1956 年，浙江大学与天津大学首先在国内创办化工自动化专业，1958 年，华东化工学院也开始在化工机械专业的基础上筹办化工自动控制专业，为化工企业培养专门人才。

由此，蒋慰孙从化工机械教研组调到自动控制教研组，与吴步洲教授等一起筹建新专业。新专业在国内刚刚起步，没有现成的教学方案和教材，蒋慰孙与同事们一起制订教学计划，编制各门课程的教学大纲，筹建化工仪表及自动化实验室，编写化工自动化方面的教材，指导学生的实践和毕业环节。在没有现成教学范本的情况下，他带领教研组同事先后编纂完成了《化工仪表及自动调节》《化学生产过程自动化》《化工过程自动调节原理》等讲义。

20 世纪 50 年代，化工自动化研究在国内尚属初创阶段，为"急国家所急，急生产所急"，推进生产、科研、教学有机结合，促进化工自动化专业乃至学科的迅速发展，蒋慰孙积极探索、勇于尝试并取得了诸多成效。他与上海化工研究院合作，在试验厂开发硫酸生产自动化项目中担任方案拟定、试验步骤确定、实地调试、总结报告执笔等工作；与吴泾化工厂合作，开展过程动态数学模型和生产优化的研究，完成了计算机控制方案。

多年间，蒋慰孙与他的研究生在控制理论及应用领域进行了深入系统的研究，在化工过程的动态数学模型的建立与控制，特别是对分级过程和分布参数过程、精馏塔的建模和控制方面，开展了大量的研究工作；在系统辨识、过程建模和模型简化等方面有所创新；在多元精馏、中温变换和固定床催化等方面均有成果。蒋慰孙主持了多项国家自然科学基金项目、国家"七五"、"八五"、"九五"科技攻关项目，不仅在科学研究上取得了显著成绩，而且著书立说，先后出版了十部著作，其中《过程控制工程》（与俞金寿教授合作编著）获 1992 年全国优秀教材奖。几十年来，他共获得国家、省部级科技进步奖 13 次。2012 年 12 月 13 日，蒋慰孙在上海逝世，享年 87 岁。

3. 无线电技术的开拓者

中国的电子信息产业诞生于 20 世纪 20 年代。1929 年 10 月，中国国民党政府军政部在南京建立"电信机械修造总厂"，之后又组建了"中央无线电器材有限公司"、"南京雷达研究所"等研究生产单位。新中国建立后，电子工业的发展受到极大重视。中央人民政府人民革命军事委员会成立电讯总局，接管了官僚资本遗留下来的 11 个无线电企业，并与原革命根据地的无线电器材修配厂合并，恢复了生产。1950 年 10 月，中国政务院决定在重工业部设立电信工业局。1963 年，第四机械工业部成立，专属中国国防工业序列，标志着中国电子信息产业成为独立的工业部门。

新中国无线电工程技术领域涌现了大批的开拓和发展者，其中著名的工程师有罗沛霖、张恩虬、叶培大、吴佑寿等人。

罗沛霖在德国柏林期间的留影

罗沛霖（1913—2011），浙江山阴（今绍兴）人。1935 年毕业于国立交通大学（今上海交通大学的前身）电机工程系。之后，罗沛霖在广西南宁无线电工厂和上海中国无线电业公司参加大型无线电发射机等的设计研制工作。1937 年 8 月日军进攻上海，12 月南京陷落。在这民族危亡的关头，罗沛霖认识到只有中国共产党才能救中国。于是他在同学的行动影响下，奔赴革命圣地延安。1938 年 3 月，罗沛霖进入中央军委第三局，他参与创建了边区第一个通信器材厂，即延安（盐店子）通信材料厂，任工程师，主持技术和生产工作。

1939 年，罗沛霖按党组织决定来到重庆。在此后的九年中，历任重庆上川实业公司、新机电公司、中国兴业公司、重庆国民政府资源委员会中央无线电厂重庆分厂及天津无线电厂工程师、设计课课长等职。新中国成立后，1951—1953年，罗沛霖主持创建华北无线电器材厂，这是我国第一个大型综合电子元件联合工厂，为我国电子工业的自力更生和电子设备生产配套打下基础。罗沛霖对雷达检测理论、计算机运算单元及电机电器等有创造性发现。他主持制定多次电子科学技术发展规划，并指导过我国第一部超远程雷达和第一代系列计算机启动研制工作。

1956年，在毛泽东主席和周恩来总理的号召下，我国开始向科学大进军，提出"十二年科学规划"。罗沛霖任电子学组副组长，提出"发展电子学紧急措施"的建议书，与教育部黄辛白共同拟出电子科学技术培养高等人才建立科系的五年规划，在这个重大历史事件中做出了重要贡献。1958年罗沛霖在中科院电子所参与研制超远程雷达，这是"十二年科学规划"在电子领域启动的第一个重大科研项目。罗沛霖是项目负责人之一，他对国际上正在发展的各种新材料和新器件早已熟悉，结合实际提出采用"门波积累"来解决问题，研制出我国第一部超远程雷达，使中国在继美国之后，成功观测到月球回波。该项计划迭经磨难，终于在南京电子技术研究所的努力下于1970年代建成并服役于我国的卫星监测网。

1973年，以清华大学为组长单位的全国计算机联合组成立，由罗沛霖主持，旨在研制我国最早的通用计算机。DJS-130（DJS-100为小型通用计算机系列）的CPU和其他部件（包括磁芯存储器）均由我国自主设计生产，这和罗沛霖的精心指导是分不开的。DJS-100系列批量生产后，罗沛霖十分关心其应用，他亲自带领清华大学计算机系教师，到应用单位推广DJS-130。此后，罗沛霖不失时机地提出微处理器、光纤、光盘，这是20世纪80年代中国发展电子工业的3个重要的新增长点。

1980年，罗沛霖当选为中国科学院学部委员（院士）。2011年4月17日，罗沛霖在北京逝世，享年98岁。

张恩虬（1916—1990），广东广州人。1938年毕业于清华大学。

中国科学院电子学研究所研究员。20 世纪 50 年代中期，中国电子管制造工业开始起步。张恩虬响应党和国家发展科学事业的号召，放弃了南方家乡的舒适生活，北上长春，先后在东北科学研究所和中国科学院机械电机研究所任副研究员，致力于电真空器件的研制。他与所领导的科研小组成员，克服极其艰苦的工作条件，因陋就简，修旧利废，利用原有的破旧器材，制造出 80、5Y3GT、12A、12F、47B 管等电子管，并于 1954 年研制成功了中国第一支实验型示波管，对当时情况下相关科学技术的发展起到了雪中送炭的作用。

1960 年，为解决脉冲磁控管稳定性问题，张恩虬多次深入工厂和雷达站，详细考查磁控管的生产和使用状况，采用厂所协作的形式进行了一系列实验，为磁控管生产成品率的提高提供了大量有用的数据，解决了国际上磁控管工作中长期存在的理论问题。

张恩虬长期从事阴极电子学研究，1984 年，张恩虬提出阴极表面动态发射中心理论，并被越来越多的人所承认，有力地促进了这一学科的发展。在此理论的启示下，中国科学院电子学研究所研制出许多新型的实用热阴极，并得到了广泛的应用，在科研、生产和国防上发挥了重要的作用。他在研究如何延长磁控管寿命的同时，还阐明了磁控管的工作原理，解决了国际上长期存在的问题。1980 当选为中国科学院院士（学部委员）。

叶培大

叶培大（1915—2011），上海南汇县人。1933 年高中毕业后，进入上海私立大同大学物理系，次年考入国立北洋工学院电机系，芦沟桥事变后不久，北洋工学院迁至陕西城固，与北平大学、北平师范大学在西安共同成立了西北联合大学。1938 年 8 月，叶培大以专业第一的优秀成绩毕业于西北联合大学工学院，并留校电机工程系任教。

1947 年至 1949 年间，叶培大主持设计、安装和测试了我国第一部 100 千瓦大功率广播发射机、当时全国最大的菱形天线网及南京淮海路广播大厦。新中国成立后，叶培大在天津大学任教，期间凭借多年在广播电台从事实际工作的经验，协助改进当时双桥广播发射台，协助设计、安装、测试天安门广播扩音系统，主持省级广播电台播音大厦标准设计等，为恢复新中国的广播事业做出了重要贡献。

1955 年，叶培大主持研制微波收发信机，获得成功。他在国内率先研究微波通信，1958 年与中国科学院合作研究"毫米波圆波导 H01 通信系统"，发表论文多篇，如《波导 H01 通信调制方式研究》《H01 圆波导远距离传输理论》《微波中继圆波导馈线》《同轴波导不连续性理论的两点补充》等。

1964 年，叶培大又与中国科学院电子学研究所合作，在国内首先研究大气光通信，并在北京、上海等地成功进行了大气光通信实验。"文革"开始后，叶培大的科研工作被迫中断了 8 年。1974 年，叶培大参加邮电部 960 路微波中继 II 型机的研制工作，克服种种困难，在国内首次研制出微波波导校相器、微波波导直接耦合滤波器及微波分并路器等，为提高 960 路微波中继 II 型机的质量做出了重要贡献。这项科研成果获 1978 年全国科学大会奖（集体）。此外，他还设计了 120 路数字微波系统，并在该系统设计、研制工作的基础上，合著出版了《数字微波通信系统及计算机辅助设计》一书。该书的出版，适应了微波通信制式数字化和系统设计普遍采用计算机辅助手段的发展趋势，为我国微波通信的发展做出了贡献。

1978 年，叶培大恢复光通信研究工作后，及时抓住"相干光纤通信系统的研究"这一具有战略意义的世界性前沿课题，组织攻关，带动了全国的光通信研究工作。1978 年以来，在相干光纤通信系统、单频可调谐半导体激光器、多模光纤通信系统中的模式噪声、单模光纤通信系统中的极化噪声、模式分配噪声、光纤非线性、光孤子通信等方面取得了一系列的成果。1980 年，当选为中国科学院学部委员。

为跟踪世界通信先进技术，早日实现我国邮电通信现代化，叶培大曾多次在全国政协会议上，提议开展通信前沿技术的研究。经

吴佑寿

国家科委批准，"863"通信高技术战略研究组成立，叶培大任专家组组长。经过专家组半年多时间的调研和反复论证，"863"通信高技术研究主题于1991年正式立项。

吴佑寿（1925—2015），出生于泰国，祖籍广东潮州。我国数字通信技术的奠基人和开拓者之一，数字通信和数据传输、数字信号处理和模式识别领域的领军人。他祖籍广东潮州，1939年去香港就读中学。日军侵华期间，港九沦陷，他报国之心弥切，返回内地。1944年，他辗转周折，考入西南联大电机系，并于抗战胜利后随清华大学返迁北平。1948年9月毕业于清华大学电机系。他放弃出国深造机会，留校工作，为清华大学奉献了一生。

1950年代，清华大学建立无线电工程系，吴佑寿全面负责并参与相关学科的创建工作。他率领平均年龄只有20多岁的科研团队，攻克一个个难关，实现了中国数字通信进程的一次次创新：1958年研制成中国第一部话音数字化终端；60年代研制的SCA型数传设备用于中国第一颗人造卫星的发射监测系统；1978研制的32/120路全固态微波数字电话接力系统，用于卫星通信等系统；1980年代初研制成功国内第一台TJ—82图像计算机；1990年代在国内外首次实现能识别6 763个印刷汉字的实验系统，随后解决了印刷汉字自动输入计算机的问题；21世纪初研制成的我国强制性地面数字电视广播传输系统DMB-T为创立数字电视传输"中国标准"奠定基础。在吴佑寿先生和众多清华电子人的不懈努力下，清华的通信工程学科数十年来一直在全国高校中名列前茅，众多科研成果达到甚至领先国际先进水平。

朱物华（1902—1988），无线电电子学家，江苏扬州人。20世纪30年代中期，朱物华针对韦伯和迪托尔等关于有限段终端无损耗低通滤波器瞬流计算的局限，首次提出了终端有损耗的T形低通与高通滤波器瞬流计算公式，在当时十分简陋的实验条件下，创造性地拍摄了直流与交流场合下的瞬流图，取得了实验数据与理论计算相符的好结果。

20世纪40年代中期，朱物华在国内大学任教时，指导研究生完成"电子枪式磁控管分析与设计"课题，旨在解决阴极烧毁问题，开辟了新的研究方向。新中国成立后，朱物华根据电力线路上测试的噪声频谱密度数据，提出相对功率谱密度和逐段积分的计算方法，揭示出使电力线路传输较高频率的载波信号不致降低信噪比的内在关系。他还提出了计及电感分布电容来选取电路参数和提高滤波器性能的新设计方法，为中国电力工业的发展作出了重要贡献。

4. 我国半导体和微电子技术的先驱

王守觉（1925—2016），祖籍江苏苏州，生于上海。中国科学院院士，半导体电子学家。1949年毕业于同济大学。1957年至1958年，王守觉被派往苏联科学院列宁格勒列别捷夫研究所进修，并和当地的科学家一道工作，在研制锗扩散型三极管中做出了很好的成绩。1958年4月回国后，王守觉开始从事半导体器件和微电子学的研究，参与并主持了锗高频晶体管的开创性研制任务，于1958年9月研制成功了截止频率超过200兆赫的我国第一只锗合金扩散高频晶体管，截止频率比当时国内

王守觉

研制的锗合金结晶体管提高了一百倍以上。在这个科研成果的基础上和国家对研制高速电子计算机急需高频晶体管的推动下，王守觉率领生产队伍，进行了小批量试制，为我国核工业急需的首台晶体管高速计算机——109乙机提供了半导体器件。

1961年，王守觉获悉美国发明硅平面器件与固体电路的信息，观察力敏锐、处事果断的他毅然决定终止正在进行并取得了一定成果的硅台面管的研制工作，立即集中力量转而投入对硅平面工艺的探索。1963年底，他完成了国防部门五种硅平面器件的研制任务，产品在全国新产品展览会上被评为全国工业新产品奖一等奖，次年

获国家科委首次颁发的创造发明奖一等奖,并为我国在"两弹一星"研究工作中做出重大贡献的 109 丙机提供了器件基础。

1976 年"文革"结束后,王守觉对逻辑电路的工艺与速度问题进行了深入的思考,于 1977 年大胆地提出了一种新的多元逻辑电路的设想。同时,他还提出了一种使电路电容在同样工艺水平下降到最低点的创新电路结构——双极型集成电路,其主要基本单元就是一种高速线性"与或"门。

1978 年,王守觉发表了《一种新的高速集成逻辑电路—多元逻辑电路(DYL)》一文,在国际上最早提出并实现了逻辑电子连续变化的集成电路。它的逻辑功能与国外在 20 世纪 80 年代发表的模糊逻辑电路相同,比日本最早发表的集成模糊逻辑电路论文早两年。1979 年,多元逻辑电路通过鉴定并获中国科学院重大科技成果奖一等奖。该电路的成功研制,为我国高速双极型中大规模集成电路的发展开辟了一条可能的新途径。

此后,王守觉进一步拓展多元逻辑电路的研究,1986 年发表了《连续逻辑为电子线路与系统提供的新手段》等理论研究结果,又研发了 DYL12×12 位高速数码乘法器、多元逻辑 8 位高速数——模(D/A)转换器,其性能均达到了国际先进水平。多元逻辑电路在我国集成电路的发展进程中占据着重要地位,标志着我国集成电路的设计水平跻身于世界先进行列。

为了实现中国科技的弯道超车任务,王守觉认为应该关注世界性的技术难题,而不是简单地研究国外已经成熟的技术领域,所以他从 1991 年起就开始关注人工神经网络这一人工智能领域,承担了"八五"科技攻关课题"人工神经网络的硬件化实现",代表性成果是一台小型神经计算机——"预言神一号"。2000 年,王守觉在"九五"科技攻关项目"半导体神经网络技术及其应用"项目的支持下,成功地研制出双权矢量硬件"预言神二号",并用于实物模型的识别,达到了很好的效果。随后,王守觉进一步研制了 CASSANN-III 和 CASSANN-IV 预言神系列计算机和通用神经网络处理机——Hopfield 网络硬件。

2016 年 6 月 3 日，王守觉在苏州逝世，享年 91 岁。

李志坚（1928—2011），我国集成电路研究的先驱，
1951 年毕业于浙江大学物理系后，赴苏联列宁格勒大
学攻读副博士学位。他的导师、苏联科学院院士列比
捷夫要求他用两年时间补习量子力学、固体物理等基
础理论，而他仅用半年时间就通过了这些课程，提前
一年半进入了研究课题——薄膜电导和光电导机理及
器件研究。1958 年博士毕业时，李志坚已能够自行设计、
制造真空度达 10^{-10} 托（1 托 =1/760 大气压）的全玻璃
真空系统，他改进的小电流测量设备可测到 10^{-15}A 数
量级（1A=0.1 纳米），这在当时均属国际最高水平。他还提出了多
晶膜晶粒间电子势垒模型。

李志坚

1958 年初回国后，李志坚立即投入到清华大学半导体专业的
创建，建成了国内工科大学第一个半导体实验室。在国际上半导体
器件尚以锗为主导的情况下，他的团队毅然确定硅技术为研究方向，
并很快地在超纯硅提炼、硅单晶拉制、硅晶体管研制等方面取得了
处于国内先进水平的成果。

1963 年，李志坚的团队研究成功高反压平面型晶体管，掌握
了硅平面工艺，仅落后美国 3—4 年便开始了集成电路的研究。文
革后，李志坚恢复了学术领导职务，集中力量研究 MOS 集成电路：
加强 MOS 工艺线建设，开展 MOS 物理和器件、IC CAD 和 LSI 设计、
测试等系列研究，取得显著成果，使清华大学成为国家大规模集成
电路研究开发的重要基地之一。

1980 年在国家支持下，清华大学建成了 3 微米 MOS LSI 工艺
线并成立了微电子所，李志坚历任副所长、所长。在"六五"、"七五"
国家科技攻关计划中，独立自主地开发出全套 3 微米 MOS 集成电
路工艺，并研制出 16K 位 SRAM，8 位、16 位 CPU 等一系列大规
模集成电路芯片；"八五"攻关中又建成了我国第一条 1~1.5 微米
CMOS VLSI 工艺线，开发出相应的整套工艺流程，研制成功 1 兆位
汉字 ROM，使我国集成电路进入 VLSI 阶段。这些成果基本上代表

了当时我国微电子技术的先进水平。

在进行大量研制开发的同时，李志坚十分重视基础性和前瞻性微电子科技的研究，认为这是培养高水平人才所必需，也为加速研发工作打好基础，而前瞻性研究的关键是选好课题、勇于创新。所以，他长期重视 MOS 界面物理的研究，为 MOS 技术的开发提供了坚实的基础，80 年代初 EEPROM 器件物理的研究，直接促成了 1990 年初清华研制的"中华第一（IC）卡"。

80 年代末 90 年代初，李志坚向国家自然科学基金委提出并获得重大项目资助，开创微电子系统集成技术的研究，并先后研究出微马达等一系列 MEMS 器件，神经网络、语音处理等多种 SOC 芯片，取得了一批美国专利。他被公认为我国 MEMS 和 SOC 技术研究的先驱者。

李志坚长期在高等学校任教，培养了许多微电子和其他方面的优秀人才，同时，获国家科技进步奖二等奖 2 项、国家发明奖二等奖 1 项、国家教委和电子部科技进步奖一等奖和二等奖 5 项，并获得 1997 年度陈嘉庚信息科学奖和 2000 年何梁何利科技进步奖。

黄昆

黄昆（1919—2005），北京人，祖籍浙江嘉兴。国家最高科学技术奖获得者，中国半导体事业的奠基者。黄昆 1941 年毕业于燕京大学，1948 年获英国布里斯托尔大学博士学位，1955 年当选为中国科学院院士。

20 世纪 50 年代初，黄昆完成了两项开拓性的学术贡献。一项是提出著名的"黄方程"（晶体中声子与电磁波耦合振荡模式）和"声子极化激元"概念。另一项是与后来成为他妻子的里斯（A. Rhys，中文名李爱扶）共同于 1950 年提出"黄—里斯理论"，即多声子的辐射和无辐射跃迁量子理论，至今仍是此领域研究者必引的经典。

20 世纪 60 年代初，国家开始重视基础研究工作，国家科学技术委员会出于中国科研长远发展的需要，决定设立一系列重点科学研究实验室。1962 年，在制定《1963—1972 年科学技术发展规划》期间，黄昆、谢希德等科学家建议开展固体能谱的基础研究工作。"固体能谱"被确定为国家重点基础研究实验基地。基地的启动则更是倾注了黄昆先生的全部心血，也使北大物理系半导体教研室的研究工作迈上了一个新的台阶。1977 年，黄昆先生调任中国科学院半导体研究所，任所长，为半导体所带来了重视基础理论研究的新风尚，培养和建立了理论与实验结合、学术气氛活跃的半导体物理研究群体。

2001 年，黄昆与其北大校友王选一同获得了该年度国家最高科学技术奖。2005 年 7 月 6 日，黄昆在北京逝世，享年 86 岁。

马祖光（1928—2003），出生于北京。20 世纪 80 年代初，根据国家教委统一规定，"激光"专业改名为"光电子技术"专业。1971 年，以强烈的事业心和使命感为动力，马祖光在国家没投一分钱，起步晚、起点低、物质条件差的情况下，开始创办中国的第一批光电子技术专业。为了尽快把激光技术推广出去，在搞理论研究的同时，他带领大家很快开始了应用研究，成功完成了许多激光民用项目。

马祖光（左）指导博士生

1982 年，哈工大成立了激光研究室，1987 年，成立了"光电子技术研究所"，1993 年，依托光电子技术所建立了"航天工业总公司哈工大光电子技术开放实验室"。1994 年，经国防科工委批准，立项建立"可调谐激光技术国家级重点实验室"，1996 年 12 月正式通过验收。马祖光把"为航天光电子技术发展做贡献"作为主导思想，建成了一个国际一流的实验基地。

作为国内外激光领域的知名学者，马祖光长期从事激光介质光谱、可调谐激光、非线性光学及应用研究，取得一系列创新性成果，使我国新激光介质及可调谐激光研究在国际上具有相当大的影响。

5. 信息技术在石油勘测应用的专家——马在田

马在田

马在田（1930—2011），辽宁法库县人，地质学专家，信息技术与地质学结合的开拓者，在反射地震学方法等方面提出了许多独创性的原理和技术，对中国地震勘探和石油勘探事业的发展做出了重要贡献。马在田 1950 年毕业于东北实验中学并考入东北大学建筑系，1952 年经国家选派赴苏联列宁格勒矿业学院留学，转学地球物理勘探，1957 年毕业并获地球物理勘探工程师学位。回国后，马在田先后在石油工业部华北石油会战指挥部、胜利石油管理局、四川石油管理局和石油地球物理勘探局等单位工作，历任华北石油会战指挥部研究队队长、四川石油管理局地质调查处研究队队长、石油地球物理勘探局研究院方法室主任等职。

1985 年，马在田先生调入同济大学任教，1991 年当选为中国科学院学部委员（院士）。历任上海市科学技术协会副主席、同济大学图书馆馆长、上海市地球物理学会理事长、上海市地球物理学会名誉理事长、同济大学海洋地质国家重点实验室学术委员会主任等。

20 世纪 60 年代，马在田先生为我国华北石油勘探发现做出了重要贡献。华北石油勘探会战期间，他提出了有别于发现大庆油田的"解放波形"、"突出标准地震反射层"的地震勘探方法，成为当时华北—渤海湾地区公认的地震勘探标志性成果，使我国地震勘探从以连续相位追踪为主的几何地震学走向以波形振幅为主的运动学与动力学相结合的波动地震学时代。1961 年，他领导的研究队根据地震构造图确定了胜利油田发现井——华 8 井，在此基础上又确定了新钻探井位，于 1962 年 9 月 23 日打出了日产千吨级的油井。

20 世纪 70 年代，马在田先生主持我国首个地震勘探数据处理软件系统的研发，打破了西方国家对我国石油勘探技术的封锁，对我国大规模地震勘探新技术研发和先进装备引进工作起到了重要的促进作用。1973 年，石油工业部地球物理勘探局成立计算中心，马在田先生担任计算中心方法程序室主任，负责领导地震资料处理系统的研发，经过三年多的奋斗，不仅用自主研发的地震处理系统成功地处理出了第一条国产"争气地震剖面"，更自主培养了我国第一批石油工业界使用数字电子计算机的地球物理人才，打破了发达国家在大型计算机地震数字处理技术上的封锁，促进了当时"巴黎统筹委员会"对中国在石油勘探高技术方面出口的解禁。

20 世纪 80 年代初期，马在田先生瞄准当时勘探地球物理国际前沿问题，创造性地提出了高阶方程分裂偏移方法，成功解决了当时地震成像的关键问题，研究成果被国内外石油工业界广泛应用，在勘探地球物理界为我国赢得了国际声誉。同时，马在田先生积极推动我国三维地震勘探工作的开展，他的《三维地震勘探》是系统论述三维地震方法的重要著作。

20 世纪 80 年代中后期，马在田转入高等教育战线，调入同济大学海洋地质与应用地球物理系任教，将精力集中到教书育人、学科建设和国家重点实验室建设上。他培养了一百多名研究生，很多已成为大学、科研院所及国内外著名企业的优秀人才。他领导并建立了同济大学地球物理学一级学科博士点，推动并形成了产学研结合、多学科交叉融合的研究特色。马在田先生在同济大学工作生活二十余年，为同济大学海洋与地球科学学科的发展做出了不可估量的贡献，他的身上深深体现了"同济精神"，他为人、为师、为学，也为同济精神注入了新的时代内涵。

马在田一生学术成就斐然，获得了多项奖励与荣誉称号。他在地震波成像方面的研究成果受到国际的广泛认可，"高阶方程分裂偏移方法"至今仍以"马氏方法"或"马氏系数"被国际广泛引用。《地震成像技术——有限差分法偏移》专著是国内反射地震学界公认的经典论著。

中国工程师史

第五章

自主创新
——与时俱进的中国工程师

一、改革开放之后的中国工程建设

1978 年 3 月 18 日，我国科技和工程界的一次空前盛会——全国科学大会召开。不久之后，中国进入了改革开放的历史新时期，中国的工程师迎来了科学的春天。

改革开放后的三十多年，中国的工程技术突飞猛进。这是一组让所有中国人自豪的成绩单：建成了正负电子对撞机等重大科学工程；秦山核电站并网发电成功；银河系列巨型计算机相继研制成功；长征系列火箭在技术性能和可靠性方面达到国际先进水平；"嫦娥一号"月球探测飞船奔月成功，圆了中华民族的千古奔月梦；青藏铁路全线通车，成功解决冻土施工等一系列世界性难题；三峡工程完工，三峡电厂正式运行发电，三峡电站已投产机组的总装机容量达到 1 410 万千瓦，装机规模跃居世界第一；我国首架具有自主知识产权的涡扇喷气支线客机"翔凤"下线，这意味着中国自主研制民用客机迈出实质性一步；我国自主研制的首列时速 300 千米动车组列车下线，国产"和谐号"动车组疾驶如飞，中国由此成为世界上少数几个能自主研制时速 300 千米动车组的国家……这些成绩单让亿万中国人感受到建立在科技自立、自强基础上的国家实力和民族尊严。

二、中国空间技术工程的建设者

1. 载人航天工程的建设者

进入 20 世纪 80 年代后，我国的空间技术取得了长足的发展，具备了返回式卫星、气象卫星、资源卫星、通信卫星等各种应用卫星的研制和发射能力。特别是 1975 年，我国成功地发射并回收了第一颗返回式卫星，使中国成为世界上继美国和苏联之后，第三个掌握了卫星回收技术的国家，这为中国开展载人航天技术的研究打下坚实的基础。

中国载人航天工程于 20 世纪 90 年代初期开始筹划，1992 年 9 月 21 日，中共中央政治局常委会正式批准实施我国载人航天工程。中国载人航天工程是中国自主创新的典范，从开始规划就具有运筹帷幄的战略构想，确定了三步走的发展战略。

第一步是发射无人和载人飞船，将航天员安全地送入近地轨道，进行对地观测和科学实验，并使航天员安全返回地面。"神舟五号"飞船首次载人太空飞行的成功，实现了第一步的发展战略。随着我国第一名航天员于 2003 年 10 月 16 日安全返回，中国载人航天工程的历史性突破、即第一步的任务已经完成。

第二步是继续突破载人航天的基本技术，这些技术包括：多人多天飞行、航天员出舱在太空行走、完成飞船与空间舱的交会对接等。在突破这些技术的基础上，发射短期有人照料的空间实验室，建成完整配套的空间工程系统。发射"神舟六号"，标志着中国开始实施载人航天工程的第二步计划。"神舟八号""神舟九号"飞船实现首次自动交会对接和首次手动交会对接，"神舟九号"航天员进入"天宫一号"并值守。中国载人航天工程在 2009 年至 2012 年完成发射目标飞行器，同时在空间轨道上实施飞行器的空间轨道交会对接技术。

第三步是建立永久性的空间试验室，建成中国的空间工程系统，

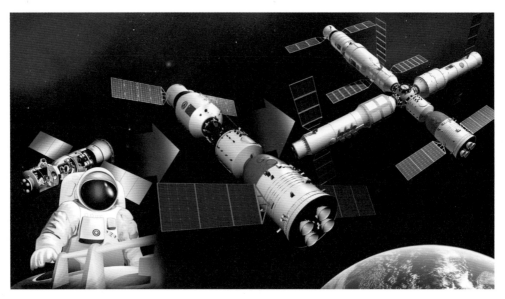

中国载人航天三步走战略示
意图

航天员和科学家可以来往于地球与空间站，进行较大规模的空间科学实验和应用技术问题。中国载人航天"三步走"计划完成后，航天员和科学家在太空的实验活动将会实现经常化，为中国和平利用太空和开发太空资源打下坚实基础，为人类和平开发宇宙空间作出贡献。

载人航天工程由航天员、空间应用、载人飞船、运载火箭、发射场、测控通信、着陆场和空间实验室共八大系统组成。这八大系统涉及学科领域广泛、技术含量密集，全国110多个研究院所、3 000多个协作单位和几十万工作人员承担了研制建设任务。

"神舟"飞船是中国自行研制，具有完全自主知识产权，达到或优于国际第三代载人飞船技术的飞船。"神舟号"飞船是采用三舱一段，即由返回舱、轨道舱、推进舱和附加段构成，由13个分系统组成。与国外第三代飞船相比，"神舟号"飞船具有起点高、具备留轨利用能力等特点。

在2003年完成首次载人航天飞行任务之前，我国先后发射了四个神舟号飞船。其中"神舟一号"发射时间为1999年11月20日，是中国实施载人航天工程的第一次飞行试验，标志着中国航天事业迈出了重要步伐，对突破载人航天技术具有重要意义，是中国航天史上的重要里程碑。"神舟二号"是中国第一艘正样无人飞船，其

神舟六号载人飞船发射升空
瞬间

系统结构与上代相比有了新的扩展，技术性能有了新的提高，飞船
技术状态与载人飞船基本一致。"神舟三号"也是一艘正样无人飞
船，飞船技术状态与载人状态完全一致。这次发射试验，运载火箭、
飞船和测控发射系统进一步完善，提高了载人航天的安全性和可靠
性。"神舟四号"发射时间为 2002 年 12 月 30 日，它是中国第一艘
可载人的处于无人状态的飞船。

2. 月球探测工程师

2004 年，中国正式开始月球探测工程，命名为"嫦娥工程"，
由月球探测卫星、运载火箭、发射场、测控和地面应用等五大系统
组成。它的难度和自主创新幅度都更大，这些创新的先进性和可靠
性能否得到承认，时刻考验着中国的科研人员和工程师。嫦娥工程
分为"无人月球探测"、"载人登月"和"建立月球基地"三个阶段。

2007 年 10 月 24 日，"嫦娥一号"月球探测卫星在西昌卫星发
射中心由"长征三号甲"运载火箭发射升空，卫星发射后，用 8 天
至 9 天时间完成调相轨道段、地月转移轨道段和环月轨道段飞行。
经过 8 次变轨后，于 11 月 7 日正式进入工作轨道。11 月 18 日卫
星转为对月定向姿态，使该卫星运行在距月球表面 200 千米的圆形

"玉兔号"月球车模型

轨道上执行科学探测任务。11月20日,探月卫星开始传回探测数据。11月26日,中国国家航天局公布了"嫦娥一号"卫星传回的第一幅月面图像。2009年3月1日16时13分,在圆满完成各项使命后,"嫦娥一号"卫星在控制下成功撞击月球。为我国月球探测的一期工程,画上了圆满句号。

三年后,2010年10月1日,搭载着"嫦娥二号"卫星的"长征三号丙"运载火箭在西昌卫星发射中心点火发射。"嫦娥二号"主要任务是获得更清晰、更详细的月球表面影像数据和月球极区表面数据,因此卫星上搭载的CCD照相机的分辨率更高。同时,为"嫦娥三号"实现月球软着陆进行部分关键技术试验,并对"嫦娥三号"着陆区进行高精度成像,进一步探测月球表面元素分布、月壤厚度、地月空间环境等。

承担"落月"任务的"嫦娥三号"是探月工程"绕、落、回"三步走中的关键一步,实现中国航天器首次地外天体软着陆和月面巡视勘查,具有重要里程碑意义,备受海内外关注。2013年12月2日1时30分,在西昌卫星发射中心,中国的登月工程团队用"长征三号乙"运载火箭成功将"嫦娥三号"探测器发射升空。12月14日21时,嫦娥三号在距月面100米处悬停,利用敏感器对着陆区进行观测,以避开障碍物、选择着陆点。12分钟后,即21时12分,"嫦娥三号"探测器在月球虹湾区成功落月,着陆器和巡视器分离。

中国成为世界上第三个实现月面软着陆的国家。

"嫦娥三号"探测器的一个最大亮点是它携带一辆月球车，这辆名为"玉兔号"的月球车首次实现了在月球软着落和月面巡视勘察，并开展月表形貌与地质构造调查等科学探测。月球车也称"月面巡视探测器"，是一种能够在月球表面行驶并完成月球探测、考察、收集和分析样品等复杂任务的专用车辆。

"嫦娥三号"着陆器和"玉兔号"月球车在前三个月昼工作期间，圆满完成了工程任务，获取了大量工程数据和科学数据，为后来的月球探测和科学研究打下了坚实基础。

2009 年，中国在探月二期工程实施的同时，为衔接探月工程一、二期，兼顾中国未来载人登月和深空探测发展，又正式启动了探月三期工程的方案论证和预先研究。三期工程于 2011 年立项，任务目标是实现月面无人采样返回。工程规划了 2 次正式任务和 1 次飞行试验任务。分别命名为"嫦娥五号"、"嫦娥六号"和高速再入返回飞行试验任务。其中，"嫦娥五号"探测器是我国首个实施月面取样返回的航天器。"嫦娥五号"目前正在进行研制，将按计划于 2017 年在海南发射，主要科学目标包括对着陆区的现场调查和分析，以及月球样品返回地球以后的分析与研究。

3. 北斗卫星导航工程技术专家

有一个国际俱乐部，只有四个会员，却吸引了各国首脑的关注和众多顶级科学家和工程师参与研究，这个俱乐部就是 GNSS（全球导航卫星系统），四个会员分别是美国 GPS、欧洲伽利略 GALILEO、俄罗斯格洛纳斯 GLONASS、中国北斗 COMPASS。中国北斗卫星导航系统是中国自主建设、独立运行，并与世界其他卫星导航系统兼容共用的全球卫星导航系统。

（1）著名空间技术专家——陈芳允

陈芳允（1916—2000），浙江黄岩人，1934 年考入清华大学物理学系，1984 年任中国科技大学和国防科技大学教授，1985 年当选为国际宇航科学院院士，1990 年被推选为国际宇航联合会副主席。

陈芳允是无线电电子学家，中国卫星测量、控制技术的奠基人之一，"两弹一星功勋奖章"获得者。他长期从事无线电电子学及电子和空间系统工程的科学研究和开发工作，曾参加英国早期海用雷达的研制工作，研制了电生理测试仪器。他还在北京电子研究所提出并指导研制出国际上第一台实用型毫微秒脉冲取样示波器。1964 年与团队研制出飞机用抗干扰雷达，投产后大量装备我国歼击机。1964 年至 1965 年，陈芳允提出方案并与团队研制出原子弹爆炸测试仪器，并参加了卫星测控系统的建设工作，为我国人造卫星上天作出了贡献。1970 年，陈芳允研究了美国阿波罗登月飞船所用的微波统一测控系统后，针对通信卫星的测控要求，设计了新的微波统一测控系统。两套统一测控系统的成功研制，为中国通信卫星发射成功起了重要作用。此项目与通信卫星项目一同获得了 1985 年国家科技进步特等奖，陈芳允为主要获奖者之一。

1977 年，中国建造了"远望号"航天远洋测量船，成为继美、苏、法之后第四个拥有航天测量船的国家。由于船上装载有多种测量、通信设备，光天线就有 54 部，各种设备间电磁干扰严重，影响了正常工作。陈芳允利用频率分配的方法，解决了测量船上众多设备之间的电磁兼容问题，使各种设备得以同时工作而互不干扰，从而成功地解决了"远望号"船电磁兼容这一重大技术难题，该技术在中国向太平洋发射运载火箭试验中首次得到验证。1988 年因航天测量船上电磁兼容问题的解决，陈芳允获得国防科技进步一等奖。

1983 年，陈芳允和合作者提出利用两颗同步定点卫星进行定位导航的设想，这一系统称为"双星定位系统"。这个系统由两颗在经度上相差一定距离（角度）的同步定点卫星，一个运行控制主地面站和若干个地面用户站组成。主地面站发信号经过两颗同步定点卫星到用户站；用户站接收到主地面站发来的信号后，即作出回答，回答信号经过这两颗卫星返回到主地面站。主站—两颗卫星—用户站之间的信号往返，可以测定用户站的位置。然后，主地面站把用户站的位置信息经过卫星通知用户站。这就是定位过程。主地面站和用户站之间还可以互通简短的电报。[1]

1986 年，陈芳允和三位院士联名给邓小平写信，建议发展中国的高技术，该建议受到邓小平的高度重视，在邓小平的亲自批示和积极支持下，国务院在听取专家意见的基础上，经过认真研讨、论证，制定了《国家高技术研究发展计划纲要》，拨款 100 亿元，选择生物、航天、信息、激光、自动化、能源、材料等 7 个技术领域的 15 个主题项目，这就是中国高技术发展的"863 计划"，这一计划的实施为中国高技术发展开创了新局面。

2000 年 4 月 29 日，84 岁的陈芳允在北京去世。2010 年 6 月 4 日，一颗由中国科学家发现的国际永久编号为 10929 号的小行星 1998CF1，经国际天文学联合会小天体命名委员会批准，由国际天文学联合会《小行星通报》第 43191 号通知国际社会，正式命名为"陈芳允星"。

（2）杨嘉墀

杨嘉墀（1919—2006），江苏吴江人。1937 年至 1941 年在上海交通大学电机系学习；1941 年 9 月至 1942 年 6 月在昆明西南联合大学电机系任助教；1942 年 7 月至 1946 年 12 月在昆明前资源委员会电工器材厂任助理工程师；1947 年赴美国哈佛大学研究院应用物理系留学，获硕士和博士学位；1948 年 2 月至 1956 年 7 月先后担任美国哈佛大学研究院助教、美国麻省光电公司工程师、美国宾夕法尼亚大学生物物理系副研究员和美国洛克菲勒研究所高级工程师。1956 年 8 月杨嘉墀回国，先后任中国科学院自动化研究所研究员、研究室主任、副所长；1968 年 9 月之后，历任七机部五院 502 所副所长、所长、七机部五院副院长、七机部总工程师、航天部五院科技委副主任。

杨嘉墀在美国工作期间，对仪器、仪表研制有所建树，试制成

---

1 林云，《博编织天网的人——记无线电电子学、空间系统工程专家陈芳允》，《留学生》2003 年第 3 期。

2004年6月9日，杨嘉墀在邓小平诞辰百年首尊纪念铜像揭幕式上发言

功生物医学用快速模拟计算机、快速自动记录吸收光谱仪（被命名为"杨氏仪器"）等生物电子仪器，并获美国专利，在美投入生产使用，产生一定影响。1956年8月，杨嘉墀在新中国百废待兴之际，怀着炽热的拳拳报国之心返回祖国后，长期致力于我国自动化技术和航天技术的研究发展。参加了中国科学院自动化研究所的组建。1962年参加了由周总理主持的"中国科学技术十二年发展规划"的制定与实施工作，提出了以控制计算机为中心的工业化试点项目，参与制定了兰州炼油厂、兰州化工厂和上海发电厂等单位的自动化方案工作，推动了我国电子计算机在过程控制中的应用。

1960年前后，杨嘉墀指导研制原子弹爆炸试验所需的检测技术及设备等重大科研项目，为我国核试验的成功作出重要贡献。他是中国科学院早期开展航天技术研究的专家之一，1965年参与我国第一颗人造地球卫星研制规划的制定，领导并参加了我国第一颗人造地球卫星姿态控制和测量分系统的研制。1966年参与制订了我国人造卫星十年发展计划，在我国第一代返回式卫星姿态控制方案论证和技术设计中，提出一系列先进可行的设计思想。领导研制的返回式卫星姿态系统及数据分析指标达到了当时国际先进水平。1985年他参与的返回式卫星和"东方红一号"卫星研制项目获国家科技进步特等奖。20世纪80年代，他作为我国科学探测与技术试验"实践"系列卫星的总设计师，领导完成了"一箭三星"的发射任务。1987年参与研制的卫星、导弹通用计算机自动测量和控制系统获国家科技进步二等奖。同时，他也是联名给邓小平写信建议发展中国高技术的四位院士之一。

2005年1月，他与五位院士向国务院总理提出了"关于促进北斗导航系统应用的建议"，得到了时任总理温家宝的高度重视。北斗导航系统的建设与他的高瞻远瞩和负责精神是分不开的。

4. 其他空间工程技术专家

（1）空间技术和空间物理专家钱骥

钱骥（1917—1983），江苏金坛人，1943 年毕业于中央大学理化系。曾任中央研究院气象研究所助理研究员。新中国成立后，历任中国科学院地球物理研究所副研究员，中国空间技术研究院总体设计部主任、副院长、研究员，中国宇航学会第一届理事。20 世纪 50 年代，他首先把电子技术应用于我国的地震记录测量仪上。后参加到人造卫星的研制和组织工作中，参加研制了我国第一颗人造卫星和回收型卫星。

钱骥是我国空间技术的开拓者之一。领导卫星总体、结构、天线、环境模拟理论研究。负责与组织小型热真空环境模拟试验设备、中小型离心机、振动台设备的研制。负责领导探空火箭头部空间物理探测仪器、跟踪定位和数据处理设备的研制，获得丰富的试验资料。参与制定星际航行发展规划，提出多项有关开展人造卫星研制的新技术预研课题，为我国空间技术早期的发展做了很多开拓性工作。1965 年他提出《我国第一颗人造卫星方案设想》的报告。组织编写《我国卫星系列发展规划纲要设想》，组织并提出预研课题，为人造卫星研制打下了初步的技术基础。钱骥还负责组建卫星总体设计机构，是我国第一颗卫星"东方红一号"方案的总体负责人。同时还为回收型卫星的研制做了大量技术和组织领导工作。1964 年获国家科技进步二等奖。1985 年获国家科技进步特等奖。1999 年9 月 18 日，钱骥与其他 22 位专家一并获得"两弹一星"功勋奖章。

（2）航天遥测技术专家吴德雨

吴德雨（1914—2001），辽宁海城人，1934 年 9 月考入燕京大学应用物理和无线电技术专业。1938 年毕业后，先后在河北昌黎汇文中学、北平华北建设总署、唐山开滦矿务局、北平平津铁路局、铁道部电务局、铁道部铁道科学研究院工作。1956 年 12 月调国防部第五研究院工作。1957 年 12 月受命组建国防部五院一分院测试研究室（八室），历任研究室副主任、主任，研究所所长、第一所长、"东风三号"导弹副总设计师。1989 年任航空航天部一院科技委顾问。

吴德雨是我国航天遥测技术专家，中国航天遥测事业的主要创始人之一。20 世纪 50 年代中期，他受命组建航天遥测研制机构，组织航天遥测专业技术队伍，探索我国航天遥测技术的发展途径和业务方向，开展有线、无线电测试和遥测系统设备的研制。他是我国自行研制的前三代航天遥测系统的领导者和组织者。他还是我国航天传感器和磁记录专业技术的主要创业者和奠基人之一，并为航天计量技术的研究和标准的建立、为航天计算技术的研究和发展作出了突出贡献。

20 世纪 50 年代后期，我国载仿制苏 P-2 导弹（中国代号为"1059"）时，苏方唯独没有提供传感器方面的资料图纸，我国的科研人员要在短期内完成传感器的研制任务，自然面对巨大的考验。在吴德雨的领导和直接参与下，研究团队群策群力，一部分利用飞机用传感器改装，如压力传感器；大部分传感器需自行设计，如转速、流量、温度传感器。要克服研究、设计、改装中的难关，还要解决生产加工、环境试验、校验校准工作中出现的意想不到的问题和困难。有的需要自己动手，土法上马，反复试验，有的需要外出协作。吴德雨知识面广，有扎实的理论基础，又有实践经验，解决了一系列的技术难题。研究团队很快研制出第一批温度、压力、头部分离、转速、过载传感器，装在 1059 导弹上，并在首批导弹试验中，取得圆满成功。这是吴德雨带领年轻的科技人员，经过艰苦努力取得的成果，闯出了自行研制传感器的道路。[1]

在研制中远程导弹时，吴德雨根据其测量要求，开始进行新型的传感器和信号调节器的课题攻关。从课题的立项、确定方案、开展研制，到传感器的敏感元件、材料的选择和质量控制，他都亲自

---

1 吴德雨，《在我国航天遥测起步的岁月里》，《遥测遥控》，1992 年第 2 期。

过问，关键问题由他审核批准。由于他工作抓得紧、抓得细，按计划完成传感器和信号调节器的研制，完成了各型号的配套任务。吴德雨还亲自参加课题研究，尤其重视方案研究和应用基础研究。在参加角速度传感器的研究中，吴德雨从几个方案中选定最佳方案；在参加脉动压力传感器的研究中，他提出着重研究气体介质在管道传输过程中对压力测量的影响的基础研究课题，总结出管道传输特性等问题，这都给广大科技人员起到了启示作用。

1987 年，吴德雨撰写了《传感器新技术展望》的论文，指出了传感器的发展趋势：从结构型向物性型方面发展；从单一型向复合型方面发展；已有原理的新应用；与计算机技术结合以提高技术指标和智能化水平；新发现的物理现象、新元器件和新工艺的应用等，有很现实的指导意义。此外，吴德雨关于传感器专业与研制机构的设置、试验室的建立、发展规划的制订和发展趋势的论述，对传感器事业的发展起着重要的推动作用。

（3）空间返回技术专家林华宝

林华宝（1931—2003），生于上海。1949 年在重庆大学土木系学习，1956 年 7 月毕业于苏联列宁格勒建工学院工业与民用建筑专业，被分配在科学院力学研究所工作。1958 年 11 月在上海机电设计院任研究室副主任。1958 年至 1965 年在七机部八院（后航天部 508 所）任室副主任、副所长、返回式卫星回收分系统主任设计师。早期从事探空火箭结构研制。1970 年起从事返回式卫星回收系统的研制，返回式卫星的成功回收使中国成为世界上第三个掌握卫星回收技术的国家。

林华宝是中国空间技术研究院研究员，返回式系列卫星首席专家，中国返回式卫星的主要开拓者之一。他从 20 世纪 50 年代开始探空火箭的研究，60 年代开始从事卫星回收系统的研究，参加了中国全部返回式卫星的研制和飞行试验。自 1958 年以来，他一直工作在我国空间技术研发的第一线，是我国卫星回收技术领域和返回式卫星的技术带头人之一。他为重大卫星技术的解决和返回式卫星的研制发射成功做出了突出贡献。

1963 年，林华宝作为中国第一个高空生物试验火箭箭头的负责人，组织工程技术人员开展研制工作，在一年多的时间内完成了火箭箭头的设计、制造和环境试验。高空生物试验火箭是在探空火箭技术的基础上，装上新的试验载荷——大白鼠生物舱，在飞行过程中进行动物高空生理反应试验，通过数据获取系统和摄像系统，记录试验过程，在当时这些都是新技术。在研制中，林华宝克服一道道难关，进行了大量的试验，解决了生物舱的密封和在振动条件下大白鼠心电图遥测信号紊乱等技术问题。1964 年 7 月，中国第一枚高空生物试验火箭发射成功。火箭飞行高度 70 多千米，按预定轨道飞行后安全返回地面。

1965 年开始，林华宝作为结构分系统技术负责人投入返回式卫星专项火箭技术研究中。1969 年，科研团队成功完成了 Y6 技术试验火箭的发射。1983 年，林华宝担任北京空间机电研究所副所长、中国空间技术研究院科技委常委、摄影定位卫星和新型返回式卫星总设计师。

1988 年后，林华宝开始主持新型返回式卫星的研制工作。1988 年起任航天部（现航天科技集团公司）五院科技委常委，研究员，返回式卫星总设计师，航天科技集团公司科技委顾问，返回式卫星系列首席专家。返回式卫星和"东方红一号"卫星 1985 年获国家科技进步特等奖，林华宝为第六完成人。返回式摄影定位卫星 1990 年获国家科技进步特等奖，林华宝为第一完成人。1997 年，他当选为中国工程院院士。

2013 年 9 月 22 日，河北省
秦皇岛市，一列货车行驶在大
秦铁路上

三、新时期的铁路工程师

1. 当代中国的铁路建设

（1）大秦铁路

　　大秦铁路自山西省大同市至河北省秦皇岛市，纵贯山西、河北、北京、天津，全长 653 千米，是中国西煤东运的主要通道之一。大秦铁路是中国新建的第一条双线电气化重载运煤专线，1992 年底全线通车，2002 年运量达到一亿吨设计能力。为最大限度发挥大秦铁路作用，有效缓解煤炭运输紧张状况，自 2004 年起，铁道部对大秦铁路实施持续扩能技术改造，大量开行一万吨和两万吨重载组合列车，全线运量逐年大幅度提高，2008 年运量突破 3.4 亿吨，

2014 年 3 月 14 日，一列客
车行驶在京九铁路九江区段

成为世界上年运量最大的铁路线。2010 年 12 月 26 日，大秦铁路提前完成年运量 4 亿吨的目标，为原设计能力的 4 倍。大秦铁路具有重（开行重载单元列车）、大（大通道、大运量）、高（高质量、高效率）特点。

（2）京九铁路

京九铁路（北京—九龙）是中国当时仅次于长江三峡工程的第二大工程，投资最多、一次性建成双线线路最长的一项宏伟工程。它是我国一条重要南北铁路干线，北起首都北京西客站，南至香港特别行政区九龙站，途经京、津、冀、鲁、豫、皖、鄂、赣、粤和香港特别行政区，全长 2 536 千米。该线北部线路经过地区地势平缓，南部则隧道密集。其中五指山隧道全长 4 465 米，为全线最长，也是我国截至 2006 年底开凿的含放射性物质最多的隧道。

（3）粤海铁路

粤海铁路自广东省湛江至三亚，经琼州海峡跨海轮渡到海南省海口市，沿叉河西环铁路途经澄迈县、儋州市至叉河车站，全长 345 千米，与既有线叉河至三亚铁路接轨，是中国第一条跨海铁路，于 2003 年 1 月 7 日正式开通。粤海铁路是世纪之交中国铁路建设史上的一项标志性工程，表明中国在建设跨海铁路上取得了关键技术的突破，填补了多项国内空白，标志着中国铁路建设进入了新的历史阶段。粤海铁路作为中国第一条跨海铁路，对中国跨海铁路的建设、运营、管理提供了丰富经验。

粤海铁路施工场景

粤海铁路的建成，使广东与周边省份的铁路交通实现了全方位连接。海南这个因地域限制交通不便的省份随着粤海铁路的建成而加速发展，成为该项国家重点工程的最大受益者。与此同时，粤海铁路的建成还为我国后续的跨海铁路建设，如烟大铁路等提供了丰富的设计、施工和运营管理经验。

2.向高速进击的铁路建设者

（1）铁路大提速

目前，"提速"二字已成为我国使用频率很高的词。其实该词出自于20世纪90年代开始的铁路"大提速"。

铁路提速为市场所迫。20世纪90年代初，我国铁路客车旅行平均时速仅48千米，货物列车速度就更低，难以适应经济发展的需要。我国既有铁路提速起步于广深线。全长147千米广深线，原来客车最高时速为100千米，铁道部决定将其改造为准高速铁路，提速目标为160~200千米/时。对此，工程技术人员专门开发了无缝线路的成套技术，研制了可动心道岔，推出了大功率机车、新型客车，并对路基、线路、桥梁进行了改造。提速改造历时四年，1994年12月22日正式开通，运行时间从原来的2小时48分缩短为1小时12分。该工程所研发的整套新技术和制定的新标准，为此后我国铁路大提速打下了基础。

接着，铁道部决定在既有繁忙干线实施全面提速，并开展了系列试验，对列车启动、制动、道岔、桥梁载荷能力、信号闭塞、接触网进行系统研究。1998年在京广铁路的试验中，列车时速达到了240千米。此后，在试验的基础上对京沪、京广、京哈三大干线进行全面整治。1997年4月1日，全国铁路展开了第一次大提速，运营时速为140~160千米。1998年至2007年间又连续进行了第二、三、四、五、六次大提速，提速铁路区段一步步从东部扩大到全国，列车速度也一再提高，有的达到200千米，甚至250千米。

六次大提速收到明显成效。客车平均速度大幅度提高，受到广泛欢迎，尤其是基于提速开行的"夕发朝至"列车被赞誉为"移动宾馆"。既有线提速改造成本很低，每千米平均为100万元。

"中华之星"电动车组在秦沈
客运专线上运行

铁路提速开了中国铁路发展之先河，既赢得了市场，又为日后高速铁路建设打下基础。"提速"是"高速"的必然准备，"高速"是"提速"的升级。从某种意义上说，没有先行的提速，难有后来的高速。

（2）我国的高铁建设

中国高速铁路建设，始于秦沈客运专线。它连接秦皇岛和沈阳两座城市，全长404.6千米。1999年8月16日开始建设，2002年6月16日全线铺通，2003年1月1日开始试运行。秦沈客运专线是我国第一条高速铁路，自主开发的成套新技术，创造了中国铁路的许多"第一"和"率先"。不仅如此，秦沈客运专线也发挥了为中国后来大规模的高铁建设先行探路的作用，并为其储备技术和人才，是中国高铁建设迈出的第一步。

在秦沈客专试运行5年多之后，2008年8月1日，即北京奥运开幕前一星期，京津城际铁路通车了。京津城际铁路长度120千米，是中国时速350千米客运专线的示范工程，也是京沪高速铁路的独立综合试验段，意义十分重大。京津城际高铁是世界最快铁路之一，不仅使北京和天津这两个人口超过千万的大城市间形成"半小时交通圈"，实现了同城化，同时也打开了中国铁路迈向"高速时代"的大门。

京沪高铁铺轨、运轨作业

京沪高速铁路于 2008 年 4 月 18 日开工，从北京南站出发终止于上海虹桥站，总长度 1 318 千米，总投资约 2 209 亿元。全线纵贯北京、天津、上海三大直辖市和河北、山东、安徽、江苏四省。当时是新中国成立以后一次建设里程最长、投资最大、标准最高的高速铁路。这一高铁线与既有京沪铁路的走向大体并行，全线为新建双线，设计时速 350 千米，初期运营时速 300 千米，共设置 23 个客运车站。2011 年 6 月 30 日正式开通运营。它的建成使北京和上海之间的往来时间缩短到 5 小时以内。京沪高速铁路建成通车后，对加快"环渤海"和"长三角"两大经济圈及沿线人流、物流、信息流、资金流沟通交流，促进经济社会又好又快发展，产生重大积极影响。

2010 年 7 月 1 日，从南京发往上海虹桥的"G7001"城际高速列车从南京火车站驶出，标志着中国第二条城际铁路——沪宁城际铁路正式运营通车，这条全长 301 千米，最高时速可达 350 千米的铁路，仅用两年时间就建成运营。沪宁城际高速铁路是中国铁路建设时间最短、标准最高、运营速度最快、配套设施最全、一次建成里程最长的城际铁路。

以"G"字打头的沪宁城际列车开通后，沪宁间最快 73 分钟互达，比原来"D"字头动车提速了一小时。同时沪宁铁路全线 21 个站点，每 15 千米就有一站，使得沪宁这一经济发达地区自此正式迈向城际"公交化"时代。

武广客运专线为京广客运专线的南段（武汉—广州段），位于湖北、湖南和广东境内，于 2005 年 6 月 23 日开始动工。全长约 1 068.8 千米，投资总额 1 166 亿元，于 2009 年 12 月正式运营。列车试验最高速度为 394 千米 / 时、最高运营速度达到 300 千米 / 时。武广高铁的开通，使得武汉至广州间旅行时间由原来的约 11 小时缩短到 3 小时左右，长沙到广州直达仅需 2 小时。

武广客运专线途经汀泗河特大桥

2014 年，我国铁路新线投产规模创历史最高纪录，铁路营业里程突破 11.2 万千米。高速铁路营业里程超过 1.6 万千米，稳居世界第一。

3. 青藏铁路的建设者

（1）"天路"的建设

早在一百多年前，中国近代启蒙思想家魏源曾断言："卫藏安，则西北全境安。"其意为西藏安危关系西北全境安危，西北安危关系国家安全。孙中山在其《实业计划》中曾专门提出要建设高原铁路系统，并规划了以昆明、成都、兰州连接拉萨的铁路网。

1956 年，铁道部、铁道兵组织了进藏铁路的勘测设计工作。1958 年青藏铁路一期工程西宁至格尔木段开工，全长 814 千米。其间，由于"三年自然灾害"影响，1961 年被迫下马，1974 年再次复工。这段铁路终于在开工 21 年后的 1979 年铺通，1984 年投入运营。本应继续建设的青藏铁路格尔木至拉萨段，考虑到其海拔更高，冻土分布更广，相关技术难题尚未解决，1977 年 11 月，

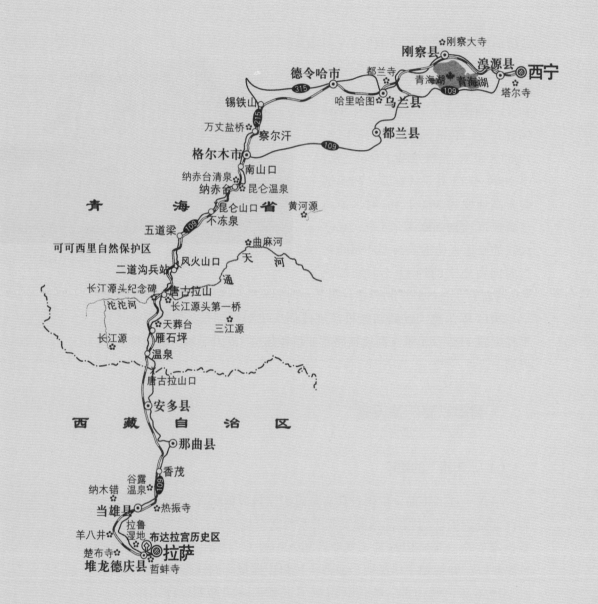

青藏铁路沿线景观示意图

铁道兵党委和铁道部党组联名向国务院、中央军委上报了关于缓建青藏铁路格尔木至拉萨段的请示报告。

1999 年 9 月召开的十五届四中全会上，中央决定实施西部大开发战略，铁道部据此着手编制铁路"十五"发展计划。2000 年 10 月，中央召开十五届五中全会，会议讨论研究了关于国家"十五计划纲要建议"。会后，在中央主要领导同志的关心下，铁道部向中央上报了《关于修建进藏铁路有关情况的汇报》。其主要内容是，修建进藏铁路是必要的，条件已经成熟。报告列举了青藏、滇藏、甘藏及川藏四个建设方案。

最后，报告写道："综合比较，青藏铁路虽然自然条件差些，但考虑到，一是新建长度短、工程量小、工期短、投资省；二是地形平坦，意外受损容易恢复，易于保障畅通；三是前期工作基础较好，经过多年研究，在冻土地带建设铁路已经有了可行的技术措施。由此可以推荐青藏铁路作为首选方案。"很快，中央领导批示尽快完成可行性研究，提出具体建设方案。

2001 年 2 月 7 日，国务院召开总理办公会，审批青藏铁路项目建议。会议认为，经过二十多年的改革开放，我国综合国力显著增强，已具有修建青藏铁路的经济实力。通过多年不间断的科学研究和工程试验，我国的工程技术人员对高原冻土地区筑路和养护等技术问题也有了比较可行的解决方案。修建青藏铁路时机已经成熟，条件基本具备，可以批准立项。同时要求铁道部进一步完善建设方案，抓紧做好可行性研究，力争早日开工。随后成立青藏铁路建设领导小组。

经过充分准备，2001 年 2 月，国务院将青藏铁路（格拉段）批准立项。6 月 29 日，青藏铁路（格拉段）正式开工。青藏铁路被誉为"天路"，它东起青海西宁市，南至西藏拉萨市，全长 1 956 千米。青藏铁路格拉段东起青海格尔木，西至西藏拉萨，全长 1 142 千米，其中新建线路 1 110 千米，于 2001 年 6 月 29 日正式开工。途经纳赤台、五道梁、沱沱河、雁石坪，翻越唐古拉山，再经西藏自治区安多、那曲、当雄、羊八井到拉萨。其中海

列车行驶在青藏铁路上

拔 4 000 米以上的路段 960 千米，多年冻土地段 550 千米，翻越唐古拉山的铁路最高点海拔 5 072 米，是世界上海拔最高、在冻土上路程最长、克服了世界级困难的高原铁路。

2006 年 7 月 1 日，青藏铁路正式通车运营。

（2）中国筑路工程师的创新与吃苦奉献精神

青藏铁路格尔木至拉萨段，连续穿越冻土地带 550 千米。穿越了世界上最复杂的高原冻土区。高原冻土被看成是高原铁路的"杀手"，冻土路段冬天冻胀，夏天融沉，在这两种现象的反复作用下，道路或房屋的基底就会出现破裂或者塌陷，很容易使线路失去平顺，影响列车的正常行驶。而青藏高原是世界上低纬度、海拔最高、日照强烈、地质构造运动频繁、面积最大的多年冻土分布区，能否征服高原冻土，是建设世界一流高原铁路的关键。

在青藏铁路施工中，中国的铁路技术科研人员自主创新了多项先进技术，比如，采用热棒、片石通风路基、片石通风护道、通风管路基、铺设保温板等多项设施，提高冻土路基的稳定性。在修建世界海拔最高、冻土区最长的高原永久性冻土隧道时，相继攻克浅埋冻土隧道进洞、冰岩光爆、冻土防水隔热等 20 多项高原冻土施工难题，许多冻土工程措施都是国内外首创。

青藏铁路全线贯通，对改变青藏高原贫困落后面貌，增进各民族团结进步和共同繁荣，促进青海与西藏经济社会快速发展产生广泛而深远的影响，有利于进一步巩固平等团结互助的新型民族关系，有利于中国边疆的稳定和国防的加强，有利于少数民族人民当家作主地位的体现和国家政权的巩固。

（3）建设青藏铁路的著名工程师——庄心丹

庄心丹（1915—2004），上海奉贤庄行镇人。1937年毕业于浙江之江大学土木工程系，是青藏铁路第一任总体设计师、原铁一院线路处高级工程师。庄心丹先后参与滇缅铁路以及云南、四川、上海龙华等机场建设，解放后更在宝成线、包兰线、兰新线等西北重要铁路建设中担当技术工作。这20年的经历，为他出任青藏铁路第一任总体设计师积累了重要经验。

庄心丹被后人称为"青藏铁路奠基人"。他们对庄心丹的评价是："庄先生第一次上青藏时的条件很艰苦，没有仪器，所谓的踏勘全靠双耳听，双眼看，双脚走。""他们当时确定的线路方向，基本上就是今天格尔木到拉萨段的走向；他提出的保护冻土原则，也成为青藏铁路设计原则。青藏铁路20世纪70年代、90年代的后两次大规模勘测因此少走了许多弯路。"庄心丹的初测报告，有300页，数十万字，全是他亲笔写出来的。报告非常完整，几乎所有的东西都有据可查，记录细致。如全线需架设的15米以上桥梁全都归纳在一个统计表里，每座桥在什么里程，用什么结构，设几个孔洞都一一标注。

4. 城市轨道交通的建设

新中国城市轨道交通自1965年北京地铁一期工程建设开始，经过40余年的建设和发展，取得了显著成就，特别是经历了近十几年的高速发展之后，中国拥有城市轨道交通的城市已经上升至

2014 年的 22 座，据初步统计，截至 2014 年年底，中国城市轨道交通的总里程已经超过 3 000 千米（包含地铁、有轨电车等），地铁线路总计 88 条。北京和上海的轨道交通里程均超过了 600 千米。其中，仅 2014 年，中国就有 13 个城市开通了城市轨道交通新线（长沙、宁波、无锡为首次开通城市轨道交通线路）。

（1）中国第一条地铁的建设

新中国第一条地铁，也是北京的第一条地铁，可以追溯到 1953 年 9 月，当时一份名为《改建与扩建北京市规划草案要点》的报告，摆在中央决策层的面前。它不但对北京城市的规模、政治经济定位和今后的发展走向作了规划，而且明确提出"为了提供城市居民以最便利、最经济的交通工具，特别是为了适应国防的需要，必须及早筹划地下铁道的建设"。

由于缺乏相关人才，北京市委在 1954 年 10 月报送中央的报告中请求"聘请苏联专家，着手勘探研究"。两年后，在国务院的安排下，由五人组成的苏联专家组来到北京。

1961 年，经过三年自然灾害，中国经济受到重创。中央决定北京地下铁道建设暂时下马。1965 年，中央又一次把目光投向了一直作为战备工程筹划的北京地铁。1965 年地铁建设领导小组联名以《关于北京修建地下铁道问题的报告》上报中央。2 月 4 日，毛泽东对此直接作了批示，要求"精心设计、精心施工。在建设过程中，一定会有不少错误失败，随时注意改正。是为至盼。"时隔 40 余年，对于毛主席的批示，今天还健在的地铁人仍能流利地背出。

1965 年 7 月 1 日，北京地铁一期工程开工典礼在京西玉泉路西侧两棵大白果树下举行。市长彭真主持，党和国家领导人朱德、邓小平、罗瑞卿等出席了开工典礼。

1969 年 10 月 1 日，第一辆地铁机车从古城站呼啸驶出。经过四年零三个月的紧张施工，北京地铁一期工程建成通车了。虽然比原计划晚了一年多，但总算赶在新中国成立二十周年的时候完成了。

1971 年，地铁开始售票，票价只要一角钱。不少外地来京出

差的人也专程赶来乘坐地铁，地铁俨然成了首都的一个观光项目。1981 年北京地铁通过专家鉴定，地铁一期工程终于经国家批准正式验收，投入运营。此时，距第一次提出修建北京地铁，已经过去近三十年。

（2）高速磁悬浮交通系统的建设

1999 年，国家在进行京沪高速铁路预可行性论证的过程中，部分专家提出，鉴于高速磁悬浮交通系统具有无接触运行、速度高、启动快、能耗低、环境影响小等诸多优点，建议国家在京沪干线上采用高速磁悬浮技术。

经过激烈地争论，专家们最终形成共识，建议先建设一段商业化运行示范线，以验证高速磁悬浮交通系统的成熟性、可用性、经济性和安全性。此建议得到了国务院领导的关注与支持，随即在对北京、上海、深圳三个地区进行比选后，确定在上海建设。

2000 年 6 月，上海市与德国磁悬浮国际公司合作进行中国高速磁悬浮列车示范运营线可行性研究。同年 12 月，中国决定建设上海浦东龙阳路地铁站至浦东国际机场高速磁悬浮交通示范运营线。2001 年 3 月正式开工建设。

2002 年 12 月 31 日，经过中德两国专家两年多的设计、建设、调试，上海磁悬浮运营线终于呈现在世界的面前。

上海磁悬浮列车是世界上第一段投入商业运行的高速磁悬浮列车，设计最高运行速度为每小时 430 千米，仅次于飞机的飞行时速。建成后，从浦东龙阳路站到浦东国际机场，三十多千米只需 6~7 分钟。

四、新时期的水利工程师

1. 南水北调工程

中国的地理环境决定了我国的水资源承载能力有限，且水资源配置不合理。1959 年 2 月，中科院、水电部召开"西部地区南水北调考察研究"工作会议，确定南水北调工程"蓄调兼施，综合利用，统筹兼顾，南北两利，以有济无，以多补少，使水尽其用，地尽其利"的指导方针。

1978 年，五届全国人大一次会议通过的《政府工作报告》正式提出："兴建把长江水引到黄河以北的南水北调工程"。一年后，水利部正式成立南水北调规划办公室，统筹领导协调全国的南水北调工作。1987 年 7 月，国家计委正式下达通知，决定将南水北调西线工程列入"七五"超前期工作项目。1991 年 4 月，七届全国人大四次会议将"南水北调"列入"八五"计划和十年规划。1992 年 10 月，在党的十四大报告中将"南水北调"列入中国跨世纪的骨干工程之一。1995 年 12 月，南水北调工程开始进入全面论证阶段。

2000 年 6 月 5 日，南水北调工程规划开始实质性展开，2002 年 12 月 23 日，国务院正式批复《南水北调总体规划》。工程计划分东线、中线、西线三条线进行调水。即南水北调工程总体格局定为西、中、东三条线路，分别从长江流域上、中、下游调水。通过三条调水线路与长江、黄河、淮河和海河四大江河的联系，构成以"四横三纵"为主体的总体布局，以利于实现中国水资源南北调配、东西互济的合理配置格局。南水北调工程规划最终调水规模448 亿立方米，其中东线 148 亿立方米，中线 130 亿立方米，西线170 亿立方米，整个工程将根据实际情况分期实施，建设时间约需40 ~ 50 年。南水北调工程成为新中国成立以来投资额最大、涉及面最广的战略性工程，具有积极的社会意义、经济意义和生态意义。

2002年12月27日，南水北调工程正式开工。东线工程开工最早，并且有现成输水道。江苏段三潼宝工程和山东段济平干渠工程成为南水北调东线首批开工工程。南水北调东线工程是在现有的江苏省江水北调工程、京杭运河航道工程和治淮工程的基础上，结合治淮计划兴建一些相关的水利工程。东线主体工程由输水工程、蓄水工程、供电工程三部分组成。东线工程利用江苏省已有的江水北调工程，逐步扩大调水规模并延长输水线路，即从长江下游扬州抽引长江水，利用京杭大运河及与其平行的河道逐级提水北送，并连接起调蓄作用的洪泽湖、骆马湖、南四湖、东平湖。出东平湖后分两路输水。其中一路向北，在位山附近经隧洞穿过黄河；另一路向东，通过胶东地区输水干线经济南输水到烟台、威海。

工程进行了11年后，2013年5月31日，南水北调东线一期工程江苏段试通水圆满成功。2013年8月15日，南水北调东线一期工程通过全线通水验收，工程具备通水条件。2013年11月15日，东线一期工程正式通水运行。

2003年12月30日南水北调中线一期工程正式开工。2005年9月26日，南水北调中线标志性工程——中线水源地丹江口水库大坝加高工程正式动工，标志着南水北调中线工程进入全面实施阶段。根据规划，2008年黄河之水可调入北京，2010年南水北调中线工程全线建成后长江之水也可调入北京。其供水范围将达到5 876平方千米，覆盖北京平原地区的90%。2008年9月28日，南水北调中线京石段应急供水工程建成通水。2008年11月25日，湖北省在武汉召开丹江口库区移民试点工作动员会议，标志着南水北调中线丹江口库区移民试点工作全面启动。2009年2月26日，南水北调中线兴隆水利枢纽工程开工建设，标志着南水北调东、中线七省市全部开工。

2010年3月26日中国现代最大人工运河——南水北调中线引江济汉工程正式破土动工。2010年3月31日，丹江口大坝54个坝段全部加高到顶，标志着中线源头——丹江口大坝加高工程取得重大阶段性胜利。2012年9月，南水北调中线丹江口库区移民搬迁全面完成。2013年8月28日，南水北调中线丹江口库区移民安置正式通过蓄水前最终验收，标志着库区蓄水前的各项移民相关任务全面完成。2013年8月29日，丹江口大坝加高工程通过蓄水验收，正式具备蓄水条件。2013年12月25日，中线干线主体工程基本完工，为全线通水奠定了基础。

2014年12月12日下午，长1 432千米、历时11年建设的南水北调中线正式通水，长江水正式进京。水源地丹江口水库，水质常年保持在国家Ⅱ类水质以上，"双封闭"渠道设计确保沿途水质安全。通水后，每年可向北方输送95亿立方米的水量，相当于1/6条黄河，基本缓解北方严重缺水局面。

南水北调的西线工程是在长江上游通天河、支流雅砻江和大渡河上游筑坝建库，开凿穿过长江与黄河的分水岭巴颜喀拉山的输水隧洞，调长江水入黄河上游。西线工程的供水目标主要是解决涉及青、甘、宁、内蒙古、陕、晋等6省（自治区）黄河上中游地区和渭河关中平原的缺水问题。结合兴建黄河干流上的骨干水利枢纽工程，还可以向邻近黄河流域的甘肃河西走廊地区供水，必要时也可及时向黄河下游补水。截至目前，还没有开工建设。

将通天河（长江上游）、雅砻江（长江支流）、大渡河用隧道方式调入黄河（西北地区），即从长江上游将水调入黄河。该线工程地处青藏高原，海拔高，地质的构造复杂，地震烈度大，且要修建200米左右的高坝和长达100公里以上的隧洞，工程技术复杂，耗资巨大，现仍处于可行性研究的过程中。

2. 长江三峡水利枢纽工程

三峡水利枢纽工程是世界工程史上的奇迹，它为世界工程史增添了浓墨重彩的一笔。三峡工程从最初的设想、勘察、规划、论证到正式开工，经历了75年。在这漫长的梦想、企盼、争论、等待相互交织的岁月里，三峡工程载浮载沉，几起几落。在中国综合国力不断增强的20世纪90年代，经过全国人民代表大会的庄严表决，三峡工程建设正式付诸实施。

早在 1918 年，孙中山在其《建国方略》中就提出在长江建设水利设施的构想。1924 年 8 月 17 日，孙中山在广州国立高等师范学校发表了题为《民生主义》的演讲，他在演讲中再次提及："扬子江上游夔峡的水力，更是很大。有人考察由宜昌到万县一带的水力，可以发生三千余万匹马力的电力，比现在各所发生的电力都要大得多，不但是可以供给全国火车、电车和各种工厂之用，并且可以用来制造大宗的肥料。"这是目前所见关于开发三峡水力资源的最早计划，充分显示出孙中山在国家经济建设上的高瞻远瞩。

新中国成立后，在党中央国务院的大力支持和关怀下，三峡工程开始了更大规模的勘测、规划、设计与科研工作。1956 年 2 月，三峡工程规划设计和长江流域规划工作正在全面开展。1970 年 12 月，中共中央在"文革"的特殊环境下，根据武汉军区和湖北省的报告批准兴建葛洲坝工程。

1992 年 4 月 3 日，全国人民代表大会七届五次会议，根据对议案审查和出席会议代表投票的结果，通过了《关于兴建长江三峡工程的决议》，要求国务院适时组织实施。其时，出席会议的代表 2 633 人。投票结果为：1 767 票赞成，177 票反对，664 票弃权，25 票未投。[1]

1993 年 5 月 25 日，长江水利委员会提出的三峡工程初步设计获得通过，并着手进行技术设计。1994 年 1 月 15 日，三峡一期工程的主体工程三大建筑物，即永久船闸、临时船闸和升船机、左岸大坝和电站的一期开挖工程正式开标。随后，施工单位开始左岸一期工程紧张施工，与此同时，坝区内的征地移民、场地整平、施工用水用电设施、对外专用公路以及西陵长江大桥和坝区内道路施工等各项准备工作全面展开。经过近两年的努力，至 1994 年年底，三峡坝区各项基础设施已初具规模，左右两岸的土石方开挖工程已全面展开。三峡一期工程土石围堰完成，一期导流工程具备了浇筑混凝土的条件。三峡工程前期准备工作取得了圆满成果，为三峡工

1　王儒述，《三峡工程论证回顾》，《三峡大学学报（自然科学版）》，2009 年第 6 期。

俯瞰三峡大坝

程正式开工打下了坚实的基础。

1994 年 12 月 14 日，三峡工程正式开工。1995 年到 1997 年为一期建设阶段。1997 年 9 月底，大江截流前的枢纽工程、库区移民工程全面验收完毕。1997 年 11 月 8 日，实施大江截流合龙。标志着三峡工程第一阶段的预期建设目标圆满实现，一期工程建设用时 5 年。

从 1998 年至 2002 年 6 月，工程进入为期四年半的二期建设阶段，三峡工程主体工程施工经历了由土石方开挖向混凝土浇筑，然后由混凝土浇筑向机电设备安装的两个阶段。

从 2000 年开始，金属结构和机电设备安装工程开工。2001 年 11 月 22 日，三峡工程 70 万千瓦水轮发电机组本体开始安装；2001 年 11 月 18 日，三峡工程二期围堰完成历史使命开始被拆除。2002 年 5 月 1 日，三峡大坝开始永久挡水。2002 年 1 月，三峡二期工程的枢纽工程、输变电工程、移民工程三个验收大纲通过审查。2002 年 3 月 22 日，三峡二期工程蓄水前库底清理工作全面启动。紧接着进行了三峡工程三期工程进行右岸大坝和电站的施工，并继续完成全部机组安装。

2006 年 5 月，三峡大坝全线建成。9 月，三峡工程实行第二次蓄水，成功蓄至 156 米水位，标志着工程进入初期运行期，开始发挥防洪、发电、通航三大效益。2008 年 9 月，三峡工程开始首次试验性蓄水。11 月，水库水位达到 172 米。10 月，三峡大坝左右岸 26 台 70 万千瓦巨型水电机组全部投产。2009 年 8 月，长江三峡三期枢纽工程最后一次验收——正常蓄水 175 米水位验收获得通过，标志着三峡枢纽工程建设任务已按批准的初步设计基本完成，三峡工程可以全面发挥其巨大的综合效益。2010 年 7 月，三峡电站 26 台机组顺利完成 1 830 万千瓦满负荷连续运行 168 小时试验。9 月，三峡工程第三次启动 175 米试验性蓄水。10 月，三峡水库首次达到 175 米正常蓄水位。

三峡工程是中国，也是世界上最大的水利枢纽工程，是治理和开发长江的关键性骨干工程。它具有防洪、发电、航运等综合效益。

三峡大坝全长 2 308 米，混凝土总方量为 1 610 万立方米，是世界上规模最大的大坝，设计坝顶海拔高程 185 米。在防洪、发电、航运、养殖、旅游、保护生态、净化环境、开发性移民、南水北调、供水灌溉等方面均有巨大效益，实现了"高峡出平湖"的世代中国人的梦想。2015 年，中国三峡集团陆佑楣院士荣获 2015 年世界工程组织联合会（WFEO）工程成就奖 [1]，这是该奖项设立 27 年来中国大陆工程师首次获此殊荣。

3. 黄河小浪底水利枢纽工程

古代社会的千百年来，历代王朝为征服黄河，耗尽银两，堵堵疏疏、疏疏堵堵，方法用尽，却无法从根本上治理水害。传说大禹治水到"丹阳"，见"丹阳"南、北、西三面是山，黄河流此阻滞不畅，两岸田园淹没，村舍倒塌，人畜漂没在洪流中。大禹忧心如焚，组织劳力凿开西山，让黄河水一泻千里，奔流到海。"丹阳"让大禹悲喜交加，铭诸肺腑。后来，大禹将"丹阳"之地赐名为"小浪底"，小浪底至此增添了一道神秘的光环。

新中国建立前，民国时期历次黄河勘察、调查、规划报告中，均将小浪底作为建坝坝址。新中国成立后，毛主席 1951 年 10 月 30 日亲临黄河视察，提出"要把黄河的事情办好"，黄河全面治理的规划工作开始进行。1953 年黄河水利委员会组织力量进驻小浪底坝址开展勘探和测量工作。1955 年 7 月，一届全国人大二次会议通过《关于根治黄河水害和开发黄河水利的综合规划》的决议。该规划在黄河干流由上而下布置 46 座梯级，小浪底是第 40 个梯级，为径流式电站。

1958 年 8 月，三门峡工程建设期间，三门峡至花园口区间出现暴雨，小浪底水文站实测洪水 17 000 秒立方米，黄河堤防多处

---

1 WFEO 1986 年成立于巴黎，是在联合国教科文组织倡议和支持下成立的世界上最大的非政府工程组织，工程方面最权威的学术机构。工程成就奖主要关注服务人类的杰出成就，旨在增强全球公众对工程的实践、理论和社会贡献的关注。

黄河小浪底水库全景

出险，黄河沿岸有军民 200 万人上堤抗洪，周恩来总理亲临郑州指挥。这场洪水使人们认识到，仅靠三门峡水库不足以保证黄河下游的安全。从地理位置上看，小浪底是三门峡以下唯一能够取得较大库容的坝址，小浪底水库要是能够建成，必将成为防御黄河下游特大洪水的重要保证。正是出于这样的考虑，1975 年 8 月，山东省、河南省、水利部联合报告国务院，提出修建小浪底或桃花峪工程。

1981 年 3 月，黄委会设计院完成《黄河小浪底水库工程初步设计要点报告》，确定枢纽开发任务为防洪、减淤、发电、供水、防凌；工程等级为一等，水库正常高水位 275 米，设计水位 270.5 米，校核洪水位 275 米；拦河坝为重粉质壤土心墙堆石坝，坝顶高程 280 米；总库容 127 亿立方米。水库初期采取"蓄水拦沙"运用，后期采取"蓄清排浑"运用；电站装机 6 台，单机容量 26 万千瓦。此后小浪底工程的设计方案又经过了多次修改，但均脱胎于此方案。1991 年 4 月，七届全国人大四次会议批准小浪底工程在"八五"期间动工兴建。

小浪底工程 1991 年 9 月开始前期工程建设，1994 年 9 月主体工程开工，1997 年 10 月截流，2000 年元月首台机组并网发电，2001 年底主体工程全面完工，历时 11 年。工程共完成土石方挖填 9 478 万立方米，混凝土 348 万立方，钢结构 3 万吨，安置移民 20 万人，取得了工期提前、投资节约、质量优良的好成绩，被世界银行誉为该行与发展中国家合作项目的典范，在国际国内赢得了广泛赞誉。

小浪底工程被国际水利学界视为世界水利工程史上最具挑战性的项目之一，技术复杂，施工难度大，现场管理关系复杂，移民安置困难多。主体工程开工不久，即出现泄洪排沙系统标（二标）因塌方、设计变更、施工管理等原因造成进度严重滞后，截流有可能被推迟一年的严峻形势。截流以后，承包商又以地质变化、设计变更、赶工、后继法规影响等理由，向业主提出巨额索赔。面对各种各样的困难，小浪底工程建设者以高度的主人翁责任感，强烈的爱国主义情怀，沉着应对，奋勇拼搏，创造性地应用合同条款，组织由国内几个工程局组成的联营体（OTFF），以劳务分包的方式，承担截流关键项目的施工，用 13 个月时间，抢回被延误的工期，实现了按期截流；在上级部门的支持下，精心准备，艰苦谈判，通过协商处理了全部索赔，使工程投资控制在概算范围以内，使工程建设顺利推进。

小浪底工程在国家改革开放和经济体制由计划经济向市场经济转轨时期兴建。兴建中，工程组织者进行了广泛深入的国际合作和建设管理体制创新，引进、应用、创造了新的设计、施工技术，取得了巨大成就。技术上，较好地解决了垂直防渗与水平防渗相结合问题和进水口防淤堵问题；设计建造了世界上最大的孔板消能泄洪洞；设计建造了单薄山体下的地下洞室群；大量运用了新技术；实现了高强度机械化施工。管理上，成功地引进外资并进行国际竞争性招标；全面实践了"三制"建设管理模式；合同管理成效显著；移民安置做到了移得出、稳得住；工程建设计划全面完成，工期提前，投资节约；精神文明建设取得了丰硕成果；枢纽投运以后走上了良性发展的轨道。

4. 为中国水利工程做出贡献的工程专家

张光斗（1912—2013），水利水电工程结构专家和工程教育家。1912 年 5 月出生于江苏常熟市。1934 年获交通大学（上海交通大

张光斗

学前身）土木工程学士学位。1936 年，获美国加州大学土木工程硕士学位。1937 年获美国哈佛大学土木工程硕士学位，攻读博士学位。1945 年回国任资源委员会全国水电工程总处设计组主任工程师、总工程师。1949 年 10 月起在清华大学任教，历任清华大学水利工程系副主任、主任，清华大学副校长、校务委员会名誉副主任。1955 年当选中国科学院学部委员（院士），同年，任中国科学院水工研究室主任。1958 年任水利电力部、清华大学水利水电勘测设计院院长兼总工程师。1960 年任清华大学高坝及高速水流研究室主任。1981 年被聘为墨西哥国家工程科学院国外院士，同年获美国加州大学哈斯国际奖。1994 年当选为中国工程院院士。

　　张光斗长期从事水利水电建设工作，负责人民胜利渠渠首工程设计。参加官厅水库、三门峡工程、丹江口工程、二滩水电站、隔河岩水电站、葛洲坝工程、三峡工程、小浪底工程等设计。张光斗是 60 多年来三峡工程规划、设计、研究、论证、争论，直至开工建设这一全过程的见证人和主要技术把关者。1993 年 5 月，张光斗被国务院三峡工程建设委员会聘任为《长江三峡水利枢纽初步设计报告》审查核心专家组的组长，主持了三峡工程初步设计的审查。三峡工程开工后，张光斗担任国务院三峡建委三峡工程质量检查专家组副组长，他每年至少两次来到三峡工地的施工现场进行检查与咨询。2000 年末，耄耋之年的张光斗又一次来到三峡工地，他为考察导流底孔的表面平整度是否符合设计要求，硬是从基坑攀着脚手架爬到 56 米高的底孔位置，眼睛看不清，他就用手去摸孔壁。之后张光斗在质量检验总结会上极力坚持修补导流底孔，以确保工程质量。在场的人们望着脚穿套鞋、头戴安全帽的老人瘦弱的身影，一个个感动得说不出话来。2013 年 6 月 21 日张光斗在北京逝世，享年 101 岁。

黄万里（1911—2001），著名水利工程学专家、清华大学教授。近代著名教育家、革命家黄炎培第三子，出生于上海，早年毕业于唐山交通大学（现西南交通大学），后获得美国伊利诺伊大学香槟分校工程博士学位，是第一个获得该校工学博士学位的中国人。黄万里主张从江河及其流域地貌生成的历史和特性出发，全面、整体地把握江河的运动态势；认识和尊重自然规律，把因势利导作为治河策略的指导思想。他的这一理论，在学术界有广泛的影响。他出版的重要学术专著有《洪流估算》和《工程水文学》。

汪胡桢（1897—1989），浙江嘉兴县人，水利专家、中国科学院院士。主持修建了我国第一座钢筋混凝土连拱坝——佛子岭水库大坝，促进了我国坝工技术的发展。主持了治理黄河的第一项枢纽工程 三门峡水库的建设。培养了几代水利人才；主编和编写了《中国工程师手册》等大型工具书。

张含英 101 岁时留影

张含英（1900—2002），山东菏泽人，水利专家，我国近代水利事业的开拓者之一。特别是对黄河的治理与开发，做出了不可磨灭的贡献，出版《历代治河方略探讨》《黄河治理纲要》等十多种治黄论著。他贯彻上中下游统筹规划、综合利用和综合治理的治黄指导思想，为治黄事业，从传统经验转向现代科学指明了方向。

须恺（1900—1970），江苏无锡人，水利工程学家和教育家，我国现代水利科技事业的先驱。毕生致力于流域水利开发，兴利除害，综合利用水资源。他主持研究制定淮河、海河、钱塘江、赣江、綦江等流域规划和大型工程规划；在主持苏北运河规划设计中，提出了利用沉挂法加固修护长江堤岸。我国最早从国外学习灌溉和回国开设灌溉学讲座的学者，培养造就了一批水利工程技术的骨干力量。

高镜莹（1901—1995），天津人，水利专家。多年致力于海河流域的治理，对制订海河流域的治理规划，确立海河流域防洪体

系进行了开拓性工作。曾主持并完成了许多海河流域
河道治理与闸坝工程。长期从事与领导水利技术管理
工作，在组织专家审查水利规划、设计，制订规范标
准和处理重大技术问题中，为推动水利技术水平的提
高做出了贡献。

钱宁（1922—1986），浙江杭州人，水利专家，
曾当选为中国水利学会名誉理事，国际泥沙研究中心
顾问委员会主席。一直倡导将河流动力学和地貌学结
合起来研究河床演变，为该学派创始人之一。他为我国河流动力学
与地貌学相结合研究河床演变做出重要贡献。他主持研究的"集中
治理黄河中游粗泥沙来源区"成果，是治黄认识上的一个重大突破。

黄文熙（1909—2001），江苏吴江人，水工结构和岩土工程专
家，我国土力学学科的奠基人之一，新中国水利水电科学研究事
业的开拓者。在水利水电工程、结构工程和岩土工程几个领域中
都取得了杰出的成就。培养了大批工程技术人才。

刘光文（1910—1998），浙江杭州人，新中国水文高等教育的
奠基人，创办新中国第一个水文本科专业、水文系。
参加过我国多座大中型水库设计洪水的论证审查，负
责筹建中科院南京水文研究室，主持长江三峡大坝设
计洪水计算研究等。

冯寅（1914—1998），浙江嵊县人，水利专家。
历任水利部工程总局、官厅水库工程局工程师，水利
电力部北京勘测设计院副总工程师、海河勘测设计院
总工程师，水利电力部水利司总工程师、规划设计院
副总工程师，水利部副部长、高级工程师，水利电力
部总工程师。

潘家铮（1927—2012），浙江绍兴人，国内外知
名的水电工程专家，毕生从事中国的水电建设和科研
工作，曾参与设计和指导过新安江、三峡等许多重大
水利工程。

河海大学校园里的刘光文
雕像

潘家铮

五、新时期的能源工程师

1. 西气东输工程

改革开放以来，我国能源工业发展迅速，但能源结构并不合理，煤炭在一次能源生产和消费中的比重均高达72%。大量燃煤使大气环境不断恶化。发展清洁能源、调整能源结构已迫在眉睫。

中国西部地区的塔里木、柴达木、陕甘宁和四川盆地蕴藏着26万亿立方米的天然气资源，约占全国陆上天然气资源的87%。特别是新疆塔里木盆地，天然气资源量有8万多亿立方米，占全国天然气资源总量的22%。塔里木北部的库车地区的天然气资源量有2万多亿立方米，是塔里木盆地中天然气资源最富集的地区，具有形成世界级大气区的开发潜力。

自20世纪90年代开始，石油勘探工作者在塔里木盆地西部的新月型天然气聚集带上，相继探明了克拉2、和田河、牙哈、羊塔克、英买7、玉东2、吉拉克、吐孜洛克、雅克拉、塔中6、柯克亚等21个大中小气田，发现依南2、大北1、迪那1等含油气构造。截至2005年底，探明天然气地质储量6 800.45亿立方米，可采储量4 729.79亿立方米。塔里木盆地天然气的发现，使中国成为继俄罗斯、卡塔尔、沙特阿拉伯等国之后的天然气大国。

1998年，西气东输工程开始酝酿。2000年2月14日，朱镕基总理主持召开办公会，听取国家计委和中国石油天然气股份有限公司关于西气东输工程资源、市场及技术、经济可行性等论证汇报。会议明确，启动西气东输工程是把新疆天然气资源变成造福广大各族人民，提升当地经济优势的大好事，也是促进沿线10省市区产业结构和能源结构调整、经济效益提高的重要举措。因为西气东输气田勘探开发投资的全部、管道投资的67%都在中西部地区，工程的实施将有力地促进新疆等西部地区的经济发展，也有利于促进沿线 10 个省市区的产业结构、能源结构调整和经济效益提高。西气东输能够拉动机械、电力、化工、冶金、建材等相关行业的发展，对于扩大内需、增加就业具有积极的现实意义。

2000 年 3 月 25 日，国家计委在北京召开西气东输工程工作会议。会议宣布，经国务院批准成立西气东输工程建设领导小组。2000 年 8 月 23 日，国务院召开第 76 次总理办公会，批准西气东输工程项目立项。这一工程是仅次于长江三峡工程的又一重大投资项目，是拉开"西部大开发"序幕的标志性建设工程。

"西气东输"工程规划的天然气管道工程建设，除了建成的陕京天然气管线外，还要再建设 3 条天然气管线，即塔里木—上海、青海涩北—西宁—甘肃兰州、重庆忠县—湖北武汉的天然气管道，从而把资源优势变成经济优势，满足西部、中部、东部地区群众生活对天然气的迫切需要。从更大的范围看，正在规划中的引进俄罗斯西西伯利亚的天然气管道将与西气东输大动脉相连接，还有引进俄罗斯东西伯利亚地区的天然气管道也正在规划，这两条管道也属"西气东输"之列。

管道建设采取干支结合、配套建设方式进行，管道输气规模设计为每年 120 亿立方米。项目第一期投资预测为 1 200 亿元，上游气田开发、主干管道铺设和城市管网总投资超过 3 000 亿元。工程在 2000—2001 年内先后动工，于 2007 年全部建成，是中国距离最长、管径最大、投资最多、输气量最大、施工条件最复杂的天然气管道。

截至 2014 年，西气东输有五条线路陆续"浮出水面"。西气东输一线和二线工程，累计投资超过 2 900 亿元，不仅是过去十年中投资最大的能源工程，而且是投资最大的基础建设工程；一、二线工程干支线加上境外管线，长度达到 15 000 多千米，这不仅是国内也是全世界距离最长的管道工程。

2002 年 7 月 4 日，西气东输工程试验段正式开工建设。2003 年 10 月 1 日，靖边至上海段试运投产成功，2004 年 1 月 1 日正式向上海供气，2004 年 10 月 1 日全线建成投产，2004 年 12 月 30 日实现全线商业运营。西气东输管道工程起于新疆轮南，途经新疆、甘肃、宁夏、陕西、山西、河南、安徽、江苏、上海和浙江等 10 省（区、市）的 66 个县，全长约 4 000 千米。穿越戈壁、荒漠、高原、山区、平原和水网等各种地形地貌和多种气候环境，还要抵御高寒缺氧，施工难度世界少有。

一线工程开工于 2002 年，竣工于 2004 年。一线工程沿途经过主要省级行政区：新疆—甘肃—宁夏—陕西—山西—河南—安徽—江苏—上海。一线工程穿过的主要地形区有：塔里木盆地—吐鲁番盆地—河西走廊—宁夏平原—黄土高原—华北平原—长江中下游平原。

二线工程开工于 2009 年，2012 年年底修到香港，实现全线竣工。截至 2011 年 5 月 28 日，这条线与国内其他天然气管道相连的投产段已惠及我国 18 个省区市，约上亿人受益。西气东输二线干线的建成投产，不仅有效缓解了珠三角、长三角和中南地区天然气供需矛盾，还实现了与西气东输一线等多条已建管道的联网，进而形成我国主干天然气管道网络，构成了近 40 000 千米的"气化中国"的能源大动脉。二线工程沿途经过主要省级行政区：新疆—甘肃—宁夏—陕西—河南—湖北—江西—广东。二线工程穿过的主要地形区有：准噶尔盆地—河西走廊—宁夏平原—黄土高原—华北平原—江汉平原—鄱阳湖平原—江南丘陵—华南丘陵—珠江三角洲。

西气东输三线，其管道途经新疆、甘肃、宁夏、陕西、河南、湖北、湖南、广东共 8 个省区。按照规划，2014 年西三线全线贯穿通气。与西一线、西二线、陕京一二线、川气东送线等主干管网联网，一个横贯东西、纵贯南北的天然气基础管网将形成。

西气东输四线，气源主要是以塔里木盆地为主。西气东输五线工程是将新疆伊犁地区的煤制天然气输送出去，线路起始于伊宁首站。目前这两条线的具体路线仍在酝酿中。[1]

---

1 史兴全，陈永武，《绿色能源，世纪工程——西气东输工程》，《第四纪研究》，2003 年第 2 期。

2. 输配电工程与中国电网工程师

1875 年，世界上第一台火力发电机组诞生，它建在法国巴黎的火车站旁，用于照明供电。与此相配套，世界也就有了第一个电网，无论是火电厂还是水电厂，或核电厂发出的电，都要通过电网的输送和配置才能到达用户端。就在世界上第一台发电机组诞生的 7 年后，1882 年，英国人利德尔等筹资创办了上海电光公司，厂址设在当时上海租界的南京路江西路口，该公司建成中国第一个 12 千瓦发电厂，当时主要是专向外滩一带的电弧路灯供电，老上海人把发电厂称为电灯公司。中国电力工业由此发端，中国也有了自己的供电网。但由于种种原因，这之后中国电力工业与国外的差距被拉开。1949 年以前，中国电力工业发展缓慢，至 1949 年，全国的总装机容量仅为 185 万千瓦，发电量为 43 亿千瓦时。这是新中国电力工业的出发点。而 2014 年，全国全口径发电设备容量 136 019 万千瓦，全社会用电量 55 233 亿千瓦时。

1952 年，中国自主建设了 110 千瓦输电线路，逐渐形成京津唐 110 千瓦输电网。1953 年，在老工业基地东北，由我国东北电力设计院自主设计、吉林省送变电工程公司施工的第一条 220 千伏高压输电线路工程（506 工程）破土动工。这条名为松东李线的输电线路，即丰满—虎石台—李石寨输电线路，起自吉林松花江上的丰满水电站，途经 50 个变电所至抚顺市西南的李石寨变电所，全长 369.25 千米，于 1954 年 1 月 27 日并网送电。在这之后，逐渐形成了以 220 千伏输电线路为网架的东北电网。中国电网工程师开始崭露头角，逐渐登上了新中国电力工程的舞台。

（1）毛鹤年

毛鹤年（1911—1988），生于北京，1933 年毕业于北平大学工学院电机系，留校任助教。1936 年获美国普渡大学工程硕士学位。1936 年至 1938 年在德国西门子公司电机制造厂及克虏伯钢铁厂爱森电厂任见习工程师。1939 年回国后任昆明电工器材厂工程师、重庆大学电机系教授、冀北电力公司技术室主任、鞍山钢铁公司协理兼动力所长。

1948 年后，毛鹤年历任东北电业管理局总工程师，燃料工业部设计管理局总工程师、电力建设总局、电力建设研究所、水利电力部规划设计院总工程师，电力工业部副部长，中国电机工程学会理事长、国际大电网会议中国国家委员会主席、华能国际电力开发公司董事长等职。他长期担任国家电力工业技术领导工作，曾组织建立大区电力设计、系统设计和发展规划以及电力建设研究；曾组织制定了电力建设、设计技术规程和管理制度；主持并组织审核电力系统规划、设计以及一些大中型火电厂建设的前期工程和设计工作；参加主持了中国第一条 220 千伏高压输电线路（506 工程）、330 千伏、500 千伏超高压输电线路工程的设计和建设工作，对发展中国电力建设事业作出了贡献。曾获美国电气和电子工程师学会 100 周年荣誉奖章。

（2）蔡昌年

蔡昌年（1905—1991），生于浙江德清。1924 年毕业于浙江省公立专门学校（浙江大学前身），获学士学位。蔡昌年毕业后曾任江苏省江都振扬电气公司主任工程师、建设委员会设计委员、资源委员会岷江电厂总工程师，是创建中国电力系统调度管理体制的主要奠基人之一。1945 年赴美国进修，1947 年回国后任冀北电力北平分公司工程协理兼石景山电厂厂长。

1950 年后，蔡昌年历任东北电管局调度局副局长、局长兼总工程师，技术改进局总工程师，东北电业管理副总工程师。1956 年，蔡昌年赴巴黎参加国际大电网会议回国后，积极筹备电力系统的远动和自动化工作。1958 年 10 月，水电部指定电力系统自动化工作在东北电力系统试点，成立了东北电力系统自动化委员会，在他的领导下，经过 3 年的艰苦努力，研究团队终于研制成功成套的远动和自动化装置，并安装到各主要厂、站。新建的调度大楼内也装设了全套模拟式自动化监视控制系统，结束了单凭电话调度的历史，一跃而成由远动、自动化装置实施监控的方式。

蔡昌年是我国杰出的电力系统专家，长期从事电力系统运行调度和自动化工作，解决了继电保护自动调频等电力系统的难题，是中国大电网调度管理体制的主要奠基人之一，对东北电力系统乃至全国电力系统的安全稳定运行及电力系统自动化，做出了杰出的贡献。

3. 中国超高压输电线路的建设

1972 年，为了配合刘家峡水电站建设，我国建成了第一条 330 千伏的超高压输电线路，即刘家峡—天水—关中输电线路，这条线路从刘家峡水电站至关中，全长 534 千米，形成西北电网 330 千瓦骨干网架。刘天关（刘家峡—天水—关中）线路是我国第一条 330 千伏超高压输电线路，贯穿陕、甘两省，西自甘肃刘家峡水电厂，经秦安变电站到天水，东至关中八百里秦川西部的宝鸡眉县汤峪变电站。工程筹建于 1969 年 3 月，次年 4 月全线开工，1970 年 12 月竣工，1972 年 6 月 16 日投入运行，设计输送能力 40 万千瓦。

刘家峡—天水—关中超高压输变电工程，是我国自行设计、制造、施工建设的第一项 330 千伏超高压输变电工程。自 1972 年 6 月 16 日正式投入运行以来，为充分利用刘家峡水电，缓和能源及运输紧张的局面，促进西北地区工农业生产和国防建设做出了贡献。这项工程的建设和运行实践，也给中国后来的电力工业发展提供了可贵的经验和值得吸取的教训。

1981 年 12 月 21 日，我国第一条 500 千伏超高压输电线路平武线（河南平顶山—湖北武昌）建成投入运行，中国由此成为世界上第 8 个拥有 500 千伏超高压输电线路的国家。这条线路北起河南平顶山姚孟电厂的 500 千伏升压变电站，经湖北双河变电站，抵武昌凤凰山变电站，全长 595 千米，设计输送容量 100 万千瓦，全线共有铁塔 1 514 基。它是我国当时电压等级最高、线路最长、输电能力最大、技术最新的超高压输变电工程。很多"第一次"始于平武线，很多"突破"始于平武线，很多现在看来已属平常的技术出自平武线。两年后，即1983年，葛洲坝至武昌、葛洲坝至双河两回500千伏线路建设投产，由此形成了华中电网500千伏骨干网架。

2003年9月19日，世界海拔最高，在中国电压等级最高的西北750千伏官亭至兰州输变电示范工程破土动工。坐落在青海省民和回族土族自治县官亭镇的750千伏官亭变电站，是中国大陆开工兴建的第一座750千伏超高压等级变电站工程，也是西北750千伏示范工程，是我国自己第一次设计、第一次建设、第一次设备制造、第一次运行管理的具有世界先进水平的输变电工程。它的建设，满足了公伯峡水电站的送出要求，有利于黄河上游拉西瓦等大型水电站的电力送出，对于增强电网送电能力、节约线路走廊、简化网架结构等，都具有极其重要的意义。2005年9月，该超高压输变电工程（141千米）竣工投运，输变电设备全部实现了国产。

750千伏输变电示范工程，是我国目前最高电压等级的输变电工程，填补了我国500千伏以上电压等级的空白。世界上其他国家750千伏工程海拔一般都在1 500米以下，而我国750千伏工程海拔在1 735米至2 873米之间。整个工程处于高海拔、时有沙尘暴、强紫外线、昼夜温差大的环境下，加上湿陷性黄土等不利地质条件，建设难度大。750千伏输变电工程关键技术研究被分为29个子项目，这些子项目全部为我国独立自主完成，关键技术全部拥有自主知识产权，进行研制的工程师们为工程设计、设备制造、建设、运行等提供了技术保证。[1]

这一示范工程之后，750千伏超高压输电线路开始在国内大规模地建设。我国第一次制定750千伏工程设计、设备制造、施工及验收等技术规范、规定和标准近20项，全部列入国家电网公司企业标准。我国第一次进行750千伏电压等级系统过电压、高海拔设备外绝缘及电晕特性等试验。在工程系统调试中，达到了技术设备参数的计算与现场试验结果完全一致，说明我国已掌握了750千伏

---

1 鹿飞，《"750"：自主创新的结晶——国家电网公司750千伏输变电示范工程科研与建设回眸》，《国家电网》，2006年第1期。

电压等级的关键技术。我国第一次自己研制生产的 750 千伏变压器、
电抗器、控制保护系统、铁塔、导线、金具等，标志着我国电工制
造业跻身世界先进水平行列。

为把葛洲坝水电站电力送往上海，1985 年 10 月 25 日，我国
第一条 ±500 千伏超高压直流线路开始动工兴建，该线西起湖北宜
昌宋家坝换流站，东至上海南桥换流站，线路总长 1 052 千米。建
成后的上海南桥变电站，集葛上 ±500 千伏直流（容量 120 万千瓦）、
淮沪和徐沪 500 千伏交流（容量 150 万千瓦）三大工程于一身，其
建设规模之大，电气设备之先进，时为亚洲第一。

1990 年，葛上线建成投入运行，实现了华中电力系统与华东
电网互联，形成了中国第一个跨大区的联合电力系统，开创了西电
东送的新格局，并使我国的超高压输电技术跻身于世界先进行列。

除了交直流输配电网工程，中国的电力工程师还在新技术研究
和应用方面取得大量成果，如灵活交流输电技术；在电网调度自动
化领域也已进入国际先进行列，全国 5 级电网调度机构都已配置了
不同水平的 SCADA 系统和 EMS 系统；具有中国自主知识产权的
CC-2000 支撑平台和具有状态估计、安全分析等先进功能的 EMS
应用软件系统已经投入商业化应用。电力系统分析达到了世界先进
水平，开发了电力系统稳定在线分析技术以及电力系统综合计算程
序。系统仿真技术进入世界先进行列，研制成功了火电和核电厂培
训仿真装置及调度员培训系统。

4. 中国核电工业的起步与发展

自 1954 年苏联建成第一座核电站以来，世界核电事业迅速发展。
1964 年 10 月 16 日，我国第一颗原子弹爆炸成功，中国人终于迈进
了掌握核能秘密的时代。中国酝酿发展核电始于 1955 年。当时国家
制定的《1956—1967 年原子能事业发展规划大纲（草案）》就提出：
"在我国今后 12 年内需要以综合开发河流，利用水力发电和火力发
电为主，但在有利条件下也应利用原子能发电，组成综合动力系统。"

　　1958年，国家计委、经委、水电、机械等部门组成原子能工程领导小组，并在华北电业管理局设立了筹建机构，拟建一座苏式石墨水冷堆核电站，代号"581工程"。遗憾的是，该工程因争取苏联援助未果而停止。与此同时，二机部曾考虑在上海建一座10万千瓦的核电站，也因为核武器研制任务紧迫，未能实现。上海有关部门于1958年、1960年、1964年三次组织专业人员，计划进行反应堆研究设计，都因缺乏必要的条件，工作未获实质性进展。1964年12月，上海市科委成立了代号为"122"的反应堆规划小组。1966年5月聂荣臻副总理等到上海检查工作，建议上海研制战备发电用的动力堆，但也因为文化大革命的干扰而没有搞成。1970年2月，周恩来总理在听取上海市领导汇报由于缺电导致工厂减产的情况时，明确指出："从长远来看，华东地区缺煤少油，要解决华东地区用电问题，需要搞核电。"

　　此后，上海市以传达周总理指示的日期——1970年2月8日作为核电工程代号，以"728工程"代替了"122工程"。"728工程"进展迅速，二机部派出8人专家组，到上海帮助做工程的总体设计。随后，经国务院批准又将二机部上海原子核所划归上海市领导，确定该所以"728工程"研究试验与设计为中心任务。

　　1974年3月，周总理主持专门会议，第三次听取"728工程"的情况汇报，批准了30万千瓦压水堆的建设方案。指出：建设我国第一座核电站，主要是掌握技术，培养队伍，积累经验，为今后核电发展打基础。4月，国家计委根据中央专委会议决定，将728工程作为科技开发项目正式列入国家计划。1978年2月，728设计队划归二机部建制。1979年10月，二机部党组决定728工程设计队单独建院，由此"七二八工程研究设计院"成立（后改名为上海核工程研究设计院）。从此整个728工程研究设计和建设在二机部（1982年4月改名为核工业部）领导下进行。

　　至1970年10月，经过全体攻关人员的共同奋战，我国第一个原子能大型设备熔盐堆临界反应装置模型在上海初步建成，并取得了一批与临界质量等相关的基本物理参数，向核电站的建设迈出了第一步。正是在这个基础上和中国第一批核电站的设计团队的传承下，国内第一座核电站——秦山核电站由我国工程师自主设计完成。

1981年10月31日，国务院批准国家计委等五委一部《关于请示批准建设30万千瓦核电站的报告》，1982年6月13日，浙江省人民政府、核工业部正式上报《关于请示批准30万千瓦核电站厂址定在浙江省海盐县秦山的报告》。同年11月，国家经委批复同意核电厂址定在浙江海盐县秦山。1982年12月30日，在第五届全国人大第五次会议上，中国政府向全世界郑重宣布了建设秦山核电站的决定。1983年6月1日，秦山核电站破土动工了，这标志着我国"和平利用核能"的愿景开始变为现实。

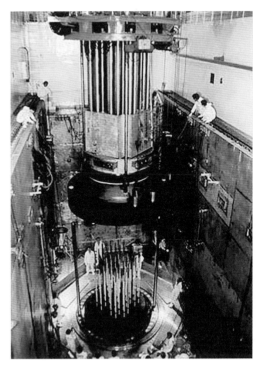

1985年的秦山核电站内部

秦山核电站建设并不顺利，就在开工两个月后，即1986年4月26日，苏联切尔诺贝利核电站发生核外泄事故，国际上产生了对核电的恐惧和担忧，人们对建设中的秦山核电站的安全性也产生了质疑。为保证安全，我国政府分别于1989年和1991年两次邀请了国际原子能机构的专家来到秦山核电站进行评审。专家最后的结论是：没有发现安全上的问题，预期秦山核电站将是一座高质量的、安全的、可靠的核电站。

秦山核电站一期工程额定发电功率30万千瓦，设计寿命30年，总投资12亿元，采用国际上成熟的压水型反应堆。秦山核电站于1985年3月浇灌第一罐混凝土，1990年11月开始进入全面调试阶段，并取得了六个一次成功的佳绩：一回路水压试验一次成功；非核蒸汽冲转汽轮机一次成功；安全壳强度和密封性试验一次成功；首次核燃料装料一次成功；首次临次界试验一次成功；首次并网发电试验一次成功。1991年12月15日0时15分，我国第一座自主研究设计、自主建造调试、自主运行管理的核电站，开始向电网输入电流，并于 1994 年 4 月投入商业运行，1995 年 7 月顺利通过国家验收。从而结束了中国大陆无核电的历史。1989 年 2 月，时任国务院副总理邹家华为秦山核电站题词："国之光荣"；1995 年 7 月，时任国务院副总理吴邦国题词："中国核电从这里起步"。这对于所有参与秦山核电站建设者来说是最高的荣誉和最大的鼓舞。

2008 年 12 月 26 日，秦山核电厂一期扩建项目（方家山核电工程）启动，这是中核集团在秦山地区规划建设的国产化百万千瓦级核电工程项目。方家山核电工程是我国自主设计、自主建造、自主管理、自主运营的国产化百万千瓦级压水堆核电工程项目，装机容量为 2×108 万千瓦，是目前我国百万千瓦级核电机组自主化、国产化程度最高的核电站之一，设备综合国产化率将达到 80%。

秦山核电站全面建成后，国际原子能机构选派美国、法国、日本的 10 位专家来秦山进行安全审评，对建造质量和安全性能再次作了肯定的评价。在秦山核电站的建设过程中，取得了多项重大科研成果，其中获得国家级、省部级科技成果奖 142 项。秦山核电站并网发电以来，运行安全可靠，经测定，废水排入环境的放射性总量不到国家规定限值的千分之一，排放的惰性气体总量仅为国家规定限值的十万分之一，创造了国际原型核电站的先进水平。[1]

秦山核电站的建成标志着中国核工业的发展上了一个新台阶，成为中国军转民、和平利用核能的典范，中国也成为继美国、英国、法国、前苏联、加拿大、瑞典之后世界上第 7 个能够自行设计、建造核电站的国家。中国首座核电站的成功建设也是植根于全体参建者的智慧和艰苦创业的民族力量，这其中包括中国核工业工程师的智慧和力量。

秦山一期 30 万千瓦核电站建成后，中国核电面临着规模化、系列化、商用化发展的问题，于是秦山二期被提到议事日程上来。由于 20 世纪 80 年代末西方国家对我国进行制裁，迫使我们由引进

---

1 吉磊，田桂红，刘永清，《自主创新：秦山核电"与生俱来"的使命与底气》，《中国核工业》，2015 年第 3 期。

技术、联合设计改为自主设计，自力更生推进核电的发展。中国核电在 1980 年代的第一轮发展中确立了以"引进＋国产化"为主的路线，但同时也存在着以秦山核电站（一期）为标志的自主开发。

秦山二期核电厂位于海盐县秦山镇杨柳山，与秦山核电一期、三期毗邻，1992 年 7 月，国务院批准可行研究报告，1995 年 12 月国家计划委员批准建设，至 2004 年 5 月，一期工程 2 台 65 万千瓦压水堆核电机组先后并网发电，是中国第一座自主设计、自主建造、自主管理、自主运营的大型商用核电站。

秦山核电二期扩建工程 2006 年 4 月 28 日开工建设，该工程是在秦山核电二期 1 号、2 号机组的基础上进行改进的核电工程，设计建造两台 65 万千瓦压水堆核电机组。它的全面建成投产，使秦山核电基地运行机组数量达 7 台，总装机容量达 432 万千瓦，年发电能力为 330 亿至 340 亿千瓦时，成为我国运行机组数量最多的核电基地。2013 年 4 月 8 日，二期扩建工程 4 号机组比计划提前 60 天正式投入商业运行。至此，我国"十一五"期间首个开工的核电工程——秦山核电二期扩建工程（即秦山核电二期 3 号、4 号机组）全面建成投产。

如果说秦山一期 30 万千瓦级核电工程解决了我国大陆有无核电的问题，那么秦山二期 60 万千瓦级核电工程实现了我国自主建设大型商用核电站的重大跨越。秦山核电二期工程积累了一整套核电自主建设的经验，具备了批量建设的条件和能力，为我国核电建设的标准化、系列化奠定了基础，为自主设计建造百万千瓦级核电站创造了条件，成为我国核电自主化建设的一个重要里程碑。

1990 年代，中国经历了以纯粹购买电容为目的（不包含技术转让内容）的第二轮引进，相继购买了加拿大的重水堆（秦山三期）和俄罗斯的压水堆（田湾核电站），并且继续购买了法国核电站（岭澳—大亚湾后续项目），但同时也开工建设了自主设计的秦山二期核电站。虽然与引进并存的自主发展走了 20 年，但随着进入 21 世纪之后的新一轮核电发展计划，即第三轮的"引进路线"，自主开发的步伐也就受到影响并减慢了。

俯瞰大亚湾核电站

　　广东大亚湾核电站从 1987 年开工建设，于 1994 年 5 月 6 日正式投入商业运行，此后，在大亚湾核电站之侧又建设了岭澳核电站，两者共同组成一个大型核电基地。大亚湾核电站是中国大陆第一座大型商用核电站，也是大陆首座使用国外技术和资金建设的核电站。拥有两台单机容量为 98 万千瓦压水堆反应堆机组。大亚湾核电站按照"高起点起步，引进、消化、吸收、创新"，"借贷建设、售电还钱、合资经营"的方针开工兴建。后来获得了在美国出版的国际电力杂志评选的"1994 年电厂大奖"，成为全世界 5 个获奖电站之一，也是中国唯一获得这一殊荣的核电站。

　　此外，中国还有多项在建和规划中的核电站。2013 年 4 月 18 日，宁德核电站一期 1 号机组正式投入商运，标志着我国海峡西岸经济区首台核电机组正式建成投产。2014 年 5 月 4 日，其 2 号机组也投入商业运行。

六、新时期的道路与桥梁工程师

1. 从公路扩展到高速公路建设

公路，是一个国家的命脉。至 1978 年，尽管我国已经拥有 89 万千米公路，但它基本上是 20 世纪 50 年代的底子，40% 达不到最低技术等级，属等级外公路；46% 是通过能力很低的四级公路；一级和二级公路达不到 2%；有近百个县、4 000 多个乡、10 万多个村不通公路；有 60% 以上的主要公路干线超过了设计年限。仅有的国道仍是混合使用的骨干公路，卡车、小平板车、摩托车、拖拉机、小毛驴一齐上路。

党的十一届三中全会以后，农村首先进行了经济改革，农业生产发展起来了。随着农村经济不断发展，交通运输量不断增加，那种简易式的公路不能适应了。农民要求把农产品运进城里出售，又运回工业用品和日用消费品，因此急切要求修建公路。从 1980 年起，"敢为天下先"的广东人利用外资、向银行贷款、发动侨胞捐赠、群众集资、民办公助、地方集资等方式，获资 6 亿元，投入交通建设。4 年间，修建了 767 座桥梁，新建、改造了 4 173 千米公路，其中有一批二级标准以上的宽、直、平公路，使交通面貌得到一定程度的改善。

1983 年初，交通部提出了"有河大家行船，有路大家跑车"的方针，迈出了将公路建设推向社会的试探性脚步，在公路建设上开始了最初的"松绑"，于是封闭了很久的公路建设的大门，终于在改革的时代徐徐开启，公路建设由原来主要靠交通部门一家建设，转向调动各方面积极性，一起干、一起上的新阶段。"要致富，先修路"，从引领改革开放风气之先的南粤龙城，沿东南沿海，迅速地传向全国，成为那个时代媒体上出现频率最高的词语。中国公路工程建设步伐由此加快，具体表现在建设了"五纵七横"高速公路网，从根本上改变了改革开放前中国没有高速公路的状况。截至2012年底，全国公路通车总里程达424万千米，其中高速公路通车里程达9.6万千米。截至2014年年底，中国大陆高速公路的通车总里程达11.2万千米。

从20世纪70年代，我国修建高速公路事宜被提到议事议程，但直到80年代初期，仍停留在争论中。1983年3月，有关领导部门在北京联合召开"交通运输技术改革政策论证会"。与会代表对高速公路问题进行了激烈争论。最后认为高速公路不符合中国国情，在中国不能修建。"高速公路"这个词，也不宜应用。于是公路界的一些专家不得不建议把"高速公路"改称"汽车专用公路"。这种称呼在世界上是没有先例的，在当时我国的公路工程技术标准中也没有这种技术标准。

1983年6月，交通部与中国交通运输协会在长春联合召开"公路运输发展座谈会"，有人在会上发言提出修建中国式的京津塘高速公路，话还未讲完，就被打断了发言，不让继续讲了。因为讲"高速公路"是违反"国情"的。这件事引起了与会专家学者的震惊，也激起了新闻界朋友的义愤，新华社记者发出了中国专家建议修建中国式高速公路的电讯，在国际上产生了反响，几个国家的通讯社转发了这条消息。1983年8月31日，《经济参考》报发表了题目为《为何不能有中国式高速公路》的记者采访文章，文章论述了修建中国式的京津塘高速公路的条件和标准。1983年12月1日出版的第23期《红旗》杂志，发表了一篇署名文章，题目为《积极发展公路建设和汽车运输》，文章对我国公路建设和汽车运输提出了具体建议。1984年4月中旬，国务院开会研究天津港的体制改革问题，在会议纪要中明确提出了加快修建京津塘高速公路。

根据国务院关于加快京津塘高速公路建设的指示，交通部于1984年5月17、25两日邀请北京市、天津市、河北省和国家计委有关负责同志座谈研究贯彻落实措施。从此在我国修建高速公路的问题，才算正式得到认可，高速公路进入了国人的视野。

1990年8月20日，经过6年多的努力，沈大高速公路（沈阳—

大连）全线建成并开放试通车，全长 375 千米，由此成为中国内地
第一条建成的高速公路。1990 年 9 月 1 日全线正式通车。1993 年
沈大高速公路建设荣获国家科技进步一等奖，1994 年获第六届国
家优秀工程设计金奖。沈大高速公路作为当时我国公路建设项目中
规模最大、标准最高的公路，全部工程由我国自行设计、自行施工，
开创了我国建设长距离高速公路的先河，为中国大规模的高速公路
建设积累了经验。

目前中国的高速公路建设是实现"五纵七横"网络，这个网
络是在 1992 年规划的，建设以高速公路为主的公路网主骨架，总
里程约 3.5 万千米。其中，五纵是指同三高速公路（黑龙江同江—
海南三亚，长 5 700 千米）、京福高速公路（北京—福建福州，长
2 540 千米）、京珠高速公路（北京—广东珠海，长 2 310 千米）、
二河高速公路（内蒙古二连浩特—云南河口，长 3 451 千米）和渝
湛高速公路（重庆—广东湛江，长 1 384 千米）；七横是指绥满高
速公路（黑龙江绥芬河—内蒙古满洲里，长 1 527 千米）、丹拉高
速公路（辽宁丹东—西藏拉萨，长 4 590 千米）、青银高速公路（山
东青岛—宁夏银川，长 1 610 千米）、连霍高速公路（江苏连云港—
新疆霍尔果斯，长 4 395 千米）、沪蓉高速公路（上海—四川成都，
长 2 154 千米）、沪瑞高速公路（上海—云南瑞丽，长 4 090 千米）
和衡昆高速公路（湖南衡阳—云南昆明，长 1 980 千米）。

"五纵七横"的高速公路网络对经济社会发展起到了不可磨灭
的促进作用，它不仅支撑了经济发展，优化了运输布局和服务，还
提高了生产要素使用效率，推动了产业结构升级和空间布局优化。
推动了社会进步，改善了人民生活质量，推动了城镇化进程，促进
了区域经济协调发展，也给中国高速公路历史添了浓墨重彩的一笔。

2. 改革开放后的桥梁建设

改革开放以来，我国社会主义现代化建设和各项事业取得了
世人瞩目的成就，公路交通的大发展和西部地区的大开发为公路

桥梁建设带来了良好的机遇。我国大跨径桥梁的建设进入了一个最辉煌的时期，在中华大地上建设了一大批结构新颖、技术复杂、设计和施工难度大、现代化品位和科技含量高的大跨径斜拉桥、悬索桥、拱桥、PC 连续刚构桥，积累了丰富的桥梁设计和施工经验，我国公路桥梁建设水平已跻身于国际先进行列。中国从大跨径桥梁几乎是空白，到现在保持三大类型桥梁跨径的世界纪录。

改革开放 30 多年后的今天，中国在桥梁数量上已称得上世界冠军，中国的公路桥梁和城市桥梁已分别建成 70 多万座和 6 万多座。目前中国正开展全球最大规模的桥梁建设，包括特殊自然环境与复杂地质条件的桥梁，跨越海湾、海峡通道的深水基础、特长桥梁等。

国际上有学者认为世界桥梁发展，已经进入以中国为中心阶段。在国内，国道主干线同江至三亚之间就有 5 个跨海工程，渤海湾跨海工程、长江口跨海工程、杭州湾跨海工程、珠江口伶仃洋跨海工程，以及琼州海峡跨海工程。其中难度最大的有渤海湾跨海工程，海峡宽 57 千米，建成后将成为世界上最长的桥梁；琼州海峡跨海工程，海峡宽 20 千米，水深 40 米，海床以下 130 米深未见基岩，常年受到台风、海浪频繁袭击。此外，还有长江、珠江、黄河等众多的桥梁工程。2011 年 6 月 30 日，青岛胶州湾跨海大桥（青岛至黄岛）正式通车，青岛胶州湾大桥全长 36.48 千米，成为世界最长跨海大桥，比杭州湾跨海大桥长 0.48 千米。

3. 杭州湾跨海大桥工程

（1）杭州湾跨海大桥的设计者群体

杭州湾位于中国改革开放最具活力、经济最发达的长江三角洲地区，其中的宁波与上海更是长三角的重要引擎。然而自古以来，宁波与上海的交通却受杭州湾天堑阻隔。两座城市的直线距离尽管只有 100 多千米，但如果从海上走，傍晚 5 点开船，第二天早上六七点才能到达。选择陆路，就必须绕经杭州才能到达，沿着杭州湾勾勒出一个大大的 V 字，全程超过 350 千米；坐火车得 6 个小时，即便是高速公路也得耗费 4 个小时以上的时间。

在 20 世纪 80 年代末，就有人大代表提出建造杭州湾大桥的设想。1993 年 6 月 9 日，宁波市计委有关人士起草了一份"建设杭州湾通道对接轨浦东和加快长江三角洲及东南沿海地区发展重要性"的内部材料。1994 年 2 月 17 日，宁波市"两会"结束后，宁波成立了杭州湾大桥前期工作领导小组，并开始了长达八年的项目论证工作。

2001 年 2 月 20 日，浙江省计委、交通厅主持召开了"杭州湾通道预可补充报告（隧道方案）评审会"。在这次会上，与会专家一致认为大桥方案优于隧道方案，因为隧道造价是建桥的 2 倍，且技术难度更大。当年 4 月 23 日，交通部报国家计委的函中明确提出"同意建设杭州湾交通通道工程"，并首次提出将名称改为"杭州湾跨海大桥工程"。2001 年年底，通过招标，确定由中交公路规划设计院、中铁大桥勘测设计院和交通部三航院联合承担杭州湾大桥的设计任务。2002 年 4 月 30 日国务院正式批准大桥立项，其后开始前期准备工程。

在杭州湾海上建桥，可能是中国工程师面对的建桥条件最为恶劣的地方之一。在设计过程中，设计团队通过对当地气象、水文、地质地形、海洋环境、施工组织等设计难题进行充分论证并对可能遇到的问题逐一解决，将大桥设计、施工、运营管理融合在一起。在做杭州湾大桥设计任务之前，设计团队刚刚做完香港九号干线昂船洲大桥和伶仃洋大桥的工程可行性研究。这两座大桥建设规模也很大，特别是伶仃洋的海洋条件也很复杂，这为杭州湾大桥设计打下了重要的基础。

在大桥的设计中，设计工程师们逐一解决了五大设计难点。分别是抗台风、克服杭州湾的水文条件的不利影响、克服地质地形的不利影响、解决海水腐蚀问题、施工组织的困难。

2003 年 6 月 8 日，工程举行奠基仪式，第一根钻孔灌注桩在南岸滩涂区被打入地下，施工正式开始，拉开了杭州湾跨海大桥的建设大幕。2008 年 5 月 1 日大桥工程全部完工，正式通车。桥身整体呈 S 形，全长 36 千米，由 327 米长的南北引桥、1 486 米长的南北通航孔桥和 34.187 千米长的高架桥面组成。大桥总投资约 114 亿元，设计寿命 100 年以上，可以抵御 12 级台风和强烈海潮的冲击。

（2）杭州湾跨海大桥的建设者群体

杭州湾跨海大桥为国家重点工程，作为世界第一跨海长桥，不仅设计难度大，具体施工更是需要克服重重困难，这项工程对我国组织施工的工程师和施工人员都是巨大的挑战，大桥的成功建成，是与杭州湾大桥工程指挥团队分不开的，他们在施工中有多项的自主创新。

首先，他们创造性地解决了妨碍大桥施工的拦路虎。杭州湾地区地质复杂，大桥南岸有长达 10 千米的滩涂区，施工设备、车辆、船只难以进入。而且在浅滩地表以下 50 米 ～ 60 米的区域里，零星分布着寿命 1 万年以上的浅层沼气。这些施工时从海底不断冒出的浅层沼气有井喷和燃烧的风险；严重时，能从海底冲出海面二三十米，把施工船冲翻，严重影响大桥施工。指挥部组织的专题研究小组在深入研究后，决定在海底约 5 米厚的沙土层最高点打孔，然后把装有气压阀的小管道钻入天然气田来控制放气。放气还要掌握好节奏，不能太急太快，因为放得多会造成地面沉降。在滩涂区的钻孔灌注桩施工中，通过增加泥浆的比重来平衡气压。这种施工工艺在世界同类地理条件中还是首创。针对滩涂区车辆难以进入的问题，中铁四局花费 1.68 亿元建造了 10 000 米长的施工栈桥，解决了滩涂施工难题。

其次，他们解决了浅海打桩和深海打桩的难题。在浅滩桥墩施工中采用钻孔灌注桩基础，而杭州湾软土层厚度超过 30 米，下方岩石层又深达 160 多米，为了确保大桥的安全牢固性，又避免高成本和高技术风险，大桥采用了打摩擦桩的方案，也就是利用泥土的包围摩擦来固定桩身桥体。打桩钻孔时为防止淤泥反复淤积，需要先打下直径 3.1 米、长 52 米的钢护筒，然后用直径 20 多厘米、长 100 米的钻杆带动钻头向下钻进，起钻后下钢筋笼，最后浇筑混凝土；五根直径 2.5 米的钻孔灌注桩才能组成一个桥墩。前所未遇的打桩难度使得施工队在动工之初仅仅打一个桩就要花费 10 天至 15 天。而施工队伍熟悉了打桩工作之后，每 3 到 4 天就能钻成一个孔，之后用 1 天下钢筋笼、1 天浇筑混凝土，做好一个桩的时间比最初减少了三分之二。在施工高峰期，南岸有多达 34 台钻机同时工作。大桥的桥墩、承台就这样沿着滩涂一点点、一节节地向海里推进。

杭州湾中央的深海区水流湍急，不具备现场浇筑的条件，而如果采用海工作业的普遍桩型——混凝土预制桩，就要做到管径 1.5 米至 1.6 米，长度近百米，重量超百吨，不仅预制拼接难度大，并且在流急浪高的杭州湾极易造成失稳，而国内目前也尚无这样的打桩设备。另外，设计人员在前期的地质勘探过程中发现，十米厚的"铁板沙"会阻拦桩基穿透，有可能出现混凝土预制桩被打裂仍不能到位而影响工程质量的情况。专家组决定在深海区舍弃混凝土预制桩而采用钢管桩。而杭州湾跨海大桥所需要的钢管桩总量 5 474 根，最长的一根达到近 90 米，高度超过 30 层楼；直径 1.6 米的钢管桩比平常吃饭的圆桌还大，重量超过 70 吨，为世界之最；而且必须整体加工一次成型。为了制作这些庞然大物，承包厂商在多次研究试验后，采用整桩螺旋焊卷工艺解决了这一难题。

杭州湾海流湍急，为了解决海上打桩难题，负责深海区 V 标段工程的中港二航局投资 1.7 亿元，打造了具有世界先进水平的"海力"号多功能全旋转打桩船。"海力"号不仅能做到 360 度全角度打桩，而且装有 GPS 定位系统，能够实现精确定位；重达 28 吨的液压锤也威力巨大，1 天最多能打下 15 根钢管桩。

最后，他们解决了梁上架梁和深海架梁的难题。杭州湾跨海大桥在滩涂区部分的桥身，使用的是 50 米跨度混凝土箱梁，每片重达 1 430 吨。而早先修建的施工栈桥承重能力也只有 500 吨，根

杭州湾跨海大桥
（摄于 2011 年）

本无法将箱梁运进滩涂。为此，施工人员想到了"梁上架梁"的施工方法。就是在已经架好的梁上，用架梁机把新箱梁运送到前端，逐步推进架设。梁上架梁是成熟技术，但是目前国内采用的梁上运梁技术的最大吨位仅为 500 吨，国际上的纪录也只有 900 吨，重达 1 430 吨的 50 米箱梁已经远远超过现有设备的能力，为此需要研发大吨位的架桥机和运梁机。承包工程的中铁二局一方面联合国内力量进行技术攻关，另一方面也在国际上寻找研制运架设备的合作伙伴。最后，在意大利 DEAL 公司帮助下，中铁二局研制出专用于大桥工程的 LGB1600 型 1 600 吨级架桥机，只用了短短 39 天就实现了 LGB1600 整机调试成功。

杭州湾跨海大桥除了浅海引桥区的 404 片 50 米混凝土箱梁，

在深海区还有 540 片 70 米混凝土箱梁，每块重达 2 180 吨，宽 16
米、高 4 米。为了确保杭州湾跨海大桥在大海中屹立百年，每块
箱梁需要将 200 吨的钢筋捆绑并焊接在一起，之后要浇筑 830 立
方米的混凝土。为防止混凝土开裂，四台泵必须同时一次性浇筑
成功。负责箱梁标段的中铁大桥局在 70 米箱梁制造时运用了塑料
波纹管真空辅助压浆技术，极大提高了孔道浆体的强度和密实度。
但巨型箱梁造好后，运输、架设又是一个难题。为此，中铁大桥
局专门为工程定制了 2 500 吨级"小天鹅号"架梁船，来完成从临
时码头到施工现场的箱梁运送和架设任务。2005 年底，大桥局又
投资 1.5 亿元研制了起重能力亚洲第一、世界第二的"天一号"架
梁船，负责高墩位处的箱梁架设。天一号长 93 米，排水量 11 000
吨，拥有 4 800 马力，负载能力达到 3 000 吨，起重高度为 53 米。
2005 年 6 月 1 日上午，"小天鹅"吊起第一片 70 米箱梁缓缓驶离
临时码头，拉开了杭州湾跨海大桥深海架梁的序幕。中午时分，
小天鹅号抵达预定施工海域，等待架设的最佳潮位。下午 6 点 20
分，雷阵雨过后天空放晴，"小天鹅号"起重船两只巨大的吊臂举
着 2 200 吨重的箱梁缓缓下放，35 分钟之后，首片 70 米箱梁准确
无误地安放在墩顶。

　　杭州湾跨海大桥的建设团队不断自主创新，填补了我国跨海
大桥建设多项空白，攻克多个世界性难题，创造多项世界第一，
共获 250 余项科技创新和技术创新成果，取得了以 9 大核心技
术为代表的自主创新成果，有 6 项关键技术达到国际领先水平。
2012 年 2 月，杭州湾跨海大桥以"强潮海域跨海大桥建设关键技术"
获得 2011 年度国家科学技术进步奖二等奖。[1]

1　郑黎，张乐，朱立毅，《杭州湾大桥——天堑变通途》，《今日浙江》，2003 年第 4 期。

七、新时期的港口建设工程师

1. 中国港口建设的起步与发展

中国水运发展的历史源远流长，从新石器时代到封建王朝，再到新中国成立，中国港口建设有着自己的历史脉络。早在新石器时代，先人已在天然河流上广泛使用独木舟和排筏。从浙江河姆渡出土的木桨，证明在距今 2000 多年前，中国东南沿海的渔民已使用桨出海渔猎。春秋战国时期，水上运输已十分频繁，港口应运而生，当时已有渤海沿岸的碣石港（今秦皇岛港）。

汉代的广州港以及湛江徐闻、北海合浦港，已与国外有频繁的海上通商活动。长江沿岸的扬州港，兼有海港与河港的特征，到唐朝已是相当发达的国际贸易港。广州、泉州、杭州、明州（今宁波）是宋代四大海港。鸦片战争后，列强用炮舰强行打开中国国门，签订了一系列不平等条约，中国沿海海关和港口完全被外国人所控制，内河航行权也丧失殆尽。至此，中国的港口长期受制于外来势力，成为帝国主义侵略掠夺我国资源财富的桥头堡。新中国成立前，中国港口几乎处于瘫痪状态，全国（除台湾省）仅有万吨级泊位 60 个，码头岸线总长仅 2 万多米，年总吞吐量只有 500 多万吨，多数港口处于原始状态，装卸靠人抬肩扛。

新中国成立后，由于帝国主义的海上封锁，加上经济发展以内地为主，交通运输主要依靠铁路，海运事业发展缓慢。在 20 世纪 50 年代到 70 年代时期，中国的港口发展主要是以技术改造、恢复利用为主。沿海港口平均每年只增加一个深水泊位，其中大多系小型泊位改造而成。从 20 世纪 70 年代开始，随着中国对外关系的发展，对外贸易迅速扩大，外贸海运量猛增，沿海港口货物通过能力不足，船舶压港、压货、压车情况日趋严重，周恩来总理于 1973 年初发出了"三年改变我国港口面貌"的号召，中国由此开始了第一次建港高潮。从 1973 年至 1982 年全国共建成深水泊位 51 个，新增吞吐能力 1.2 亿吨。首次自行设计建设了中国大连 5 万 ~ 10 万吨级原油出口专用码头。

20 世纪 70 年代末到 80 年代，中国经济发展进入一个新的历史时期，国家在"六五"（1981—1985）计划中将港口建设列为国民经济建设的战略重点。港口建设步入一个高速发展阶段。"六五"期间共建成 54 个深水泊位，新增吞吐能力 1 亿吨。经过五年建设，中国拥有万吨级泊位的港口由 1980 年 11 个增加到 1985 年的 15 个，1985 年完成吞吐量 3.17 亿吨。到了"七五"期间，我国港口的建设速度进一步加快，共建成泊位 186 个，新增吞吐能力 1.5 亿吨。其中深水泊位 96 个，共建成煤炭泊位 18 个，集装箱码头 3 个以及矿石、化肥等具有当今世界水平的大型装卸泊位。拥有深水泊位的港口已发展到 20 多个。年吞吐量超过 1 000 万吨的港口有 9 个。

20 世纪 80 年代末到 90 年代，随着改革开放政策的推行与实施以及国际航运市场的发展变化，中国开始注重泊位深水化、专业化建设，出现了第三次建港高潮。建设重点是处于中国海上主通道的枢纽港及煤炭、集装箱、客货滚装船等三大运输系统的码头。至 1997 年底全国沿海港口共拥有中级以上泊位 1 446 个，其中深水泊位 553 个，吞吐能力 9.58 亿吨。完成吞吐量由 1980 年的 3.17 亿吨增长到 1997 年 9.68 亿吨。基本形成了以大连、秦皇岛、天津、青岛、上海、深圳等 20 个主枢纽港为骨干，以地区性重要港口为补充，中小港适当发展的分层次布局框架。

20 世纪 90 年代末到 21 世纪初，随着中国加入 WTO，经济全球化进程加快，科技革命迅猛发展、现代信息技术及网络技术也伴随着经济的全球化高速发展，产业结构不断优化升级，综合国力竞争日益加剧，现代物流业已在全球范围内迅速成长为一个充满生机活力并具有无限潜力和发展空间的新兴产业。现代化的港口将不再是一个简单的货物交换场所，而是国际物流链上的一个重要环节。国家进一步投入大量资金进行大型深水化、专业化泊位建设，截至 2003 年底，全国沿海港口共有生产性泊位 4 274 个，其中万吨级

上海洋山深水港码头
（摄于 2010 年）

以上泊位约 748 个，综合通过能力 16.7 亿吨，共完成货物吞吐量 20.64 亿吨。

2. 上海洋山深水港建设工程

洋山深水港是我国港口建设史上规模最大、建设周期最长的工程。1992 年，党的十四大提出"以上海浦东开发为龙头，进一步开放长江沿岸城市，尽快把上海建成国际经济、金融、贸易中心之一，带动长江三角洲和整个长江流域地区经济的飞跃"的重大决策，即提出把上海建成"一个龙头、三个中心"的重大战略，而上海国际航运中心建设的基础工作就是港口建设。

洋山港港区规划总面积超过 25 平方千米，包括东、西、南、北四个港区，按一次规划，分期实施的原则，自 2002 年至 2012 年分三期实施，工程总投资超过 700 亿元，其中 2/3 为填海工程投资，装卸集装箱的桥吊机械等投资约 200 多亿元。到 2012 年，洋山港已拥有 30 个深水泊位，年吞吐能力达 1 500 万标箱，使上海港的吞吐能力增加一倍。

北港区、西港区为集装箱装卸区，是洋山港的核心区域。规划深水岸线 10 千米，布置大小泊位 30 多个，可以装卸世界最大的超巴拿马型集装箱货轮和巨型油轮，全部建成后年吞吐能力可达 1 300 万标箱以上，约占上海港集装箱总吞吐量的 30%，单独计算可跻身世界第五大集装箱港。

北港区以小洋山本岛为中心，西至小乌龟岛、东至沈家湾岛，平均水深 15 米，岸线全长 5.6 千米，分为三期建设。北港区一期工程由港区、东海大桥、沪芦高速公路、临港新城等四部分组成。2002 年 6 月 26 日，工程正式开工建设，深水港一期工程在东海大桥工地打下第一根桩。2004 年 5 月 18 日，洋山深水港一期工程码头主体结构基本完成。2004 年 6 月 26 日，洋山深水港区一期陆域形成全部完成。2005 年 5 月 25 日，32.5 千米的东海大桥实现贯通。2005 年 12 月 10 日，洋山深水港区一期工程竣工并开港投用。

一期工程总投资 143 亿元。共建设 5 个 10 万吨级深水泊位，前沿水深 15.5 米，码头岸线长 1 600 米，可停靠第五、六代集装箱船，同时兼顾 8 000 标准集装箱船舶靠泊，陆域面积为 1.53 平方千米，堆场 87 万平方米，年吞吐能力为 220 万标准箱，由上港集团独自经营。作为配套工程的沪芦高速公路北起 A20 公路（外环线）环东二大道立交南，至东海大桥登陆点，全长 43 千米。临港新城规划面积 90 平方千米，居住人口 30 万，将建成独具风貌的滨海园林城市。

北港区二期工程东端与一期工期相连，于 2005 年 6 月开工，2006 年 12 月竣工，总投资 57 亿元。共建设 4 个 10 万吨级泊位，前沿水深 15.5 米，码头岸线长 1 400 米，陆域面积为 0.8 平方千米，吹填砂 400 万立方米，堆场 86.1 万平方米，年吞吐能力为 210 万标准箱。由上港集团、和记黄埔集团等五家中外巨头的合资公司运作。

北港区三期工程分两个阶段建设，一阶段工程 2007 年 12 月竣工，二阶段工程 2008 年 12 月竣工，总投资 170 亿元。共建 7 个 10 万吨级泊位，前沿水深 17.5 米，码头岸线长 2 650 米，其最东端可停泊 15 万吨油轮。陆域面积 5.9 平方千米，年设计能力为 500 万标准箱，由上港集团、新加坡港务集团、中海集团及法国达飞轮船等合资公司运作。

深水港全部三期工程的顺利竣工，标志着洋山深水港北港区全面建成。现在，北港区已建成 16 个深水集装箱泊位，岸线全长 5.6 千米，年吞吐能力为 930 万标准箱，吹填砂石 1 亿立方米，总面积达到 8 平方千米。更为壮观的是，在连成一片的 5.6 千米的码头上，整齐地排列着 60 台高达 70 米的集装箱桥吊，这些庞然大物每天可装卸 3 万只集装箱。规模如此庞大的港区工程能在短短六年半时间里完工，这在世界港口建设史上也是罕见的。

八、新时期的计算机工程师

1. 中国计算机工程的开拓者

1946 年 2 月 14 日，世界上第一台电子管计算机 ENIAC（电子数字积分器与计算器）在美国宾夕法尼亚大学诞生。这部机器体积庞大，使用了 18 800 个真空管，长 50 英尺，宽 30 英尺，占地 1 500 平方英尺，重达 30 吨，当时的主要目的是用来为军方计算炮弹弹道。

1953 年初，在我国数学家华罗庚的领导下，中国科学院数学研究所成立了我国第一个计算机科研小组。他们在极其艰难的条件下开始了计算机的研究。当时国内连一本讲述电子计算机原理的书籍都没有，他们只能从英文期刊入手，由于没有复印机，他们就一个字一个字地抄录材料，同时他们白手起家建立了自己的实验室。经过半年的调研和初步实验，科研小组提出了研制中国第一台通用电子计算机的设想和技术路线。

1956 年，周恩来总理亲自提议、主持、制定我国《十二年科学技术发展规划》，选定了"计算机、电子学、半导体、自动化"作为"发展规划"的四项紧急措施。并批准中国科学院成立计算技术、半导体、电子学及自动化等四个研究所。1956 年我国第一个计算机技术研究所——中国科学院计算技术研究所诞生。同时，北京大学、清华大学也相应成立了计算数学专业和计算机专业。

1958 年，在前苏联专家的帮助下，由七机部研发的中国第一台数字电子计算机 103 机（定点 32 二进制位，每秒 2 500 次）在中国科学院计算技术研究所诞生并交付使用。一年后，由总参张效祥（1918—2015）教授领导的中国第一台大型数字电子计算机 104 机（浮点 40 二进制位、每秒 1 万次）也交付使用。1961 年，中国第一个自行设计的编译系统在 104 机上试验成功。

1958 年，北京大学师生与中国人民解放军空军合作，自行设计研制了数字电子计算机"北京一号"，并交付空军使用。当时中国人民解放军朱德总司令还亲自到北京大学的机房参观了该机器。随后，北大自行设计的"红旗"计算机于 1962 年试算成功，当时设定的目标比前苏联专家帮助研制的 104 机还高。但是由于搬迁和"文革"的干扰，搬迁后"红旗"机一直没有能够恢复和继续工作。

与此同时，1958 年，在哈尔滨军事工程学院（国防科技大学前身）海军系与中国人民解放军海军合作，自行设计了"901"计算机，并交付海军使用。同时，哈尔滨军事工程学院和中国人民解放军空军合作，设计研制的"东风 113"空军机载计算机也交付空军使用。

1964 年，中科院计算技术研究所自行设计的 119 机（通用浮点 44 二进制位、每秒 5 万次）也交付使用，这是中国第一台自行设计的电子管大型通用计算机，也是当时世界上最快的电子管计算机。当时美国等发达国家已经转入晶体管计算机领域，119 机虽不能说明中国具有极高水平，但是它表明，中国有能力实现"外国有的，中国要有；外国没有的，中国也要有"这个伟大目标。

2. 中国"计算机之母"——夏培肃

夏培肃

在中国第一代电子计算机的研制中，有很多专家做出突出贡献，其中就包括著名专家夏培肃，她后来被称为中国"计算机之母"。夏培肃（1923—2014），出生于重庆市，上了 4 年半小学后，因病辍学。1937 年夏培肃以同等学历考上重庆南开中学，1940 年考入中央大学电机系，1945 年毕业后至 1947 年为交通大学电信研究所研究生。1947 年赴英国爱丁堡大学电机系学习，1950 年获博士学位后留校做博士后。1951 年，夏培肃回国，任清华大学电机系电讯网络研究室助理研究员、副研究员。1953 年至 1956 年先后任中国科学院数学研究所和近代物理研究所副研究员。其后任中国科学院计算技术研究所研究员。

夏培肃是华罗庚领导的早期计算机三人小组成员之一。1954年，计算机小组从华罗庚任所长的数学研究所转到了钱三强领导的近代物理研究所，最早的研究小组中，只有夏培肃一人坚持从事于计算机的研制工作，这一坚持就是半个多世纪。

1956年，根据规划，我国向苏联购买计算机图纸和资料来仿制计算机。这样一来，夏培肃所做的自主计算机研制工作不得不暂停。直到1958年，夏培肃才开始继续原来的工作。她对原来的设计方案进行了修改，最大的改动就是将示波管存储器改为当时先进的磁芯存储器。该机被命名为107计算机。夏培肃完成了该机的总体功能设计、逻辑设计、工程设计、部分电路设计以及调试方案设计，并参与电路测试和部件、整机调试。1960年，我国第一台自行设计的通用电子数字计算机——107计算机设计试制成功。这台占地60平方米的电子管数字计算机，磁芯存储器的容量为1 024字，可以连续工作20个小时。之后，107计算机安装在位于合肥的中国科学技术大学，这是我国高校中第一台计算机。除了为教学服务外，107计算机还接受外单位的计算任务，包括潮汐预报计算、原子核反应堆射线能量分布计算等。尽管107计算机比103（1958年交付使用）、104计算机（1959年交付使用）速度低了10倍到40倍，但是对培养人才起了重要作用。在107计算机试制成功并投入使用后，电子管计算机的弱点已明显地显示出来。当时，晶体管计算机还不是很成熟。为了提高计算机的运算速度，夏培肃探索在计算机中使用微波技术和隧道二极管。她利用非线性理论，深入而详尽地分析了隧道二极管的特性，并负责研制出3种隧道二极管计算机的实验性部件。[1]

当时，国内设立的高等科学技术中心有一项研制高性能并行计算机的任务，夏培肃带领刚从国外留学回来三个"洋博士"组成了力量雄厚的科研小组，参与开发研制。这个项目的研究工作，对后来曙光、龙芯的研究开发产生了重要影响。

20世纪70年代末期，夏培肃主持研制高速阵列处理机150-

1　徐祖哲，《艰苦创业历史见证——中国计算机事业50年的变革》，《中国电子商情．通信市场》，2006年第5期。

AP。该机已于 20 世纪 80 年代初期成功地用于我国石油勘探中的地震资料处理。后来，该机安装在大庆油田，使工作效率比原来提高 10 倍以上。从 20 世纪 80 年代到 20 世纪 90 年代，夏培肃先后负责研制 GF-10 功能分布式阵列处理机系列和 BJ 并行计算机系列。共计完成 5 个计算机系统。20 世纪 90 年代中期，她担任国家攀登计划"高性能计算机中的若干关键问题的基础性研究"的首席科学家。

对于我国的计算机，夏培肃一直主张自己生产计算机的核心器件——微处理器芯片。早在 80 年代，她就设计试制成功高速算术逻辑部件芯片，90 年代，她又负责设计试制成功两种高速运算器部件芯片。在不同的场合下，她呼吁中国应该设计试制微处理器芯片，而且呼吁半导体科技人员应该和计算机设计人员相结合。从 20 世纪 90 年代开始，她多次以书面的形式向领导和有关部门建议我国应开展高性能处理器芯片的设计，建议国家大力支持通用 CPU 芯片及其产业的发展，否则，我国在高性能计算技术领域将永远受制于人。

3. 中国著名计算机专家——慈云桂

慈云桂

1964 年，中国制成了第一台全晶体管电子计算机 441-B 型。中国的计算机也进入到第二代。1965 年中科院计算所研制成功了我国第一台大型晶体管计算机——109 乙机。此后，他们对 109 乙机加以改进，两年后又推出 109 丙机，该机在我国两弹试制中发挥了重要作用，被用户誉为"功勋机"。华北计算所先后研制成功 108 机、108 乙机（DJS-6）、121 机（DJS-21）和 320 机（DJS-8）。

从事中国第二代电子计算机发展的科学家和工程师开始崭露头角，著名专家慈云桂就是其中之一。慈云桂（1917—1990），著名电子计算机专家，中国科学院院士，安徽省桐城县（今枞阳县麒麟镇）人。1943 年慈云桂毕业于湖南大学机电系，同年 8 月被保送到当时依托于昆明西南联大的清华大学无线电研究所当研究生，潜心于微波理论与雷达技术的研究。1946 年 1 月至 7 月，他被选派赴英国考察雷达技术，8 月，分配到已迁回北平的清华大学物理系，从事无线电实验室的创建。

1957 年夏，中国科学院组织了一批科学家专攻数字电子计算机项目，正在苏联和东欧访问的慈云桂也包括在内。回国后，他接受了研制鱼雷快艇指挥仪的任务。1957 年 7 月，美国无线电工程师学会会刊上有一篇关于数字电子计算机的综述性文章，慈云桂读后很受启发，于是和同事一起研究，提出把数字计算机用于指挥仪的方案，并迅速组成了一个计算机研制小组。1958 年 5 月，他带领一个 8 人小组进驻北京中关村的中科院计算所，经过日夜奋战，模型试验告捷。同年的 9 月 8 日，代号为"901"的样机在哈尔滨军事工程学院诞生，这是我国第一台电子管专用数字计算机。

901 样机作为向国庆十周年的献礼在北京展出期间，周恩来总理和朱德、陈毅元帅等给予了高度的评价。周总理说："要发展我们自己的计算机啊！我们起步晚，但也要赶超。"总理的嘱托成了慈云桂拼搏的动力。从此，慈云桂的名字与我国计算机事业的发展就紧紧地连在了一起。

1961 年 9 月，慈云桂随中国计算机代表团出访英国。他敏锐地预感到国际上计算机发展的主流方向将是全晶体管化。然而在国内，由他主持的一台电子管通用计算机还在研制，并且签订了生产和销售协议。慈云桂马上给有关部门写信，建议停止电子管计算机的研制，同时争分夺秒，白天参观访问，留意先进机型，晚上通宵达旦地进行晶体管计算机的设计。终于，在回国之前，他完成了晶体管计算机体系结构和基本逻辑电路的方案设计。回国后，慈云桂向国防科委领导作了汇报，并迅速得到了积极支持，聂荣臻元帅指示：尽快用国产晶体管研制出通用计算机。

慈云桂回到哈尔滨军事工程学院，宣布电子管计算机研制停止、立即开始晶体管计算机研制的决定。当时人们普遍感到震惊，下马意味着否定自己用心血换来的成果，还意味着中止已经签订的协议，而上马又谈何容易。诚然，早在 1959 年国内就有单位开始用国产晶体管研制计算机。到 1961 年，计算机真的安装起来了，但很不稳定，几分钟就出一次毛病，不是管子被烧坏，就是电路出故障。不少专家断言：5 年之内用国产晶体管做不出通用计算机。可见当时面临的风险是相当大的。

面对巨大的舆论压力，慈云桂坚定不移，把全部精力都用在组织队伍与攻克技术难关上。他积极鼓励创新，与助手们经过反复实验，发明了高可靠、高稳定的隔离阻塞式推拉触发器技术，有效地解决了电路上的问题。接着，慈云桂带领大家制定出一整套对国产晶体管进行科学测试的方法和标准。他狠抓质量，对每一只晶体管都进行认真的测试和严格的筛选，制成插件和部件后还要层层把关测试。[1]

1964 年末，他们终于用国产半导体元器件研制成功我国第一台晶体管通用电子计算机——441B-Ⅰ型计算机。1965 年 2 月该机通过国家鉴定，连续运行 268 小时未发生任何故障，稳定性达到当时的国际先进水平。1965 年末他们又研制成功 441B-Ⅱ型计算机。441B 系列机在天津电子仪器厂共生产了 100 余台，及时装备到重点院校和科研院所，平均使用 10 年以上，是我国 20 世纪 60 年代中期至 70 年代中期的主流系列机型之一。

1965 年，441B 机改进为计算速度每秒两万次。与此同时，中科院计算技术研究所自行设计的晶体管计算机 109 乙机（浮点 32 二进制位、每秒 6 万次），也在 1965 年交付使用。为了发展"两弹一星"工程，1967 年，由中科院计算机所设计专为两弹一星服务的计算机 109 丙机，后来被使用了 15 年之久，被誉为"功勋计算机"。1970 年初，44B-Ⅲ型计算机问世，这是中国第一台具有分时操作系统和汇编语言、FORTRAN 语言及标准程序库的计算机。

1964 年 4 月，世界上最早的集成电路通用计算机 IBM360 问世，计算机开始进入第三代。虽然我国自行设计研制了多种型号的计算机，但运算速度一直未能突破百万次大关。早在 1965 年，441B-Ⅰ

1 刘瑞挺，王志英，《中国巨型机之父——慈云桂院士》，《计算机教育》，2005 年第 2 期。

型计算机鉴定会刚刚结束，慈云桂便提出研制中国的集成电路计算机。1969 年 11 月 4 日，国家组织召开"远望"号科学测量船中心处理机的方案论证会。当时仍戴着"重点审查对象"帽子的慈云桂，在国防科委指名下才由专案组"护送"到北京开会。会前，专案组成员一再警告他：只准听，不准表态！论证会上争论激烈，中心问题是上晶体管还是上集成电路，是每秒 50 万次还是 100 万次。

不少人主张仍用晶体管，认为在目前条件下能搞 50 万次就很不错了。此时，按捺不住的慈云桂不顾专案组给他设置的禁令，详尽地陈述了在"牛棚"里就精心思考的集成电路化、百万次级、双机系统的计算机设计方案。他的旁征博引和翔实论据，又一次折服了与会同行。方案最终获得了上级领导部门的批准，他也接受了试制百万次集成电路计算机的艰巨任务。1970 年春节刚过，他就带领科研人员先后到全国几十家工厂和科研所进行调研，又躲到上海市郊的一个小镇上进行分析和设计，仅三个多月就完成了样机的设计草图。

1970 年 4 月，百万次级集成电路计算机研制任务正式下达。慈云桂到处招贤纳士，一支科研队伍很快建立起来。在研制工作正待铺开之时，他所在的哈尔滨军事工程学院主体于 1970 年秋从哈尔滨南迁长沙，改名为长沙工学院。计算机系借用市郊一座破旧的农校，鸭舍成了他们的实验室，搬迁对他们的研制工作造成了很大的影响。在慈云桂的带领下，研究工作没有停止。1973 年秋，在完成了各种模型机和全部生产图样之后，慈云桂又带领 40 多名科研人员开赴北京生产厂，他们工作和睡觉都挤在一间木板棚里，夏暑如蒸笼，冬寒似冰窟。他们顶住了各种干扰，坚持进行测试和生产。

就在这一年，北京大学与"738 厂"组成的联合研制团队宣布，研制成功集成电路计算机 150（通用浮点 48 二进制位、每秒 1 百万次）。这是我国拥有的第一台自行设计的百万次集成电路计算机，也是中国第一台配有多道程序和自行设计操作系统的计算机。

1977 年夏，慈云桂领导的团队终于传来捷报，百万次级集成电路计算机 151-3 终于研制成功。1978 年 10 月，二百万次集成电路大型通用计算机系统 151-4 在连续稳定运行 169 小时之后，通过了国家的鉴定和验收，顺利地装上了远望一号远洋科学测量船。在20世纪80年代我国首次向南太平洋发射运载火箭、首次潜艇水下发射导弹以及第一颗试验型广播通信卫星的发射和定位中，151计算机出色地完成了计算测量任务，为我国航天战线三大重点试验的圆满成功作出了重大贡献。151-3和151-4计算机获国防科委科技成果一等奖，并与远望号测量船一起荣获国家科技进步特等奖，研制人员荣立集体一等功。

4.计算机软件工程的开拓者——陈火旺

陈火旺

陈火旺（1936—2008），福建省安溪县人。1956年毕业于复旦大学数学系，同年加入中国共产党，留校任助教。曾在北京大学数理逻辑专业、英国国家物理所进修。1967年初，代表我国计算机最高发展水平的上海华东计算机研究所，在计算机软件领域的研究还处于拓荒阶段，该所负责人一个偶然机会，听说复旦大学从英国归来一位计算机软件专家，因文革被冷落一边，正是该所紧缺的人才，马上邀请他共同为中国计算机事业努力。

刚到华东计算所的两年里，陈火旺凭借在复旦和英国物理研究所积累下的扎实经验，主持设计了我国计算机软件领域第一个符号宏汇编器，并成功将其应用于"655"计算机上。陈火旺提出的递归结构式符号宏指令产生技术，相继被中国科学院计算机研究所等单位采用。

1970年陈火旺调到长沙工学院（后改名国防科技大学）工作，1973年，陈火旺领受远望号测量船中心计算机DJ151语言系统的研制重任。1974年，441B-III的Fortran编译系统顺利完成，这一成功极大地鼓舞了陈火旺，以更饱满的热情和信心投入远望号测量船中心计算机DJ151语言系统的研制工作。

陈火旺瞄准当时所能了解到的国际先进水平，设计了MPL和

Fortran 编译器的全部框图，提出了因子分解式全局优化技术，使目标码运行效率大为提高，这一系统成为国内第一个具备全局优化的编译系统。

1978 年对于陈火旺来说，是一个初尝成功甘饴的年份。这一年，远望号测量船中心计算机 DJ151 语言系统 MPL 和 Fortran 编译器的全部框图完成，并达到了国际先进水平。1978 年，陈火旺主持完成的 441B-III 的 Fortran 编译系统获得全国科学大会奖。

从 1987 年春天起，陈火旺率先在国内开始了"面向对象的集成化软件开发环境"的艰难探索，以保证不落后于国际先进水平为起点，创造性地提出确定以 VAX 机作为基础环境，应用 C 语言实现开发功能的途径。1990 年 3 月，"面向对象的集成化软件开发环境"通过了由国家教委主持的成果鉴定，达到了 20 世纪 80 年代国际同类软件开发环境的先进水平，在国内尚属首创。1990 年 12 月，该成果获国防科技进步一等奖。

在探索"面向对象的集成化软件开发环境"的同时，陈火旺又率领另一支专家队伍瞄准了国际前沿的另一目标——"非单调推理系统 GKD-NMRS"。该研究是 20 世纪 80 年代国际人工智能领域的主攻方向，被列入国家"863 高技术计划"。陈火旺与王献昌、王兵山、齐治昌、王广芳等 8 位专家针对国内当时非单调推理理论所存在的问题，在 Hom 逻辑基础上，把准缺逻辑推理的内核引入 GKD-NMRS，使表达常识性的经验知识和非单调推理在逻辑程序中成为可能，创立了新一代逻辑程序设计的理论、方法和技术。GKD-NMRS 研究成果公布后，立即在国内外产生了强烈反响，30 多篇理论文章在国内外顶级学术期刊和会议上发表。1991 年 10 月，国际联机检索结果表明，GKD-NMRS 达到当时的国际先进水平，顺利通过了国家"863 高技术计划"计算机专家组的鉴定。1993 年初，该成果获国防科技进步一等奖。

陈火旺于 1997 年当选为中国工程院信息与电子工程学部院士，2008 年 2 月 2 日因病医治无效，在长沙逝世，享年 72 岁。

5. 从小型机到微机的发展

中国第三代集成电路计算机的发展，还有一个重要的里程碑，那就是 DJS130 小型机，这是中国研制系列化民用计算机的起点。1971 年秋季，在天津工人文化宫举办的展览会上，有一套日本武田理研株式会社研制生产的数据采集设备，引起人们的关注。这套装在有两个像冰箱大小的机柜里。其中一个机柜是主机，为美国 DG 公司产的 NOVA1200 小型计算机；另一个机柜是日本公司的数据采集设备。展览会结束，展品全部留在中国。1972 年 9 月，那台主机就到了天津市无线电技术研究所（1983 年改名为天津市电子计算机研究所）。

1973 年 1 月，四机部召开了电子计算机首次专业会议（即 7301 会议）。会上总结了 60 年代我国在计算机研制中的经验和教训，决定放弃单纯追求提高运算速度的技术路线，确定了发展系列机的方针。7301 会议做出下面六点决议：大中小结合，以中小为主，着力普及和应用；发展系列机，实现一机多用，多机通用，各型联用；加强外部设备发展，妥善解决主机和辅机的关系；加强软件发展，加强服务工作，推动计算机的推广应用；积极采用集成电路，加速产品的更新换代；相应发展模拟机。在此基础上，7301 会议提出了联合研制三个系列机的任务：小系列，即台式机和袖珍计算机器系列；中系列，即多功能小型计算机系列；大系列，运算速度每秒 10 万次 ~ 100 万次；以中小型机为主，着力普及和运用。

从此，中国计算机工业开始有了政策性指导，重点研究开发国际先进机型的兼容机。天津市电子计算机研究所与清华大学的计算机专家团队决定共同研制系列化小型机。确定研制系列机，这是在我国计算机研制、生产发展中得出的沉痛历史教训的结果。这之前，在我国近 20 年的时间里总共研制和生产的国产计算机不过 200 多台，可型号却有 100 多种。本来研制计算机的单位就不是很多，几年才能生产出一台，成本很高，也就是军工系统或气象、石油、邮电、铁路等部门才用得起。可再一研制下一台，技术指标和功能又全变了。

这样每研制一台，往往只生产几台，甚至仅生产一台。而且少有的软件又都是为计算机量身定做的，故没有兼容性可言。在西方技术封锁的艰苦条件下，决策者能认真地听取技术专家的建议，审时度势、不失时机地作出了重点研究开发国际先进机型的兼容机，硬件自主研制，软件兼容，进行系列机研制的决定，今天看是适时和正确的。

1973 年 4 月，清华大学召开了 DJS130 小型机总体技术论证会，总体思路就是硬件自行设计，软件兼容。1973 年 6 月，联合设计组成立。清华大学任组长单位，天津市电子计算机研究所和北京计算机三厂（当时厂名为北京无线电三厂）任副组长单位。联合设计一开始就遵循兼容性的原则，研制样机以美国 DG 公司的 NOVA1200 小型机为蓝本，由天津市电子计算机研究所提供。经过一年多的设计和研制，整机最后又经过可靠性的考验，都达到了预计的指标。就这样一个单字指令 16 位，主机字长 16 位，定点 16 位补码并行运算，算术运算和逻辑运算指令速度为 50 万次 / 秒的中国第一个系列化的小型计算机诞生了。

1974 年 6 月，继北京联合设计组样机研制成功 1 个月后，天津市电子计算机研究所的样机也研制成功。天津日报头版头条报道了这一全部国产化、达到国际先进水平的计算机诞生的消息。在鉴定会结束之后，全国各地掀起了一个生产和推广使用 DJS130 小型机的热潮。该机共生产了 1 000 台左右，迅速地推广应用到国防部门、高等院校、科研院所、厂矿企业等众多部门。各大专院校的计算机教材都是以 DJS130 小型机的图纸和技术说明书为蓝本写成的。所以，我国 70 年代和 80 年代初期计算机专业的大学毕业生都非常熟悉 DJS130 小型机。[1]

20 世纪 70 年代后期以后，中国研制的计算机，几乎全部使用进口元器件、进口部件。由于超大规模集成电路迅速发展，数千万甚至上亿个晶体管逐渐能够集成在一个芯片上，20 世纪 80 年代及其之后得到迅速发展的计算机，是普通个人使用的"微机"（PC 机）

1 吕文超，《100 系列计算机联合设计成功的启示》，《计算机教育》，2008 年第 5 期。

及超强 "微机"（后者可以组成服务器或者并行处理的高性能计算机），而其他各式各样的计算机（包括超级中小型计算机在内）由于性价比问题，无法和微机竞争，就自然逐步退出舞台了。

6. "银河号"与"曙光号"大型机问世

1978 年，党的十一届三中全会召开，拉开了改革开放的序幕。党中央、国务院决定在原"哈军工"的基础上组建国防科技大学，同年 2 月，邓小平同志交给国防科委一项任务——研制我国首台巨型计算机。

由于没有高性能的计算机，我国勘探的石油矿藏数据和资料不得不用飞机送到国外去处理，不仅费用昂贵，而且受制于人。当我国提出向某发达国家进口一台性能不算很高的计算机时，对方却提出：必须为这台机器建一个六面不透光的"安全区"，能进入"安全区"的只能是巴黎统筹组织的工作人员。时任国防科委主任的张爱萍上将向邓小平立下了军令状：一定尽快研制出中国的巨型计算机。

国防科技大学计算机研究所所长慈云桂自然成了这一项目的总设计师。当时这个仅 200 多人的研究所，工作人员队伍很年轻，具有副教授以上职称的技术人员寥寥无几，但这些年轻人发扬自力更生，奋发图强的精神，依靠各地 20 多个单位的支援协作，只用了 5 年时间，就完成了"银河"巨型机的研制工作，使全国人民为之扬眉吐气。

1983 年 12 月 22 日，经过 5 年的研制，我国第一台每秒运算达 1 亿次以上的巨型电子计算机——"银河 – I"在长沙国防科技大学研制成功。它的研制成功，也向全世界宣布：中国成了继美、日等国之后，能够独立设计和制造巨型机的国家。"银河"巨型计算机系统是我国目前运算速度最快、存贮容量最大、功能最强的电子计算机。它是石油、地质勘探、中长期数值预报、卫星图像处理、计算大型科研题目和国防建设的重要手段，对加快我国现代化建设起着很重要的作用。

今天看来，"银河"巨型计算机是来之不易的。改革开放之初，我国技术落后，资料匮乏，西方国家又对我国实行技术封锁，了解国外研制巨型机的情况十分有限。国防科大虽然是国内最早研制计算机的单位，但此前为远望号测量船研制的"151"机，每秒运算速度只有 100 万次，而现在要研制每秒运算一亿次的机器，计算机运算速度一下要提高 100 倍，其困难不言而喻。但是，困难没有吓倒这些新一代中国计算机工程技术人员。

1983 年 5 月，国务院电子计算机与大规模集成电路领导小组组织全国 29 个单位的 95 名计算机专家和工程技术人员，成立"银河计算机国家技术鉴定组"，分成 7 个小组对"银河"机进行全面、严格的技术考核，"银河"号均以优异成绩通过考核。"银河"巨型机的研发团队在设计、生产、调试过程中，提出了许多新技术、新工艺和新理论。有些是国内首次使用，有些达到了国际水平。

1992 年 11 月 19 日，由国防科技大学研制的"银河-Ⅱ"10 亿次巨型计算机在长沙通过国家鉴定。填补了我国面向大型科学工程计算和大规模数据处理的并行巨型计算机的空白。"银河-Ⅲ"完成于 1997 年，该年 6 月 19 日，由国防科技大学研制的"银河-Ⅲ"并行巨型计算机在京通过国家鉴定。该机采用分布式共享存储结构，面向大型科学与工程计算和大规模数据处理，基本字长 64 位，峰值性能为 130 亿次。该机有多项技术居国内领先，综合技术达到当前国际先进水平。

2000 年 8 月，由我国自主研发的峰值运算速度达到每秒 3 840 亿浮点结果的高性能计算机"神威Ⅰ"投入商业运营。中国的计算机水平完成了从 10 亿到 3 000 多亿次的跨越。我国继美国、日本之后，已成为第三个具备研制高性能计算机能力的国家。该系统在当今全世界已投入商业运行的前 500 位高性能计算机中排名第 48 位，其主要技术指标和性能达到了国际先进水平，是我国在巨型计算机研制和应用领域取得的重大科研成果，打破了西方某些国家在高性能计算机领域对我国的限制。其应用范围主要涉及气象气候、航空航天、信息安全、石油勘探、生命科学等领域。如：与我国气象局合作开发的集合数值天气预报系统，在 8 小时内可完成 32 个样本、10 天全球预报；与中科院生物物理所合作开发的人类基因克隆系统，已完成人类心脏基因克隆运算，取得了达到国际先进水平的成果。第一台"神威 I"在北京市高性能计算机应用中心投入使用，第二台在上海超级计算机中心投入运行。[1]

继"神威"计算机后，"曙光"计算机也异军突起，出现在人们的视野中。20 世纪 90 年代初，我国市场上的高性能计算机几乎全部是进口产品，我国石油物探和气象等核心部门甚至还要在外国人的现场监控下使用进口计算机。甚至国内科学家去日本参观时，那里的高性能计算机都是用布蒙起来。当初"863"计划并没有把曙光计算机列入其中。限于经费，国家也只给了"曙光一号"200 万元的支持。后来得到国家 863 计划支持的曙光系列高性能计算机的研制和产业化，探索了一条在对外开放、市场经济为主的条件下发展我国高性能计算机的途径。

机器出来了，但又遇到另一个难题——没有市场。即使是"购买这个机器，国家帮你出一半的钱"的政策条件下，"曙光一号"仅仅卖出了 3 台。封闭的设计体系成了推广的第一个拦路虎。由于"曙光一号"是全面自主开发的，设计体系与国际标准不接轨，不能兼容国际上主流的操作系统和应用软件，该机的推广十分困难。显然，那个看起来"耗时、耗钱又耗能"的高性能计算机，不是摆在玻璃房子里面的科研成果，应用是其存在的"灵魂"。而后，以科技成果作价 2 000 万元的曙光公司 1996 年成立。这些年来，不管外界的环境和压力如何变化，曙光公司为高性能计算机的研发定下的发展基调始终未变，那就是面向应用，面向市场。事实证明，这条路他们走对了，也取得了成功。后来，曙光公司成为全球第六大、亚洲第一大高性能计算机的厂商。而在中国市场上，曙光连续 5 年蝉联高性能计算机市场份额第一，超过了高性能计算领域的"传统劲敌"IBM 和惠普。

以研制成功我国第一台全对称并行多处理机"曙光 1 号"为起

1　周兴铭，赵阳辉，《慈云桂与中国银河机研究群体的发展历程》，《中国科技史杂志》，2005 年第 2 期。

点，1997 年我国着手研制机群结构超级服务器，并先后推出了曙光 1000 大规模并行机和曙光 2000、曙光 3000、曙光 4000 等系列超级服务器，基本上做到每年推出一代新产品，计算速度从每秒 200 亿次提高到每秒 11 万亿次浮点运算。2004 年 6 月，每秒运算 11 万亿次的超级计算机曙光 4000A 研制成功，落户上海超算中心，进入全球超级计算机前十名，从而使中国成为继美国和日本之后，第三个能研制 10 万亿次高性能计算机的国家。2006 年 7 月，占地面积 60 余亩的曙光天津产业基地落成投产，实现民族高性能计算机产业的历史跨越。曙光高性能计算机连续 11 年稳居国产高性能计算机市场第一，拥有国产高性能 70% 以上的份额，并在高性能集群领域实现了国产机对进口产品的超越。2008 年 6 月，由中国科学院计算所、曙光公司和上海超级计算中心三方共同研发制造的曙光 5000A 面世，其浮点运算处理能力可以达到 230 万亿次，这个速度有望让中国高性能计算机再次跻身世界前 10，中国成为继美国之后第二个能制造和应用超百万亿次商用高性能计算机的国家。[1]

在中国的计算机发展进程中，联想公司的贡献也功不可没。联想公司的前身是 1984 年由中国科学院计算技术研究所投资 20 万元成立的，公司名称为"中国科学院计算技术研究所新技术发展公司"，成立之初只是以销售电子产品为主。1985 年后"联想式汉字系统"加盟公司，代理 IBM 微机及代理 AST 微机，从此才真正开始了联想电脑之路，从代理走到自主生产。1989 年公司正式更名为"联想集团公司"。1990 年 5 月，联想将 200 台"联想 286"送到全国展览会上，一炮打响。1994 年 2 月 14 日，联想在香港挂牌上市；1997 年 2 月 3 日，北京联想和香港联想合并为中国联想。2008 年 12 月 4 日，联想集团对外宣布，联想与中国科学院计算机网络信息中心合作自主研制成功每秒实际性能超过百万亿次的高性能计算机"深腾 7000"，"深腾"系列也多次成为全球前 10 的超级计算机。联想通过这种与政府及中科院网络中心等大型科研机构的战略合作，引入专业运维服

---

1 付向核，《曙光高性能计算机的创新历程与启示》，《工程研究 – 跨学科视野中的工程》，2009 年第 5 期。

工作人员正在调试
曙光 5000A

务团队，共同投资，搭建异构体系的公共商用计算平台，为科研、企业用户提供低成本，高效能、易管理、高安全的公共商用计算平台。

曙光 5000A 和深腾 7000 都将成为中国国家网格的主节点机。目前，中国国家网格（CNGrid）的结点数量已从 8 个增加到 10 个。2010 年，中国国家网格软件 CNGrid GOS 4.0 软件（下文简称 GOS 软件）在科技部 863 计划重大项目"中国国家网格软件研究与开发"课题支持下，由计算所牵头，历时三年研发成功，在中国国家网格服务环境部署。该系统提供用户、安全、数据和管理等服务，有效集成了中国国家网格各结点的各类资源，提高了网格服务环境的易用性和系统的稳定性。目前，该系统的计算资源立足于国产曙光、联想、浪潮等高性能计算机，依托自主开发的一批高性能计算应用软件与商业应用软件，实现了分布在全国各地 10 个结点的计算资源、存储资源、软件和应用资源的整合，形成了具有 45 万亿次以上聚合浮点计算能力、490TB 存储能力的网格环境，提供高性能计算和数据处理等多种服务。同时在中国国家网格上开发和部署了 100 多个高性能计算和网格应用，支持了近千个用户的使用，计算题目涉及气象数值模拟与预报、生物信息、计算化学、流体力学、地震三维成像、石油勘探油藏数值模拟、天体星系模拟、航空航天设计、生物药物研究、环境科学及其他研究领域。

7. 汉字子标码技术的创立者

最初，我国没有汉字的编码，汉字无法输入到计算机中，无法用计算机来处理汉字信息。支秉彝首次改变了这种局面，他创造了"支码"。支秉彝本身是电信工程和测量仪器的专家，1976 年开始进行汉字编码及信息化的问题研究，并试制出见字识码技术。这编码在 1980 年代初期的电脑系统（如华达中文系统）都有提供，由于他是中国研究汉字处理电脑化的最早一批人物，他被誉为"汉字信息处理开拓者"。

支秉彝

支秉彝（1911—1993），江苏泰州人，1934 年，从浙江大学电机系肄业后留学德国，先攻读于德累斯登工业大学电机系。1937 年，转入莱比锡大学物理学院。1944 年，获该院自然科学博士。其间曾在德国蓝点无线电厂任工程师，兼任莱比锡大学和马堡大学的汉语讲师。1945 年第二次世界大战结束，支秉彝一再拒绝美国在德引揽人才的聘请。次年，支秉彝怀着"发展科技，仪表先行"的抱负，购置了一批精密标准仪器欣然回国。经友人推荐，担任中央工业试验所电子试验室主任。其时支秉彝先后兼任浙江大学、同济大学电机系教授。

上海解放后，支秉彝创办了黄河理工仪器厂，任经理、工程师、并受聘上海航务学院教授。1954 年，黄河理工仪器厂并入上海电表厂，支秉彝任厂副总工程师兼中心试验室主任。1964 年，支秉彝奉调上海电工仪器研究所，先后任总工程师、副所长、所长、名誉所长。

"文革"中，支秉彝被诬为"反动学术权威"，一天，他看到隔离室墙上"坦白从宽，抗拒从严"八个大字，骤然间萌发了一个研究想法：能不能把汉字编成一种有规律的代码，用以替代打电报的老办法？因为电报是沿用 4 个数字码组成的编码，码和字之间没有规律性联系而全赖发报员的记忆。他同时设想：能不能进而让汉字同西文一样直接进入计算机？支秉彝凭早年在德国任教汉语的根基，潜心思考，运用 26 个拉丁字母逐个编码汉字。后来蜚声国内外计算机界的支秉彝"见字识码"，又称"支码"的科学工程，就从隔离室里开端了。当时，支秉彝手头有笔，却没有纸，就利用茶杯盖子，几十个汉字编满了，抹了再编。没有字典，就凭记忆。

1969 年 9 月，支秉彝从隔离室出来，被监督劳动，他仍坚持着汉字编码研究。从 20 世纪 50 年代以来，日本、美国、英国、法国、澳大利亚和我国台湾地区的许多专家学者都在进行同领域研究。这对外国拼音文字来说,轻而易举,只要对20～30个字母选配一串"0"和"1",便能顺当地进入计算机。但使汉字进入电子计算机,煞费苦心,绞尽脑汁,构想了许多编码方法,设计了若干种键盘,努力了近20年,可是,对造形独特的象形文字中文来说,却成了一个"世界难题"。支秉彝仔细研究和总结了国外编码方法的优缺点,创造了打破单一分解汉字字形的方式,与众不同地综合分析汉字字音、字形、笔划和拼音之间的关系,关键是用26个拉丁字母进行编码,以四个字母表示一个汉字,规则简单,易于掌握,如"路"字,可拆成口、止、文、口四部分,取部首拼音读音的第一个字母,即组成"路"的代码 KZWK。由于每个汉字的字码固定,给计算机的存储和软设备的应用带来很大的方便。打码的键盘由26个拉丁字母组成,即可打中文,也可打西义,还可与西方电传打字机通用,由于每个汉字由四个字母组成,只需按四下字键,而每个西文字平均由六七个字母组成,要按六七下字键,所以汉字的打字速度比西文字要快。这种编码方案建立在字音和字形的双重关系上,见字就能识码,见字就能打码,不必死记硬背。由于每个汉字的字码是固定的,就给计算机码的存贮和软件的应用带来很大方便。这种编码曾得到一定程度的应用,为建立中文计算机网络和数据库打开了大门,并使建立在电子计算机基础上的照相排版印刷的自动化得以实现。

1977年,上海市市内电话局"114"服务台按照"支码"汉字编码法,成功地把用户单位名称的汉字变成一种信息,储存在计算机内,话务员根据用户要求,按下字键,通过电子计算机自动地回答所查到的电话号码。1976年年底,他的《见字识码》方案全部完成。由此,他以一本《新华字典》作伴侣,把字典上的8 500字都编上了码,每个字填写一张卡片,从中探索和解决了重复码的规律。8 500个字的汉字编码是他的心血铸成!经过六年的奋战,1974年秋,《见字识码》初稿完成了,这在当时国内是开创性的成就。

1983年,上海仪器仪表研究所为全国50多个单位提供了电脑汉字信息处理技术和设备,应用于邮电、通信、政府机关、高校、工矿企业、科技情报、图书档案、体育等部门和行业,标志着我国电脑汉字信息处理进入了应用推广阶段。1995 年 11 月 3 日《文汇报》撰文称：大陆第一种汉字输入编码的发明者叫支秉彝，所以这编码就叫做"支码"。

8. 王选与汉字激光照排系统

计算机的发展给各行各业都带来了新的可能与便利，其中之一就是在印刷业的应用。汉字激光照排系统的出现，为新闻、出版全过程的计算机化奠定了基础，被誉为"汉字印刷术的第二次发明"，是印刷业的第二次革命。这一切要归功于两院院士王选。

王选，1994 年摄于北京大学计算机研究所

王选（1937—2006），上海人。1958 年，王选从北京大学数学力学系计算数学专业毕业，并留校任教。当时我国正掀起研制计算机热潮，由于计算机人才缺乏，他才未受"右派"父亲株连而留校当上助教。刚一工作，王选就有幸参加到我国第一台"红旗"计算机的研制中。长年累月的忘我工作，使他重病缠身。1961 年夏天，饥饿加上连续的劳累，终于把他击倒。他的病辗转几家医院，持续数年，久治不愈，生命一天天虚弱。然而在病中，他却以惊人的毅力、卓越的总体设计，进军计算机高级语言编辑系统的研究，为我国推广计算机高级语言做出了宝贵的贡献。

中国是印刷术的故乡，活字印刷已有近千年的历史。活字印刷主要有三个步骤：制活字、排版和印刷，在汉字激光照排系统之前，书报生产依然仿照这个过程。汉字字数繁多，排字要从排字架上找，排字架组织复杂，占地广大，拣字也极费时间，因此汉字排字一直是印刷术中一个难题。随着电子、光学和计算机技术的迅速发展，西方早已采用"照排技术"，但由于汉字比西方文字复杂得多，也未能在我国推广。长期以来，我国印刷行业始终难以摆脱手工拣字拼版的落后状况。

1974年8月，经周总理批准，我国开始了一项被命名为"748工程"的科研项目，该工程分三个子项目进行：汉字通信、汉字情报检索和汉字精密照排。当时38岁的王选"病休在家"很多年了，他对其中的汉字激光照排项目产生了兴趣，决定参与其中。当时国内已有五家院校和科研单位申报承担汉字精密照排系统，王选决定参加这场竞争，没人知道王选初涉这一领域时的艰辛。在研究前，他必须先弄清国内外的现状和发展动向。为了广泛查阅资料，王选往返于北大至科技情报所之间，每次两角五分的公共汽车费都舍不得花，常常提前下车步行一站。由于缺乏经费，他也常常用手抄代替复印。

在研制中，王选大胆地选择技术上的跨越，跳过当时日本流行的第二代机械式照排机和欧美流行的第三代阴极射线管照排机，直接研制国外尚无商品的第四代激光照排系统。发明了高分辨率字形的高倍率信息压缩技术和高速还原和输出方法等世界领先技术，率先设计出相应的专用芯片，在世界上首次使用"参数描述方法"描述笔画特性，并取得欧洲和中国的发明专利。

1979年，他主持研制成功汉字激光照排系统的主体工程，从激光照排机上输出了一张八开报纸底片。1981年后，他主持研制成功的汉字激光照排系统、方正彩色出版系统相继推出并得到大规模应用，实现了中国出版印刷行业"告别铅与火、迎来光与电"的技术革命，彻底改造了我国沿用上百年的铅字印刷技术，成为中国自主创新和用高新技术改造传统行业的杰出典范。国产激光照排系统使我国传统出版印刷行业仅用了短短数年时间，从铅字排版直接跨越到激光照排，走完了西方几十年才完成的技术改造道路，被公认为毕升发明活字印刷术后中国印刷技术的第二次革命。

1979年7月27日，在北大汉字信息处理技术研究室的计算机房里，科研人员用自己研制的照排系统，在短短几分钟内，一次成版地输出了一张由各种大小字体组成、版面布局复杂的八开报纸样纸，报头是"汉字信息处理"六个大字。这就是首次用激光照排机输出的中文报纸版面。这六个大字后来彻底改变了中文排版印刷系统，有人将其称为"中国印刷界的革命"。1981年7月，我国第一台计算机激光汉字照排系统原理性样机"华光 I 型"通过国家计算机工业总局和教育部联合举行的部级鉴定，鉴定结论是"与国外照排机相比，在汉字信息压缩技术方面领先，激光输出精度和软件的某些功能达到国际先进水平"。

20 世纪 80 年代起，王选就致力于将其科研成果商品化。90 年代初，他带领队伍针对市场需要不断开拓创新，先后研制成功以页面描述语言为基础的远程传版新技术、开放式彩色桌面出版系统、新闻采编流程计算机管理系统，引发报业和印刷业三次技术革新，使汉字激光照排技术占领 99% 的国内报业市场以及 80% 的海外华文报业市场。随着研究工作的不断深入，"华光"激光照排系统日臻完善，1988 年推出的华光系统，既有整批处理排版规范美观的优点，又有方便易学的长处，是国内当时唯一的具有国产化软、硬件的印刷设备，也是当今世界汉字印刷激光照排的领衔设备，在国内和世界汉字印刷领域有着不可替代的地位。

之后，华光 III 型机、IV 型机、方正 91 型机相继推出。1987 年，《经济日报》成为我国第一家试用华光 III 型机的报纸，1988 年，经济日报社印刷厂卖掉了全部铅字，成为世界上第一家彻底废除了中文铅字的印刷厂。1990 年全国省级以上的报纸和部分书刊已基本采用这一照排系统。20 世纪末，全国的报纸和出版社全部实现激光照排，中国的铅字印刷成为了历史文物。

1988 年后，他作为北大方正集团的主要开创者和技术决策人，提出"顶天立地"的高新技术企业发展模式，他积极倡导技术与市场的结合，闯出了一条产学研一体化的成功道路。1992 年，王选又研制成功世界首套中文彩色照排系统。先后获日内瓦国际发明展览金牌、中国专利发明金奖、联合国教科文组织科学奖、国家重大技术装备研制特等奖等众多奖项，王选也被国人誉为"当代毕升"。1994 年他当选为中国工程院院士。2006 年 2 月 13 日，王选在北京病逝，享年 70 岁。[1]

1　胡莎，《王选：中国激光照排之父》，《大众科技报》，2009 年 9 月 8 日第 4 版。

拓展阅读

古代书籍（年代 · 作者 · 书名）

春秋末年 · 作者不详 · 《考工记》

宋 · 曾公亮 · 《武经总要》

宋 · 李诫 · 《营造法式》

元 · 王祯 · 《农书》

明 · 宋应星 · 《天工开物》

明 · 徐光启 · 《农政全书》

清 · 戴震 · 《考工记图》

清 · 毕沅 · 《关中胜迹图志》

清 · 陈梦雷，蒋廷锡 · 《古今图书集成》

现代书籍（作者 . 书名 . 出版地：出版单位 . 出版年份）

李约瑟（英）. 中国科学技术史 . 北京：科学出版社 . 1975.

德波诺（英）. 发明的故事 . 上海：三联书店 . 1976.

单志清 . 发明的开始 . 济南：山东人民出版社 . 1983.

黄恒正 . 世界发明发现总解说 . 台北：远流出版事业股份有限公司 . 1983.

郑肇经 . 中国水利史 . 上海：上海书店出版社 . 1984.

山田真一（日）. 世界发明史话 . 北京：专利文献出版社 . 1986.

王滨 . 发明创造与中国科技腾飞 . 济南：山东科技出版社 . 1987.

刘洪涛 . 中国古代科技史 . 天津：南开大学出版社 . 1991.

陈宏喜.简明科学技术史讲义.西安：西安电子科技大学出版社.1992.

王鸿生.世界科学技术史.北京：中国人民大学出版社.1996.

吕贝尔特（法）.工业化史.上海：上海译文出版社.1996.

梁思成.中国建筑史.天津：百花文艺出版社.1998.

赵夬辉.电脑史话.杭州：浙江文艺出版社.1999.

邹海林，徐建培.科学技术史概论.北京：科学出版社.2004.

纪尚德，李书珍.人类智慧的轨迹.郑州：河南人民出版社.2001.

杨政，吴建华.世界大发现.重庆：重庆出版社.2000.

王一川.世界大发明.西安：未来出版社.2000.

李佩珊，许良英.20世纪科学技术简史（第二版）.北京：科学出版社.1995.

周德藩.20世纪科学技术的重大发现与发明.南京：江苏人民大学出版社.2000.

路甬详.科学改变人类生活的100个瞬间.杭州：浙江少儿出版社.2000.

金秋鹏.中国古代科技史话.北京：商务印书馆.2000.

中国营造学社.中国营造学社汇刊.北京：知识产权出版社.2006.

瓦尔特·凯泽（德），沃尔夫冈·科尼希（德）.工程师史：一种延续六千年的
　　职业.北京：高等教育出版社.2008.

项海帆，潘洪萱，张圣城 等.中国桥梁史纲.上海：同济大学出版社.2009.

娄承浩，薛顺生.上海百年建筑师和营造师.上海：同济大学出版社.2011.

陆敬严.中国古代机械文明史.上海：同济大学出版社.2012.

孙机.中国古代物质文化.北京：中华书局.2014.

附 录

一、工程师名录（按本书出现顺序）

古代工程师	**冶 金**	綦毋怀文　杜 诗
	建 筑	宇文恺　李 春　喻 皓　蒯 祥
	水 利	孙叔敖　李 冰　郑 国　白 英　潘季驯　陈 潢
	陶 瓷	臧应选　郎廷极　年希尧　唐 英
	船 舶	郑 和
	纺 织	嫘 祖　马 钧　黄道婆
近代工程师（1840—1949）	**冶 金**	盛宣怀　吴 健
	能 源	吴仰曾　邝荣光　邝炳光　孙越崎
	船 舶	魏 瀚
	铁 路	詹天佑　凌鸿勋　颜德庆　徐文炯
	电 信	唐元湛　周万鹏
	建 筑	周惠南　孙支夏　庄 俊　董大酉　杨廷宝　梁思成　吕彦直　范文照
	道 路	段 纬　陈体诚
	桥 梁	茅以升
	机 械	支秉渊
	化 工	侯德榜
	纺 织	张 謇　雷炳林　诸文绮

新中国成立后三十年的工程师	**冶 金**	靳树梁	孟 泰	邵象华			
	建 筑	张 镈					
	桥 梁	李国豪					
	汽 车	张德庆	饶 斌	孟少农			
	飞 机	徐舜寿	黄志千				
	两弹一星	钱三强	钱学森	邓稼先	王淦昌	彭桓武	黄纬禄
		郭永怀	王承书	赵九章			
	纺 织	陈维稷	钱宝钧	费达生			
	电机电信	恽 震	褚应璜	丁舜年	沈尚贤	张钟俊	蒋慰孙
		罗沛霖	张恩虬	叶培大	吴佑寿	王守觉	李志坚
		黄 昆	马祖光	马在田			
改革开放以后的工程师	**航空航天**	陈芳允	杨嘉墀	钱 骥	吴德雨	林华宝	
	铁 路	庄心丹					
	水 利	张光斗	黄万里	汪胡桢	张含英	须 恺	高镜莹
		钱 宁	黄文熙	刘光文	冯 寅	潘家铮	
	电 力	毛鹤年	蔡昌年				
	印 刷	王 选					
	电 信	夏培肃	慈云桂	陈火旺	支秉彝		

二、图片来源

全书图片提供：

    1. 北京全景视觉网络科技股份有限公司

    2. 视觉中国集团（Visual China Group）

    3. 北京图为媒科技股份有限公司

    4. 书格（Shuge.org）

特别说明：

    本书可能存在未能联系到版权所有人的图片，兹请见书后与同济大学出版社有限公司联系。

后记

　　2007 年同济大学百年校庆期间，吴启迪教授在为德国出版的《工程师史：一种延续六千年的职业》中文版写序的过程中，翻阅该书，发现中国虽然有众多蜚声世界的工程奇迹，但是在书中却鲜有提及，对于中国工程师则几乎无记载。这深深触动了这位一直关怀工程教育与工程师培养的教育专家。为了提升中国工程师的职业价值与社会威望，让更多年轻人愿意投身工程师的职业，2013 年冬，吴启迪教授经过与专家的沟通、洽谈，与行业走访，确认了《中国工程师史》的出版计划，并得到同济大学出版社的支持。

　　2014 年，同济大学由伍江、江波两位副校长牵头，成立了土木、建筑、交通、电信、水利、机械、环境、航空航天、汽车、生物医药、测绘、材料、冶金、纺织、化工、造纸印刷等 21 个学科小组，分别由李国强、朱绍中、石来德、韩传峰、黄翔峰、刘曙光、钱锋、康琦、张为民、李理光、李淑明、沈海军等老师牵头，并成立北京科技大学、东华大学、华东理工大学等材料编撰小组。历时近一年的时间完成各学科资料的搜集、编撰与审定工作，并在这一过程中通过访谈得到了中国工程院众多院士的指导与帮助。同济大学科研院与同济大学建筑设计院对这一阶段工作给予了经费保障。《中国工程师史》也获得了国家出版基金、上海市新闻出版专项基金的支持。

2015年下半年，组建了以王滨、王昆、周克荣、陆金山、赵泽毓等为主的文稿编撰小组，历时半年多的时间整理并改写出《中国工程师史》样稿。这是一件异常艰难的工作，因为众多史料的缺失，多学科的复杂性，并且缺乏相应的研究基础；很多史料的核对只能以二手资料为基础。在这一过程中，书稿送审至中国工程院徐匡迪院士、殷瑞钰院士、傅志寰院士、陆佑楣院士、项海帆院士、沈祖炎院士等，以及中国科学院郑时龄院士、戴复东院士等。傅志寰院士对于文中的数据逐一查找并多次来电来函指导修改。徐匡迪院士对于图书编写的意义给予重大肯定，并欣然作序，并且提出增加工程教育相关章节。同时出版社组织出版行业专家进行审定，考虑到学科完整性和工程重要性的均衡，对本书内容提出修订和补充意见。上海师范大学邵雍教授带领团队对近代工程师史部分进行增补。

本书编撰及审定过程将近四年，依然存在众多不足。在本书早期编写过程中，编委会共同商定"在世人员暂不列入"的原则。因此在当代工程中有众多做出卓越贡献和科技创新的工程实施或组织者未能在书中一一提及，在此致以最诚挚的歉意。本书编撰过程中借鉴了大量前人研究成果及资料，有疏漏之处还望谅解。抛砖引玉期待能够得到专家学者及读者的指正。也期望未来以此为基础，进行不断修编改进。

正值同济大学 110 周年校庆前夕，期待《中国工程师史》的出版，能够吸引更多青少年投身工程师的职业，并且推动中国工程师职业素养和地位不断提升。

吴启迪

现任同济大学教授、中国工程教育专业认证协会理事长、联合国教科文组织国际工程教育中心主任、国家自然科学基金委管理科学部主任、国家教育咨询委员会委员。曾任同济大学校长、国家教育部副部长。

清华大学本科毕业,后获工程科学硕士学位。在瑞士联邦苏黎世理工学院获工程科学博士学位。主要研究领域为自动控制、电子工程和管理科学与工程。出版专著十余部,发表学术论文百余篇,获国家和省部级科技奖励多项。

图书在版编目（CIP）数据

中国工程师史 / 吴启迪主编 . -- 上海 ：同济大学出版社，2017.5
ISBN 978-7-5608-6418-1

Ⅰ . ①中　　Ⅱ . ①吴　　Ⅲ . ①工程技术－技术史－中国　Ⅳ . ① TB-092

中国版本图书馆 CIP 数据核字（2016）第 138539 号

中国工程师史

主　　编 ：吴启迪
出 品 人 ：华春荣
策划编辑 ：赵泽毓
特约编辑 ：张平官
责任编辑 ：赵泽毓　蒋卓义　张　翠
责任校对 ：徐春莲
整体设计 ：袁银昌
设计排版 ：上海袁银昌平面设计工作室　李　静　胡　斌

出版发行 ：同济大学出版社
网　　址 ：www.tongjipress.com.cn
地　　址 ：上海市四平路 1239 号
电　　话 ：021-65985622
邮　　编 ：200092
经　　销 ：全国各地新华书店、建筑书店、网络书店
印　　刷 ：上海雅昌艺术印刷有限公司
开　　本 ：787mm×1092mm　1/16
印　　张 ：26.5
字　　数 ：661 000
版　　次 ：2017 年 5 月第 1 版　2017 年 5 月第 1 次印刷
书　　号 ：ISBN 978-7-5608-6418-1
定　　价 ：98.00 元